U0386679

导航与时频技术丛书

北斗卫星导航原理及应用

丛佃伟　吕志伟　刘　婧　编著

科学出版社

北　京

内 容 简 介

卫星导航系统能够同时提供定位、导航、授时功能，是国民经济建设和现代国防不可或缺的重大空间信息基础设施，是完成时空基准统一的最高效、最便捷的途径。卫星导航系统已渗透到国民经济诸多领域和人们日常生活的方方面面，成为建设和谐社会、服务人民大众、提升生活质量的重要工具；卫星导航系统具备巨大的军事应用价值，是现代战争武器系统效能的"倍增器"。

本书可作为高等院校卫星导航专业本科生与专科生的参考用书，也可供相关科研人员和工程技术人员参考。

图书在版编目（CIP）数据

北斗卫星导航原理及应用 / 丛佃伟，吕志伟，刘婧编著. -- 北京 : 科学出版社，2024. 11. --（导航与时频技术丛书）. -- ISBN 978-7-03-080432-7

Ⅰ. P228.4

中国国家版本馆 CIP 数据核字第 2024CN7931 号

责任编辑：张艳芬 李 娜 / 责任校对：崔向琳
责任印制：师艳茹 / 封面设计：无极书装

科 学 出 版 社 出版

北京东黄城根北街 16 号
邮政编码：100717
http://www.sciencep.com

三河市春园印刷有限公司印刷
科学出版社发行 各地新华书店经销
*

2024 年 11 月第 一 版 开本：720×1000 1/16
2024 年 11 月第一次印刷 印张：18 1/4
字数：365 000

定价：**150.00 元**

（如有印装质量问题，我社负责调换）

"导航与时频技术丛书" 序

"四方上下曰宇,古往今来曰宙",宇宙是空间和时间的统一。认知时空离不开导航与时频技术。

导航时频已成为国际科技竞争的战略制高点。伴随计算机、通信、航天、微电子等技术的发展,导航与时频技术得到了蓬勃发展,迈入了天基卫星导航、高精度原子钟时代,实现了定位、导航、授时的一体化。激光惯性导航、地磁匹配、重力匹配、视觉导航、水声信标导航等技术也得到快速发展,脉冲星导航、量子导航、冷原子钟等新技术开启了导航时频技术的新纪元。

信息工程大学是国内最早开展导航时频工程研究的院校,导航与时频团队先后承担北斗系统工程需求论证、技术攻关、试验验证等重大任务 30 余项,在北斗导航、载人航天、探月工程、南极科考等国家重大工程中发挥了重要作用。

为了介绍导航与时频领域理论和技术的最新进展,特别是结合国家综合 PNT 体系建设的重大需求,我们组织策划了"导航与时频技术丛书"。本丛书通过阐述导航时空基准、北斗卫星导航、天文导航、无线电导航、惯性导航、激光雷达、视觉导航等技术,来展示导航与时频技术的基本原理、最新进展和典型应用。丛书原创性强、前沿性强,图文并茂,凝结了各位作者多年研究成果,力图为推动我国导航和时频技术发展尽绵薄之力。

丛书的出版得到了信息工程大学和科学出版社的大力支持,在此表示深深的谢意。欢迎广大读者对丛书提出宝贵意见和建议。

2022 年 6 月于郑州

序

　　1957 年人造卫星上天，人类进入空间时代。1960 年，海军卫星导航系统开启了卫星导航的先河。我国卫星定位系统的历史，可追溯到 20 世纪 80 年代，发端于陈芳允先生提出的双星定位思想。经研究、论证和试验，1994 年双星定位工程正式立项。到 2003 年底，经济、简单的双星定位系统（现称北斗一号卫星导航系统）建成。20 世纪 90 年代中期，我国开展了关于新体制卫星导航系统的深化论证，确定了我国卫星导航系统从区域向全球三步走的发展战略。2004 年，北斗二号工程立项，2012 年建成区域系统，包括 14 个组网卫星，覆盖亚太地区；北斗三号工程于 2015 年发射试验卫星，到 2020 年北斗三号卫星导航系统全面建成，具备全球服务能力。

　　现在的北斗卫星导航系统，是北斗一号卫星导航系统、北斗二号卫星导航系统和北斗三号卫星导航系统的集成，该星座包括 3 个地球静止轨道卫星、3 个倾斜地球同步轨道卫星和 24 个中地球轨道卫星，还包括若干在轨备用卫星，该系统用于提供导航、定位、授时和短报文通信服务。授时服务可以是单向的也可以是双向的。短报文通信服务是北斗卫星导航系统的鲜明特色，对抢险、救援、军事行动特别有用。北斗卫星导航系统不仅具有星间测距功能和自主运行能力，还具有广域增强和差分定位功能。北斗卫星导航系统使用北斗坐标系统和北斗时间系统。北斗卫星导航系统的导航性能（精度、可使用性、连续性和完好性）已位居卫星导航系统的世界先进行列。

　　先进的卫星导航系统是空间信息基础设施，也是世界大国强国强军的重器。近年来，北斗卫星导航系统在我国交通、运输、能源、农林牧渔等经济领域的应用得到迅速发展，产生了重大的经济效益和社会效益。北斗卫星导航系统带动的卫星导航产业生机勃勃、方兴未艾，北斗卫星导航系统对拉动国内生产总值增长的贡献难以估量。北斗卫星导航系统对经济建设和国防建设的强力推动作用正在凸显。

　　《北斗卫星导航原理及应用》一书作者团队长期从事卫星导航教学及研究工作，承担了多项国家自然科学基金和国家重大科研项目，该书对北斗卫星导航系统基本原理及其在军民领域的应用案例进行详细总结，内容丰富、资料翔实、通俗易懂，希望对从事卫星导航专业师生及工程技术人员有所裨益。

中国工程院院士

2023 年 12 月

前　　言

全球卫星导航系统能够提供定位、测速、授时功能，是国民经济建设和现代国防不可或缺的重大空间信息基础设施，是一个国家或地区的重要战略资源。北斗卫星导航系统是我国自主发展、独立运行、分阶段建设的卫星导航系统，2003年12月北斗一号卫星导航系统正式开通运行，2012年12月北斗二号卫星导航系统开通运营，2018年12月北斗三号卫星导航系统完成基本系统建设并提供全球服务，2020年6月该系统完成全部30颗北斗三号卫星发射任务，至此具备全球服务能力的北斗三号卫星导航系统全面建成。

北斗卫星导航系统已在民用领域和军事领域得到广泛应用，作者结合自身卫星导航教学科研的经历，完整介绍北斗卫星导航系统的建设历程及系统特色，在总结北斗卫星导航系统应用基本原理的基础上，着重突出北斗卫星导航系统在民用领域和军事领域的主要应用，便于读者对北斗卫星导航系统的行业应用有全面的了解和深入的认识，这也是撰写本书的初衷和主要目的。

全书共6章：第1章主要介绍北斗卫星导航系统的建设情况，以及该系统的特色及优势；第2章、第3章主要阐述北斗卫星定位、授时、测速、测姿的基本原理；第4章介绍北斗卫星导航应用基础；第5章主要讲述北斗卫星导航系统在军事领域的主要应用方法及应用案例；第6章主要介绍北斗卫星导航系统在民用领域的主要应用方法及应用案例。

本书撰写分工如下：第1章、第5章由丛佃伟撰写；第2章、第3章由吕志伟撰写；第4章、第6章由刘婧撰写，全书由丛佃伟统稿。本书的撰写工作得到了航天工程大学、信息工程大学和地理信息工程国家重点实验室（项目编号：SKLGIE2022-ZZ2-08）的大力支持。

限于作者水平，书中难免存在不妥之处，敬请各位读者不吝赐教。读者可发送电子邮件至 congdianwei@sina.com 与作者直接交流。

丛佃伟

2024 年 10 月

目 录

第1章 绪 论

具备导航能力(找到回家的路和食物所在地)是地球上的物种能够生存和延续的先决条件,现存的诸多动物先天具备卓越的导航能力。在漫长的生物进化进程中,作为高级动物的人类经历了被动利用参照物进行导航到主动建立参照物进行导航的过程。

指南针是中国对世界文明发展进程产生重要影响的重大发明,是我国古代劳动人民在长期实践中利用物体磁性制作的能够辨别方位的简单仪器。指南针的发明和应用对军事实践和经济生活有着重要的作用,尤其是对航海事业的发展意义特别重大,在明代航海家郑和远航东非、哥伦布发现美洲的航行和麦哲伦的环球航行中发挥了重要作用。

北斗卫星导航系统(BeiDou navigation satellite system,BDS)的建成使我国成为继美国全球定位系统(global position system,GPS)和俄罗斯格洛纳斯卫星导航系统(global orbiting navigation satellite system,GLONASS)之后第三个拥有成熟卫星导航系统的国家,我国一跃成为世界卫星导航技术强国。

1.1 卫星导航系统建设概况

根据导航台所在位置对导航系统进行分类,卫星导航系统是星基无线电导航系统,强调"星基"是为了与"陆基"无线电导航系统进行区分。无线电导航建立在无线电信号场的基础上,导航台与载体间以无线电为媒介实现导航。导航系统是用于对载体实施导航的专用设备组合或设备的统称,在导航领域,导航系统和导航设备是有区别的,导航系统是侧重于实现特定导航功能的设备组合体,组合体内各部分必须按约定的协同方式工作才能实现系统功能,而导航设备一般是指导航系统中某一相对独立部分或型号产品,或实现某一导航功能的单机(张忠兴等,1998)。

一个实用的无线电导航系统应该由以下三个基本部分组成:

(1) 数学方法部分,涉及系统基本数学模型,或基本导航定位方法,或几何原理。

(2) 无线电导航信号体制部分,每一个实用的无线电导航系统都有其自身特定的信号体制规范。

(3) 无线电技术部分，是信号体制得以完成从而保证导航功能能够实现的技术基础。

数学方法和信号体制是决定一个系统体制的关键，现代条件下无线电技术发展迅速，但只要该系统的数学方法和信号体制基本保持不变，无论技术上如何更新，其系统体制仍归属于原来的系统类别。

无线电导航发展过程中先后诞生了几十种实用的无线电导航系统。例如，20世纪 20 年代投入使用的无线电测角器(无线电罗盘)、40 年代研制的甚高频全向信标(very high frequency omnidirectional radio range，VOR)、测距器(distance measure equipment，DME)、脉冲双曲线定位系统罗兰 A(Loran-A)、仪表着陆系统(instrument landing system，ILS)、多普勒导航雷达等；50 年代研制的塔康(tactical air navigation system，TACAN)、罗兰 C(Loran-C)等；60 年代研制的甚低频超远程相位双曲线定位系统奥米伽(Omega)等；70 年代研制的时间基准扫描波束微波着陆系统等。上述无线电导航系统的导航台均位于陆地上，导航台与导航设备之间采用无线电波联系，称为陆基无线电导航系统。

受限于建站条件(地球上有大量海洋、沙漠等区域)，且难以在他国领土内建站，陆基无线电导航系统存在系统覆盖范围及导航精度不能兼得的问题，卫星导航系统的出现彻底解决了这一问题，实现了全球范围内的高精度导航功能，对国民经济建设和国防建设产生了深远影响。卫星导航系统是以人造地球卫星作为导航台的星基无线电导航系统，能够为全球陆、海、空、天的各类用户提供全天候、高精度的位置、速度和时间信息，又称为天基定位、导航、授时(position、navigation and timing，PNT)系统。由于语言翻译及使用习惯不同，本书中卫星定位系统、卫星导航定位系统的称呼具有同样的含义。

1.1.1 第一代卫星导航系统

1611 年，德国天文学家、数学家开普勒用一架伽利略望远镜观察木星，以验证木星上是否有 4 个"月亮"，他观察发现木星周围确实有 4 个"月亮"围绕运行。开普勒首次把围绕行星运行的星体命名为"Satellite"(卫星)，"卫星"一词来源于希腊语，原来的意思是围绕伟大人物身边的人(刘进军，2012)，月球便是围绕地球飞行的天然卫星。

1957 年 10 月 4 日，人类历史上第一颗人造地球卫星"斯普特尼克-1"号在苏联成功发射，直径为 58.5 cm，重 83.6 kg，运行在近地点 227 km、远地点 945 km、轨道倾角为 65°的轨道上，绕地球一周的时间为 96.2 min，在轨运行 92 天，绕地球飞行约 1440 圈，飞行了 6000 万 km(齐真，2017)。为了纪念这具有划时代意义的人类第一颗人造地球卫星，后来将"斯普特尼克-1"号命名为"人造地球卫星-1"号，人造地球卫星是指环绕地球在太空轨道上运行的航天器，早在 1601 年开普勒便提出行星运动的三大规律，该规律对研究卫星围绕地球的运动亦有同等重要的价值。

　　由于卫星绕地球运动，除静止轨道地球同步卫星外，其余卫星的星下点一直在发生变化，具有全球运动特性，无法对其设立"禁飞区""禁航区"，具备天然的"合法过境权"，太空没有主权范围，航天器可以自由地进入任何国家领土之上的太空，具有自由飞越、全球进入、全球覆盖等特点，是绝佳的导航台选择，卫星的成功发射拉开了人类利用卫星进行导航系统设计的序幕。

　　对于卫星导航系统建立方法的首次提出，有两种说法。一种说法是美国人先提出的，苏联发射第一颗人造地球卫星后，美国约翰·霍普金斯大学应用物理实验室的 Weiffenbach、Guier 等仔细测量了由卫星上的星载发射机与旋转地球上固定接收机间相对运动而产生的多普勒频移，通过对多普勒频移曲线进行分析，能准确地测定人造地球卫星的轨道，反过来，如果使在轨卫星发射稳定的频率信号，则需要定位的用户通过测量多普勒频移，利用精确的卫星轨道参数确定自己的位置。基于这样的理论，美国建设了子午仪卫星导航系统(transit navigation satellite system，TRANSIT)，其由空间部分、地面监控部分和用户部分组成。空间部分由 6 颗卫星轨道高度为 1075km 的卫星组成，轨道周期为 107min，分布在 6 个轨道平面内，卫星播发 150MHz 和 400MHz 两种频率的载波，供用户和监测站对卫星进行观测，在 400MHz 的载波上调制有导航电文，向用户提供卫星的位置信息及时间信息，用于用户位置解算(郝金明等，2015)。地面监控部分负责通过连续不断地跟踪卫星，计算出卫星的轨道并形成便于用户计算卫星位置的对应不同时间的一系列导航电文，通过注入站注入卫星的存储器，由卫星按时间提供给用户。由于卫星轨道面倾角为 90°，卫星几乎是沿地球的经圈运动的，所以导航解中的经度与高程相关，只有在已知接收机高程的情况下才能取得经纬度的导航解，即子午仪卫星导航系统只能提供二维导航解，取得一次导航解需要对一颗卫星观测 8~10min，精度一般优于 40m。由于子午仪卫星高度低，地面覆盖面积较小，卫星数目不够多，所以平均间隔 1.5h 才能进行一次定位。

　　另一种说法是由苏联学者先提出的，1955~1957 年，舍布沙耶维奇教授在莫扎伊斯基列宁格勒空军工程学院开展了无线电导航方法研究，用于飞行驾驶的可行性研究，并在 1957 年 10 月和 12 月的跨部门会议和学术研讨会上分别做了报告(佩洛夫等，2016)。这些研究成果成功应用于苏联第一个低轨道卫星导航系统的设计工作，该系统称为"蝉"(Tsikada)卫星导航系统。

　　作为第一代卫星导航系统，子午仪卫星导航系统和 Tsikada 卫星导航系统在作用范围和导航精度上比已有罗兰 C、奥米伽等地基无线电导航系统优越，实现了全球范围内核潜艇、导弹测量船、军用舰船的全天候导航，并在大地测量、高精度授时、监测地球自转等方面得到了广泛应用，显示出卫星导航系统较传统陆基无线电导航系统的优越性。然而，第一代卫星导航系统采用了单星、低轨、测速体制，这种体制决定了其不能实现实时导航，只能断续地提供二维导航(许其凤，1994)，且卫星高度只有 1000km，难以实现高精度定轨，因此定位性能在实时性和精度指标上均有进一步提升的需求，由此引发了第二代卫星导航系统建设的倡议。

1.1.2　第二代卫星导航系统

若要克服第一代卫星导航系统的局限性，则需改变单星、低轨、测速体制，美国空军的"621B"计划和海军的"TIMAYION"计划都建议采用多星、高轨、测距体制，利用同时观测多颗卫星的测距体制代替测速体制来实现实时定位的功能，卫星高度提高后可以扩大单颗卫星的覆盖范围，可以使用较少的卫星满足全球范围内不间断导航的要求。此外，较高轨道卫星受大气阻力的影响较小，有利于提高卫星轨道测定的精度，从而提高导航解的精度。

美国空军研究的"621B"计划拟采用 3 或 4 个卫星星座覆盖全球，每个卫星星座由 4 或 5 颗卫星组成，中间 1 颗为地球同步卫星，其余为轨道面倾斜一定角度(相对赤道)的周期为 24h 的卫星，这一卫星分布对两极地区覆盖效果不好，且要求卫星监测跟踪站分布范围广。美国海军的"TIMAYION"计划采用 12~18 颗高度为 10000km 的卫星覆盖全球。这两个计划都采用了 20 世纪 60 年代才进入实际应用阶段的伪随机码测距技术。1973 年，美国国防部正式批准陆、海、空三军共同研制授时测距导航系统(the navigation system with timing and ranging，NAVSTAR)，又称为 GPS(许其凤，1994)。

GPS 空间部分采用 24 颗高度约为 20200km 的卫星组成卫星星座，分布在 6 个轨道面上，卫星轨道均为近圆形轨道，轨道倾角为 55°，运行周期约为 11h 58min，卫星的良好分布使得在全球任何地方、任何时间都可以观测到 4 颗以上卫星，并能保持良好的定位解算精度的几何图形，可以提供时间上连续的全球导航能力。GPS 自 1978 年 10 月开始发射 Block Ⅰ型试验卫星，共发射 11 颗，1989 年 2 月起开始发射正式的工作卫星，1994 年 7 月开始运行，1995 年 4 月该系统正式投入全球运行。

1976 年，苏联国防部宣布开发 GLONASS，苏联国有应用力学公司是该项目的总承担单位，负责系统的总体开发和实现、卫星的研制开发和制造、发射设施及相应控制系统的设计，1982 年 10 月苏联发射了"宇宙-1413"(Kocmoc-1413)卫星。

GLONASS 由军方负责运行，是一个军方系统，这也是早期没有任何相关消息发布的原因，1988 年 5 月，在国际民航组织(International Civil Aviation Organization，ICAO)的未来航空导航专门委员会上发布了 GLONASS 的技术细节，苏联决定向全球免费提供 GLONASS 导航信号。为了向国内民用和军事用户以及国外民用用户提供服务，俄罗斯政府要求俄罗斯国防部、俄罗斯空间局和俄罗斯交通部共同完成系统的部署，1993 年 9 月 24 日，俄罗斯正式宣布 GLONASS 开始运行，直到 1996 年 1 月 18 日，名义上的有 24 颗卫星的星座才第一次实际上组网成功，这通常认为是 GLONASS 的完全运行状态。

目前，已有和正在建设的全球卫星导航系统(global navigation satellite system，GNSS)包括美国的 GPS、俄罗斯的 GLONASS、中国的北斗卫星导航系统与欧盟的伽利略(Galileo)卫星导航系统，如图 1.1 所示。随着技术的不断成熟以及国际卫星导航市场竞争的加剧，卫星导航系统的建设与升级进入了快速推进阶段。美国的 GPS 和俄罗斯的 GLONASS 正在紧锣密鼓地进行现代化升级改造；我国的北斗二号卫星导航系统(区域系统)于 2012 年 12 月建成并正式开通运营，2015 年 3 月首颗新一代北斗导航试验卫星发射升空，标志着中国北斗卫星导航系统全球组网工作的开始，2018 年 12 月北斗三号卫星导航系统的基本系统建设完成并开始提供全球服务，2020 年全面建成北斗三号卫星导航系统；2016 年欧盟的 Galileo 系统初始服务启动，2020 年开始提供全面应用服务。未来 GPS、GLONASS、BDS、Galileo 四大全球卫星导航系统将长期处于竞争、合作、并存的状态中。有时，GNSS 还指代这些单个卫星导航系统及其增强系统的混合体，GNSS 的含义很难绝对统一，因此读者在阅读不同文献时能够理解作者实际指代的含义便可。

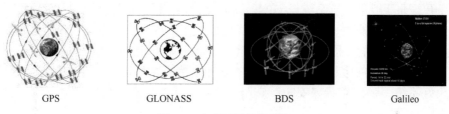

GPS　　　　　GLONASS　　　　　BDS　　　　　Galileo

图 1.1　全球卫星导航系统

值得一提的是，印度和日本也建设了自主的区域卫星导航系统。截至 2016 年 4 月，7 颗印度区域卫星导航系统(Indian regional navigation satellite system，IRNSS)卫星全部发射完毕，印度将成为继美国、俄罗斯、中国、欧盟之后第五个建立独立卫星导航系统的国家或地区。日本是 GPS 技术研发和应用大国，导航技术、接收机开发和应用服务启动早、规模大、发展成熟，为降低对 GPS 的依赖及防范 GPS 产生的重大风险，解决城市峡谷、山区等区域 GPS 信号遮挡等问题，日本提出建设星基增强系统。日本科学与技术政策理事会(Council for Science and Technology Policy，CSTP)在制定未来卫星导航、定位、授时政策时明确提出：要以 3 颗倾斜地球同步轨道(inclined geo-synchronous orbit，IGSO)卫星的准天顶卫星系统(quasi-zenith satellite system，QZSS)为基础进行拓展，发展独立自主运行的卫星导航系统。2010 年 9 月，在鹿儿岛县种子岛空间中心发射第一颗 QZSS 卫星(编号为 QZS-1)。2012 年 9 月国际电信联盟无线电通信

组 (International Telecommunication Union Radio Communication Sector，ITU-R)4C 工作组第 10 次会议提出修改建议，QZSS 演变为 3 颗 IGSO 卫星、4 颗地球静止轨道(geostationary earth orbit，GEO)卫星组成的混合星座方案，并按此方案进行建设。

1.2　北斗卫星导航系统建设原则

　　卫星导航系统能够同时提供定位、导航、授时功能，是国民经济建设和现代国防建设的重要基础设施，是建立统一时空基准的有效方式，是一个国家或地区的重要战略资源，因此全球主要大国和组织均积极建设独立(区域或全球)的卫星导航系统。

　　北斗卫星导航系统是我国正在实施的自主发展、独立运行的全球卫星导航系统。该系统的建设目标是：建成独立自主、开放兼容、技术先进、稳定可靠、覆盖全球的北斗卫星导航系统；促进卫星导航产业链形成；形成完善的国家卫星导航应用产业支撑、推广和保障体系；推动卫星导航在国民经济、社会各行业的广泛应用。

　　我国北斗卫星导航系统与 GPS、GLONASS 一样具备提供全球卫星导航、定位和授时服务的能力。北斗卫星导航系统实现了在区域快速形成服务能力、逐步扩展为全球服务的发展路径，丰富了世界卫星导航事业的发展模式。

　　北斗卫星导航系统以应用推广和产业发展为根本目标，不仅要建成系统，更要用好系统，强调质量、安全、应用、效益。北斗卫星导航系统遵循以下建设原则。

　　1. 开放性

　　北斗卫星导航系统的建设、发展和应用将对全世界开放，为全球用户提供高质量的免费服务，积极与世界各国开展广泛而深入的交流和合作，促进各卫星导航系统之间的兼容与互操作，推动卫星导航技术与产业的发展。

　　2. 自主性

　　中国将自主建设和运行北斗卫星导航系统，可独立为全球用户提供服务。

　　3. 兼容性

　　在全球卫星导航系统国际委员会(International Committee on Global Navigation Satellite Systems，ICG)和国际电信联盟(International Telecommunication Union，ITU)

框架下，北斗卫星导航系统与世界各卫星导航系统实现兼容与互操作，使所有用户都能享受到卫星导航发展的成果。

　　4. 渐进性

中国将积极稳妥地推进北斗卫星导航系统的建设与发展，不断完善服务质量，并实现各阶段的无缝衔接。

1.3　北斗一号卫星导航系统建设情况

北斗一号卫星导航系统是一个完整的卫星导航系统，拥有完整的技术指标与战术指标、明确的服务目标与服务范围等，是我国独立自主建立的第一个卫星导航系统，它的研制成功标志着我国打破了美国、俄罗斯在该领域的垄断地位，解决了中国自主卫星导航系统的有无问题，具有卫星数量少、投资少，能实现一定区域的导航定位、通信等多种用途，基本满足当时我国导航定位用户的急需，是一个成功的、实用的、投资少的起步系统。下面对试验系统的建设过程、系统组成及系统功能与技术指标进行简要介绍。

1.3.1　建设过程

随着 20 世纪 50 年代首颗人造地球卫星的发射、铷原子频标制造技术及可供低电平接收和测距的伪随机噪声通信理论的不断发展，美国和苏联先后完成了子午仪卫星导航系统和 Tsikada 系统的建设与应用(许其凤，1994)。60 年代末期，中国开始探索通过卫星多普勒测量方法建立自己的卫星导航系统，即 691 工程，又称"灯塔"计划，该工程与美国子午仪卫星导航系统类似，是一种以卫星为基站(导航站)的距离差测量系统，距离差是依靠接收卫星播发连续信号的多普勒频移取得的，这种技术常称为卫星多普勒导航或卫星多普勒测量。卫星轨道为近千千米的低轨道，子午仪卫星导航系统采用 150MHz 和 400MHz 两个频率，我国曾设计采用 180MHz 和 480MHz 两个频率，该工程的卫星、地面测量系统和用户机都已经研发成功，但发射卫星的火箭没有得到及时落实，使得 691 工程最终没有实施。该工程的研究成果在后来的卫星应用系统建设中得到了体现，如我国早期采用 180MHz 和 480MHz 两个频率建设的卫星轨道测量系统(曹冲，2016)。

20 世纪 70 年代后期和 80 年代早期，我国许多科学工作者都在探索建设我国的卫星导航系统，双星定位的计划和试验研究就是在这个阶段开始的，我国第七个五年计划期间明确提出"新四星"(通信卫星、气象卫星、资源卫星和导航卫星)

计划,导航卫星赫然在列。国内开展了探讨适合我国国情的卫星导航系统的体制研究,先后提出单星、双星、三星和3~5颗星的区域性系统方案,以及多星的全球系统设想,并考虑了导航、定位与通信等综合运用问题,但由于种种原因,这些方案和设想都未能实现(曹冲,2016)。

1983年,以两弹一星元勋陈芳允院士为首的专家团队,提出了使用2颗静止轨道地球同步卫星实现区域导航功能的双星定位系统设想。1989年9月,我国首次利用2颗地球同步卫星进行了快速定位通信演示试验,并获得圆满成功。1993年12月,相关单位上报了"双星导航定位系统"工程立项的请示,1994年国家正式批准该项目进入工程建设。

2000年10月、2000年12月,我国陆续发射了2颗静止轨道地球同步卫星作为导航卫星,定点在东经140°和东经80°;2002年1月,系统试运行;2003年5月,我国在西昌发射中心用长征三号甲运载火箭成功将第三颗导航卫星(备份卫星,定点在东经110.5°)送入太空;2003年12月,北斗卫星导航系统试验系统正式开通运营。北斗一号卫星导航系统是利用2颗地球同步卫星及相应的地面设备为用户提供快速定位、简短数字报文通信和高精度授时服务的一种全天候、区域性的卫星导航系统。北斗一号卫星导航系统的建成揭开了我国卫星导航事业发展的新篇章,填补了我国卫星导航定位领域的空白。

1.3.2　系统组成

1. 空间星座

空间星座由3颗地球同步卫星组成,其中2颗为工作卫星,1颗为在轨备份卫星。2颗工作卫星分别位于东经80°和东经140°,在轨备份卫星位于东经110.5°,2007年我国又补发了一颗替代卫星,卫星发射情况如表1.1所示。北斗卫星示意图如图1.2所示,卫星质量约为2200kg,这几颗北斗一号卫星目前均已退役。

表 1.1　北斗一号卫星导航系统卫星发射情况

卫星	卫星轨道	发射日期	运载火箭	卫星当前状态
BeiDou-1A	GEO 140°E	2000 年 10 月	CZ-3A	退役
BeiDou-1B	GEO 80°E	2000 年 12 月	CZ-3A	退役
BeiDou-1C	GEO 110.5°E	2003 年 5 月	CZ-3A	退役
BeiDou-1D	GEO 86°E	2007 年 2 月	CZ-3A	退役

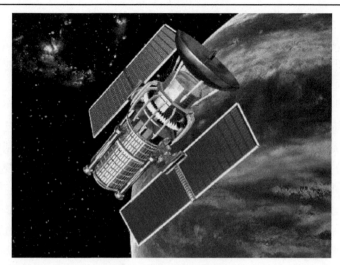

图 1.2 北斗卫星示意图

卫星的主要任务是完成中心控制系统(也称为中心站)和用户机之间的双向无线电信号转发,并作为用户定位计算的空间基准。每颗卫星上的主要载荷是变频转发器、S 天线(两个波束)和 L 天线(两个波束)。2 颗卫星的 4 个 S 波束分区覆盖全服务区,每颗卫星的两个 L 波束分区覆盖全服务区,在轨备份卫星的 S/L 波束可随时替代任意一颗工作卫星的 S/L 波束。除此以外,卫星还具有执行测控子系统对卫星状态的测量和接收地面中心控制系统对有效载荷控制命令的能力。

2. 地面运行控制系统

地面运行控制系统包括标校系统和中心控制系统两部分。标校系统包括定轨标校站、定位及测高标校站,一般均为无人值守的自动数据采集站,在运行控制中心的控制下工作(郝金明等,2013)。

中心控制系统是信息处理、控制和管理中心,具有全系统信息的产生、搜集、处理与工况测控等功能,由信号收发、信息处理、时间统一、监控、业务测控和测试 6 个分系统及其配套设备组成,由于计算和处理都集中在中心控制系统完成,所以中心控制系统是地面运行控制系统的中枢。中心控制系统执行以下主要任务:

(1) 产生并向用户发送询问信号和标准时间信号(即出站信号),接收用户响应信号(即入站信号)。

(2) 确定卫星的实时位置,并通过出站信号向用户提供卫星位置参数。

(3) 向用户提供定位和授时服务,并存储用户的有关信息。

(4) 转发用户间的通信信息或与用户进行报文通信。

(5) 监视并控制卫星有效载荷和地面应用系统的工况。

(6) 对新入网用户机进行性能指标测试与入网注册登记。

(7) 根据需要临时控制部分用户机的工作和关闭个别用户机。

(8) 可根据需要对标校机的有关工作参数进行控制等。

标校系统是地面应用系统的组成之一，由分设在服务区内若干已知点上的各类标校站组成。标校系统利用中心控制系统的统一时间同步机理，完成中心经卫星至标校机的往返距离的测量。为卫星轨道确定、电离层折射延迟校正、气压测高校正提供距离观测量和校正参数。标校站按其用途分为测轨、定位和测高三类。测轨标校站为系统确定卫星实时位置提供观测数据；定位标校站采用差分定位技术为系统提供标准观测数据，以消除系统误差对定位精度的影响；测高标校站为系统计算用户参考高程所需的气压、温度和湿度数据，以消除定位多值解。

3. 用户机

用户机由混频和放大、信号接收天线、发射装置、信息输入键盘和显示器等组成，主要任务是接收中心站经卫星转发的询问测距信号，经混频和放大后注入有关信息，并由发射装置向 2 颗(或 1 颗)卫星发射应答信号。由于终端不仅接收卫星信号，还必须向卫星发射应答信号，才能完成定位工作，所以区别于 GPS 接收机和 GLONASS 接收机的称呼，将这种需要发射应答信号的终端称为用户机。图 1.3 为北斗一号车载型和手持型用户机。

(a) 车载型　　　　　　　　　　　　(b) 手持型

图 1.3　北斗一号车载型和手持型用户机

1.3.3　系统功能与技术指标

北斗一号卫星导航系统具有快速导航定位、简短数字报文通信和高精度授时服务三大功能，用户机结合用户机端的电子地图、气压测高、图形化用户界面，为用户提供多种模式的定位、通信、导航、定时、指挥等功能。其服务区域是北纬 5°~55°、东经 70°~145°的心形区域，可覆盖我国本土和周边区域，在赤道附近定位性能略差(郝金明等，2013)。

1. 快速导航定位

用户机利用北斗卫星导航系统的定位服务能力，实现用户终端位置的快速确定和显示输出。用户机的定位方式包括单次定位、连续定位和紧急定位。用户机的定位结果采用的是 1954 年北京坐标系和 1985 年国家高程基准，可为用户提供大地坐标、空间直角坐标、高斯平面直角坐标、墨卡托平面直角坐标等。系统水平定位精度为 20m(无标校站地区为 100m)，高程精度为 10m，评价方式均采用 1 倍标准差。

系统的全部数据处理集中于地面中心站，地面中心站有庞大的数字化地图数据库和各种丰富的数字化信息资源，地面中心站根据用户的定位信息，参考数字化地图数据库可迅速计算出用户前进目标的距离和方位，可对用户发出防碰撞紧急报警，可通知有关部门对出事地点实施紧急营救等。优先级最高的用户，从测站发射应答信号到测站收到定位结果，可以在 1s 内完成，因此北斗一号卫星导航系统是快速定位系统。

2. 简短数字报文通信

每台用户机都有其专用地址，当用户 A 想和用户 B 联系时，用户机 A 输入用户机 B 的地址码和通信电文，随响应信号送入地面中心站。地面中心站收到用户机 A 的响应信号后，译出要联系的用户机 B 的地址码和通信电文，地面中心站向用户机 B 发送通信电文。非对应码的用户机解不出通信信息段的内容，只出现干扰噪声。通信信息段的容量决定了通信的速度和可参加通信的用户机数量。

北斗用户机提供普通通信和特快通信两种通信方式。普通通信用于用户机之间的点对点通信；特快通信用于紧急或特殊情况下的通信，中心控制系统优先处理，响应时间短于 5s，两种通信方式下收信方收到正确的通信电文后自动向中心控制系统发送通信回执。

通信等级决定用户机一次传输通信电文的最大长度，如表 1.2 所示。通信等级参数存储在用户机的智能集成电路(integrated circuit，IC)卡和中心控制系统数据库中，在配装注册时确定。

表 1.2　通信等级及电文长度说明

通信等级	电文长度	
	加密用户	非加密用户
1	10 个汉字／35 个代码	7 个汉字／27 个代码
2	25 个汉字／90 个代码	29 个汉字／102 个代码
3	41 个汉字／145 个代码	44 个汉字／157 个代码
4	120 个汉字／420 个代码	60 个汉字／212 个代码

3. 高精度授时服务

授时和通信、定位是在同一信道中完成的，地面中心站原子钟产生的标准时间和标准频率，通过询问信号将时标的时间码发送给用户。通过用户的响应信号，地面中心站计算出时延，连同协调世界时(universal time coordinated，UTC)的改正数一起发送给测站，用户便可将钟差减去时延得到用户机的 UTC 的标准时间。

利用北斗一号卫星导航系统作为卫星授时手段，不仅具有 GPS 授时的优点，而且授时精度高，可在国家自主控制下为用户提供服务。北斗一号卫星导航系统可以实现以下功能：

(1) 由北斗一号卫星导航系统播发 UTC。

(2) 北斗一号的系统时间与 UTC 的时间同步可以保持在 $1\mu s(1\mu s=10^{-6}s)$，甚至达到几十纳秒($1ns=10^{-9}s$)。

(3) 时间传递精度单向达 100ns，双向达 20ns。

北斗一号卫星导航系统作为我国独立自主建设的第一个卫星导航系统，解决了我国卫星导航系统有无的问题。该系统是一个区域系统，能够覆盖我国本土及周边国家和地区，满足我国一段时期的国民经济建设和国防建设需求。但受制于技术体制，该系统存在以下不足之处：

(1) 不能覆盖两极地区，赤道附近定位精度低，只能进行二维主动式定位，且需要提供用户高程数据。

(2) 用户必须向地面中心站申请定位，才能获得定位信息，用户无法保持隐蔽状态。

(3) 地面中心站是北斗一号卫星导航系统的核心，因此地面中心站一旦遭受攻击，整个卫星系统将陷入瘫痪。

(4) 北斗一号卫星导航系统用户受限，用户过多会造成信道拥挤。

(5) 信号需双向传送，很难满足高动态用户的定位要求。

为此, 我国在建设北斗一号卫星导航系统的过程中便开始着手论证并建设北斗二号卫星导航系统。

1.4 北斗二号卫星导航系统建设情况

北斗二号卫星工程是国家重大科技专项, 是我国北斗卫星导航系统建设 "三步走" 发展战略承前启后的关键一步, 其任务是建成覆盖亚太地区的北斗二号卫星导航系统, 满足我国经济社会发展和国防军队建设急需, 保障国家安全和战略利益。北斗二号卫星工程自 2004 年 8 月立项, 历时 8 年建设, 涉及单位 300 多家, 工作人员 80000 多人, 2012 年 12 月正式向我国本土及亚太地区提供导航、定位、授时和短报文服务, 性能达到国际先进水平, 该系统包括 14 颗组网卫星和 32 个地面中心站。

北斗二号卫星导航系统的建成创造了四个第一: 国际上第一个多功能融为一体的区域卫星导航系统、我国第一个与国际先进系统同台竞技的航天系统、我国第一个面向大众和国际用户服务的空间信息基础设施、我国第一个复杂星座组网的航天系统。下面对其建设过程、坐标系统、时间系统、系统功能与技术指标进行简要介绍。

1.4.1 建设过程

北斗二号卫星导航系统空间星座设计由 5 颗 GEO 卫星、5 颗 IGSO 卫星和 4 颗中圆地球轨道(medium earth orbit, MEO)卫星组成, 其中 GEO 卫星分别定点在东经 58.75°、80°、110.5°、140°和 160°, 北斗二号卫星导航系统建设的任务于 2012 年底完成。

北斗二号卫星导航系统共发射 20 颗导航卫星, 具体卫星发射情况如表 1.3 所示。截至 2020 年 5 月, 北斗二号卫星导航系统的 5 颗 GEO 卫星、7 颗 IGSO 卫星和 3 颗 MEO 卫星正常工作。

表 1.3 北斗二号卫星导航系统卫星发射情况

发射日期	卫星类型	运载火箭	卫星当前状态
2007 年 4 月	MEO	CZ-3A	退役
2009 年 4 月	GEO	CZ-3C	退役
2010 年 1 月	GEO 140°E	CZ-3C	正常工作
2010 年 6 月	GEO 110.5°E	CZ-3C	在轨维护
2010 年 8 月	IGSO	CZ-3A	正常工作

发射日期	卫星类型	运载火箭	卫星当前状态
2010 年 11 月	GEO 160°E	CZ-3C	正常工作
2010 年 12 月	IGSO	CZ-3A	正常工作
2011 年 4 月	IGSO	CZ-3A	正常工作
2011 年 7 月	IGSO	CZ-3A	正常工作
2011 年 12 月	IGSO	CZ-3A	正常工作
2012 年 2 月	GEO 58.75°E	CZ-3C	正常工作
2012 年 4 月	MEO	CZ-3B	正常工作
2012 年 4 月	MEO	CZ-3B	正常工作
2012 年 9 月	MEO	CZ-3B	退役
2012 年 9 月	MEO	CZ-3B	正常工作
2012 年 10 月	GEO 80°E	CZ-3C	正常工作
2016 年 3 月	IGSO	CZ-3A	正常工作
2016 年 6 月	GEO 144°E	CZ-3C	正常工作
2018 年 7 月	IGSO	CZ-3B	正常工作
2019 年 5 月	GEO	CZ-3B	正常工作

1.4.2 坐标系统

北斗二号卫星导航系统采用 2000 中国大地坐标系(China geodetic coordinate system 2000，CGCS2000)。

CGCS2000 定义如下。

原点：包括海洋和大气的整个地球的质量中心。

Z 轴：指向国际地球自转服务组织(International Earth Rotation Service，IERS)定义的参考极方向。

X 轴：IERS 定义的参考子午面(IERS reference meridian，IRM)与通过原点且同 Z 轴正交的赤道面的交线。

Y 轴：与 Z 轴、X 轴构成右手直角坐标系。

长度单位：引力相对论意义下局部地球框架中的米。

CGCS2000 的参考历元为 2000.0。

CGCS2000 参考椭球定义的基本常数如下。

长半轴：$a=6378137.0\text{m}$。

地球(包含大气层)引力常数：μ=3.986004418×10^{14}m^3/s^2。

扁率：f=1/298.257222101。

地球自转角速度：$\dot{\Omega}_e$=7.2921150×10^{-5}rad/s。

北斗二号卫星导航系统的坐标系由以下三部分具体实现。

(1) 监测站坐标：地面运控系统所有监测站坐标由具有专业测绘资质的测绘单位进行测量，与国家大地控制网相联系，获得 CGCS2000 下的坐标，并定期进行复测，确保监测站坐标与 CGCS2000 的一致性。

(2) 卫星星历：地面运控系统以监测站坐标为基准，进行精密轨道确定。在精密轨道确定过程中需要的国际天球参考系及相应的天文常数系统、地球引力位模型、零潮汐值系统等符合 CGCS2000 的定义。因而，由精密轨道确定结果外推得到的卫星星历为 CGCS2000。

(3) 用户位置：用户以导航电文中的卫星星历为其定位解算的基准，获得 CGCS2000 下的用户位置。

1.4.3　时间系统

北斗二号卫星导航系统的时间基准为北斗时(BDS time，BDT)。BDT 采用国际单位制(international system of units，SI)秒为基本单位连续累计，不闰秒，起始历元为 2006 年 1 月 1 日 UTC 00 时 00 分 00 秒，采用周和周内秒计数。BDT 的时间标准是中国科学院国家授时中心(National Time Service Center Chinese Academy of Sciences，NTSC)建立并保持的原子时标准。BDT 通过 UTC(NTSC)与国际 UTC 建立联系，BDT 与 UTC 的偏差保持在 100ns 以内(模 1s)。BDT 与 UTC 之间的闰秒信息在导航电文中播报。

北斗卫星导航系统的所有卫星和地面中心站均采用 BDT 作为标准时间，卫星星载原子钟实时时间信号与 BDT 的时间偏差保持在 1ms 以内，地面中心站实时时间信号与 BDT 的时间偏差保持在 1μs 以内(郝金明等，2013)。

1.4.4　系统功能与技术指标

北斗二号卫星导航系统具有无线电定位卫星服务(radio determination satellite service，RDSS)和无线电导航卫星服务(radio navigation satellite system，RNSS)两种工作模式。北斗二号卫星导航系统 RDSS 工作模式仅提供授权服务，水平定位精度为 20m(无标校站地区为 100m)，高程为 10m，单向授时精度为 50ns，双向授时精度为 10ns，具有每次 120 个汉字的短信息交换能力。

北斗二号卫星导航系统 RNSS 工作模式中下行导航信号分别工作在 B1、B2、B3 三个频率上，每个频率上有两种测距码：一种是普通测距码，采用平衡戈尔德序列，码周期为 1ms，码长为 2016bit，可使接收机以较短的时间搜索和捕获北斗卫星发送的 C 码，主要用于普通用户导航；另一种是 P 码，其选择无周期的长码，满足高精度测距、多路径识别、良好相关特性要求，P 码主要用于授权用户导航。北斗二号卫星导航系统提供开放服务和授权服务两种服务。开放服务是为用户免费提供开放、稳定、可靠的基本定位、测速和授时服务，定位精度在重点区域水平为 10m，高程为 10m；其他大部分地区水平为 20m，高程为 20m；测速精度为 0.2m/s，授时精度为 50ns。授权服务是为用户提供更高性能的定位、导航和授时服务，以及为亚太地区提供广域差分和短报文通信服务，广域差分定位精度为 1m。

随着北斗二号卫星导航系统的建成，我国从根本上摆脱了对国外卫星导航系统的依赖，彻底掌握了时空基准控制权、卫星导航产业发展主动权，为我国国民经济建设和国防安全提供了强有力的保障。北斗卫星导航系统作为我国服务国际社会的公共产品，成为代表中国的一张"国家名片"，可服务 50 多个国家、30 多亿人口，成为联合国确认的全球卫星导航系统四大核心供应商之一。

1.5　北斗三号卫星导航系统建设情况

1.5.1　建设过程

2009 年，我国启动北斗三号卫星导航系统建设，系统空间星座由 3 颗 GEO 卫星、3 颗 IGSO 卫星和 24 颗 MEO 卫星组成，并视情部署在轨备份卫星。GEO 卫星轨道高度为 35786km，分别定点于东经 80°、110.5°、140°；IGSO 卫星轨道高度为 35786km，轨道倾角为 55°；MEO 卫星轨道高度为 21528km，轨道倾角为 55°。我国从 2015 年开始陆续发射了 5 颗北斗三号卫星导航系统的试验卫星，顺利完成了星间测距等关键技术的验证试验；2018 年 12 月，北斗三号卫星导航系统的基本系统建设完成并开始提供全球服务；截至 2020 年 7 月，除 5 颗试验卫星外，完成全部 30 颗北斗三号卫星导航系统正式工作卫星的发射；2020 年，全面建成具备全球服务能力的北斗三号卫星导航系统，见表 1.4。

表 1.4　北斗三号卫星导航系统卫星发射情况

发射日期	数量及卫星轨道	运载火箭	卫星当前状态
2015 年 3 月	1 颗 IGSO	CZ-3C	在轨试验
2015 年 7 月	2 颗 MEO	CZ-3B	在轨试验
2015 年 9 月	1 颗 IGSO	CZ-3B	在轨试验
2016 年 2 月	1 颗 MEO	CZ-3C	在轨试验
2017 年 11 月	2 颗 MEO	CZ-3B	正常工作

续表

发射日期	数量及卫星轨道	运载火箭	卫星当前状态
2018 年 1 月	2 颗 MEO	CZ-3B	正常工作
2018 年 2 月	2 颗 MEO	CZ-3B	正常工作
2018 年 3 月	2 颗 MEO	CZ-3B	正常工作
2018 年 7 月	2 颗 MEO	CZ-3B	正常工作
2018 年 8 月	2 颗 MEO	CZ-3B	正常工作
2018 年 9 月	2 颗 MEO	CZ-3B	正常工作
2018 年 10 月	2 颗 MEO	CZ-3B	正常工作
2018 年 11 月	1 颗 GEO	CZ-3B	正常工作
2018 年 11 月	2 颗 MEO	CZ-3B	正常工作
2019 年 4 月	1 颗 IGSO	CZ-3B	正常工作
2019 年 6 月	1 颗 IGSO	CZ-3B	正常工作
2019 年 9 月	2 颗 MEO	CZ-3B	正常工作
2019 年 11 月	1 颗 IGSO	CZ-3B	正常工作
2019 年 11 月	2 颗 MEO	CZ-3B	正常工作
2019 年 12 月	2 颗 MEO	CZ-3B	正常工作
2020 年 3 月	1 颗 GEO	CZ-3B	正常工作
2020 年 6 月	1 颗 GEO	CZ-3B	正常工作

2016 年 6 月，我国发布了卫星导航领域的首部白皮书《中国北斗卫星导航系统》，向全世界宣布发展原则和主张。2017 年 8 月，中国卫星导航系统管理办公室发布了《北斗卫星导航系统空间信号接口控制文件公开服务信号 B1C 和 B2a(测试版)》，B1C 信号为新增信号，B2a 信号将取代 B2I 信号，两个信号在北斗三号 MEO 卫星和 IGSO 卫星上播发，提供公开服务。B1I 信号在北斗三号卫星导航系统所有卫星上播发，提供公开服务。GEO 卫星将按照国际标准提供星基增强系统(satellite-based augmentation system，SBAS)，相关信号参考国际民航标准。北斗三号卫星导航系统采用北斗坐标系(BeiDou coordinate system，BDCS)。北斗坐标系的定义符合 IERS 规范，与 CGCS2000 定义一致，北斗三号卫星导航系统的时间基准为 BDT。

1.5.2　系统功能与技术指标

2020 年，北斗三号卫星导航系统全面建成世界一流的全球卫星导航系统，具有全球服务能力。北斗卫星导航系统通过各类卫星提供服务，如表 1.5 所示。

表 1.5　北斗卫星导航系统提供的服务

服务类型		信号频点	卫星
基本导航服务	公开	B1I、B3I、B1C、B2a、B2b	3IGSO+24MEO
		B1I、B3I	3GEO
	授权	B1A、B3Q、B3A	—
短报文通信服务	区域	L(上行)、S(下行)	3GEO
	全球	L(上行)	14MEO
		B2b(下行)	3IGSO+24MEO
星基增强服务(区域)		BDSBAS-B1C BDSBAS-B2a	3GEO
国际搜救服务		UHF(上行)	6MEO
		B2b(下行)	3IGSO+24MEO
精密单点定位服务(区域)		B2b	3GEO

注：BDSBAS(BeiDou satellite-based augmentation system，北斗星基增强系统)。

北斗卫星导航系统具备以下主要性能：

(1) 基本导航服务。为全球用户提供服务，空间信号精度优于 0.5m；全球定位精度水平方向优于 9m，垂直方向优于 10m，测速精度优于 0.2m/s，授时精度优于 20ns；亚太地区定位精度优于 5m，测速精度优于 0.1m/s，授时精度优于 10ns，整体性能大幅提升。

(2) 短报文通信服务。对于中国及周边地区短报文通信服务，服务容量提升了 10 倍，用户机发射功率降低到原来的 1/10，单次通信能力为 1000 个汉字(14000bit)；对于全球短报文通信服务，单次通信能力为 40 汉字(560bit)。

(3) 星基增强服务(区域)。按照国际民航组织的标准，服务中国及周边地区用户，支持单频及双频多星座两种增强服务模式，满足国际民航组织的相关性能要求。

(4) 国际搜救服务。按照国际海事组织及国际搜索和救援卫星系统标准，服务全球用户。与其他卫星导航系统共同组成国际中轨道卫星搜救系统，同时提供反向链路，极大地提升了搜救效率和能力。

(5) 精密单点定位服务(区域)。服务中国及周边地区用户，具备动态分米级、静态厘米级的精密定位服务能力。

北斗三号卫星导航系统的具体建设情况可通过查看系统网站(http://www.beidou.gov.cn)了解。2035 年前，我国还将以北斗卫星导航系统为核心，建设并完善更加泛在、更加融合、更加智能的国家综合定位导航授时体系。

1.6 北斗卫星导航系统特色及优势

卫星导航系统能够同时提供导航、定位、授时功能，是国家重要的战略基础设施，每个国家均投入了大量的人力、物力、财力进行系统建设。总之，目前几个主要卫星导航系统均采用了基于距离的空间后方交会方法进行卫星导航系统的设计，距离测量主要通过伪随机码测距方式实现，总体发展策略及技术路径是一致的，但在具体实现上，各国均根据国情、战略需求、技术储备等开展了一些特色建设。下面尝试总结我国北斗卫星导航系统在自身发展过程中的特色及优势，由于系统的不断演进及其他主要卫星导航系统也在不断向前发展，所以有的特色及优势可能是阶段性的。

1.6.1 具备 RDSS 工作体制

北斗一号卫星导航系统采用 RDSS 工作体制，其基本定位原理为双向测距、三球交会测量原理。地面中心站是 RDSS 业务的控制中心，GEO 卫星构成地面中心站与用户之间的无线电链路，共同完成 RDSS 无线电测定业务。地面中心站通过两颗 GEO 卫星向用户广播询问信号(出站信号)，并根据用户响应的应答信号(入站信号)测量、计算出用户到 2 颗 GEO 卫星的距离；然后根据地面中心站存储的数字地图或用户自带的测高仪测出的高程算出用户到地心的距离，根据这 3 个距离就可以通过三球交会测量原理确定用户的位置，并通过出站信号将定位结果告知用户。授时和短报文通信功能也在这种出入站信号的传输过程中同时实现。

北斗二号卫星导航系统和北斗三号卫星导航系统在主要采用 RNSS 工作体制的基础上，继承了北斗一号卫星导航系统的 RDSS 服务能力。RDSS 为有源服务体制，RNSS 为无源服务体制，北斗卫星导航系统中的 GEO 卫星兼具有源服务和无源服务，MEO 卫星和 IGSO 卫星只提供无源服务。北斗卫星导航系统采用 RDSS 与 RNSS 两种服务体制，把导航与通信精密结合起来，成为世界上第一个导航与定位报告深度融合的卫星导航系统，首任北斗卫星导航系统工程总设计师孙家栋院士表示：有源与无源两种体制的结合，是中国北斗的最大特色和亮点，也是中国北斗的优势所在，体现了中国人的创新智慧和对世界卫星导航系统发展的卓越贡献。美国 GPS 之父帕金森教授曾这样盛赞北斗的导航、通信一体化功能：既能够知道你在哪里，也能够知道我在哪里，这是多么美妙的体验(袁树友，2017)。

　　RDSS 工作体制是北斗卫星导航系统的特点和亮点，是区别于 GPS、GLONASS 和 Galileo 系统的重要特色，可为中国及周边地区提供快速定位、位置报告、短报文通信和高精度授时服务。卫星和地面设备通信链路的带宽和容量有限，入站和出站的资源都是有限的，因此必须对服务频度加以限制，根据用户的需求及重要等级进行区分。对于低频度用户，其服务频度偏低，当遇到紧急情况时，可以使用 RDSS 紧急定位模式。可按服务频度的不同数值范围划分用户机类型，具体划分情况如表 1.6 所示。服务频度不可随意变更，但可以根据用户的特殊需要申请变更。

表 1.6　RDSS 服务频度划分情况

用户类别	服务频度/s
三类用户机	1～9
二类用户机	10～60
一类用户机	大于 60

　　北斗卫星导航系统采用 RDSS 工作体制，定位和通信功能均依赖地面中心站，使系统具备了指挥监控的基本条件。指挥类用户设备通过系统授权与一定数量的普通用户构成指挥集团，具有分级管理、实时监控下属用户、指挥关系调配和导航定位等功能。指挥类用户设备能够获得下属用户机的 RDSS 定位数据和短报文通信内容，以及下属用户通过位置报告发来的 RNSS 定位结果，还能够向所有下属用户发送通播信息，从而起到指挥、管理整个指挥集团的作用。

1.6.2　独特的混合卫星星座方案

　　GNSS 空间卫星星座由在空间呈一定布局的卫星组成，在设计上要保证 GNSS 卫星在任何时刻都具有对服务区覆盖的可靠性，空间星座设计是一个复杂、不断优化的过程，涉及信号覆盖率、用户定位精度、系统有效性、卫星几何分布等多方面技术性指标，同时还需考虑如何降低开发和维护成本、自身条件等非技术因素(谢钢，2013)。对于不同的卫星导航系统，服务区有全球性的，也有区域性的，对于不同的区域卫星导航系统，又有区域特性和用户需求的差异。根据卫星运行轨道及高度的不同，GNSS 卫星通常分为如下三种类型。

(1) GEO 卫星。GEO 卫星轨道半径为 42164km，轨道面与地球赤道面重合(轨道倾角为 0°)，并且具有与地球相同的角速度，从地球上看好像是停留在地球赤道上空。由于轨道高度高和静止在规定的赤道上空，所以其发射信号能 24h 连续覆盖固定的一大片区域(每颗卫星可覆盖地球表面固定区域的 42%)，对建设区域覆盖卫星导航系统而言，其卫星利用率最高，我国在北斗卫星导航系统的建设过程中充分考虑了这个因素。GEO 卫星都处于赤道面内，受导航定位所需几何构型的限制，每个卫星接收机最多只能利用经度相隔较大的两颗 GEO 卫星的测量值，因此我国北斗一号卫星导航系统的卫星星座除了利用 2 颗 GEO 卫星外，还需要数字高程模型数据库的支持。北斗二号卫星导航系统除了利用 GEO 卫星外，为了避免依赖地面高程数据的支持，在星座中加入了相对地球移动的 IGSO 卫星。

(2) IGSO 卫星。IGSO 卫星是一种与地球赤道面存在一个轨道倾角的地球同步卫星，运行高度与 GEO 卫星相同。从地球上看，其卫星有着“8”字形运行轨道，即卫星轨道中心位于赤道上空的某一经度处，其 24h 轨迹在相应的一个经度带内南北来回运动。在中纬度地区，IGSO 卫星在连续 24h 的可见时间高达 15h，因此其利用率较高，也适用于构建区域性系统星座。我国北斗二号卫星星座建设方案的倡议者许其凤院士正是充分考虑到 GEO 卫星和 IGSO 卫星高利用率的特点，在国际上最早提出了采用 GEO 卫星和 IGSO 卫星构建卫星导航系统星座的“5+3”和“5+5”方案(许其凤，2014)，并获得工程应用。从实际运行效果来看，这个方案是适合我国现阶段需求的异于 GPS、GLONASS 等系统的星座建设方案。此后，日本准天顶卫星导航系统和印度区域卫星导航系统也采用了类似的设计方案。

我国采用 GEO 卫星和 IGSO 卫星星座还可以极大地降低卫星定位对原子钟的性能要求，同时弥补由监测站难以全球布设导致的卫星星历精度差的不足(许其凤，2014)。

(3) MEO 卫星。其倾角一般在 55°~65°，运行周期约 12h，其轨迹历经全球，倾角大小的选择主要取决于 GNSS 信号覆盖性在所需最佳化的纬度值，例如，对于采用 55°轨道倾角的卫星，在北纬 40°至南纬 40°地区有最佳的覆盖效果。分析计算表明，若 24 颗倾角为 55°的 MEO 卫星均匀分布在 3 个轨道面上，则这种分布可以满足 GNSS 全球的良好信号覆盖性。GPS、GLONASS 和 Galileo 三个系统全部采用了 MEO 卫星进行星座建设，每颗中轨道的 GPS 卫星能覆盖地球表面的 37.9%。

低地球轨道(low earth orbit，LEO)卫星运行在离地球较近的轨道上，其信号覆盖面较小，卫星利用率较低。大椭圆轨道卫星运行高度变化剧烈，使得接收机端

的信号多普勒频移和信号接收功率范围变化较大，不利于对大多数以码分多址
(code division multiple access，CDMA)作为信号多址机制的GNSS接收机信道设计。
因此，目前没有卫星导航系统采用这两种卫星，本书不对其进行介绍。当然随着
技术的发展和需求的增加，将来有可能会出现新的变化，由于LEO卫星信号能够
达到更强，且在轨卫星数量众多，有学者提出将低轨通信卫星进行改造以增加导
航功能。

我国北斗二号卫星导航系统采用以GEO卫星和IGSO卫星为主的混合星座方
案，能够以相对较少数量的卫星保证区域内的服务性能；卫星数量少，缩短了系
统部署时间；GEO卫星可以增加有源定位和短报文通信服务，且便于实现系统级
的广域差分功能。最重要的是该方案还解决了我国监测站布局受限及当时条件下
原子钟性能不足的系统建设瓶颈问题。考虑到异构星座具备的优点和在我国卫星
导航系统建设中的成功实践，北斗三号卫星导航系统虽然以MEO卫星为主，但仍
保留了GEO卫星和IGSO卫星，采用同步卫星(GEO卫星、IGSO卫星)增强的全
球系统可使亚太地区的导航性能得到显著增强，确保在我国军用、民用最关注的
区域内北斗卫星导航系统的性能能够超越其他卫星导航系统，能够在未来激烈的
GNSS性能竞争中，保持更高的区域定位、授时性能。

1.6.3　具备系统级广域差分功能

差分GNSS(differential global navigation satellite system，DGNSS)能有效提高卫
星导航系统定位性能，其工作的主要依据是卫星钟差、卫星星历误差、电离层延
迟和对流层延迟影响具有强的空间相关性和时间相关性。存在相距不远的两个接
收机共同观测同一颗GNSS卫星的情况，由于卫星高度较高，当两个接收机相距
100km时，与卫星的夹角不超过0.3°，这意味着卫星信号到两个接收机的传播路
径非常相近，即在传输路径上受相近误差的影响(电离层延迟和对流层延迟)。由于
观测的是同一颗卫星，卫星端的误差项(卫星钟差、卫星星历误差)对两个接收机也
是相同的。正是基于这样的考量，人们建立了多种DGNSS。根据服务范围可将其
分为局域差分和广域差分两类；按照观测量的不同可将其分为位置差分、伪距差
分、载波相位平滑后的伪距差分以及载波相位差分四种；根据用户接收机的定位
结果形式可将其分为绝对定位、相对定位两种；根据差分操作的级数不同可将其
分为单差、双差和三差三种；根据用户接收机运动状态可将其分为静态定位和动
态定位两种；根据实时性不同可将其分为实时处理和测后处理两类；根据差分矫
正量的播放方式不同，如果是经由卫星(通常是GEO卫星)播发的，则称其为星基
差分系统，否则称其为陆基增强系统(ground-based augmentation systems，GBAS)
(谢钢，2013)。

我国北斗卫星导航系统是世界上第一个系统级的广域差分卫星导航系统，而

不必像 GPS 等需要额外建设广域增强系统(wide area augmentation system，WAAS)来实现广域差分的功能。北斗卫星导航系统自身卫星星座中包含 GEO 卫星，因此不需要额外发射 GEO 卫星，便可利用自身 GEO 卫星作为平台播发差分校正量来实现系统级的广域差分，即在系统内实现了星基增强系统的功能。在北斗一号卫星导航系统运行之初，系统还曾利用其 GEO 卫星实现了对 GPS 系统的星基增强。

1.6.4 基于星间测距技术的卫星定轨方法

卫星轨道的计算精度直接影响利用卫星导航系统所能实现的定位、测速精度，与 GPS 卫星导航系统建设条件不同，我国无法实现地面测控站的全球均匀分布，只能依靠区域性地面测控网跟踪定轨。在进行北斗二号卫星导航系统建设时，利用了 GEO 卫星、IGSO 卫星的特点解决了仅在我国国土测控范围实现对卫星的高精度定轨的难题。但在建设全球卫星导航系统时，MEO 卫星是主要工作卫星，受限于国土范围经度跨度，仅利用境内跟踪站将造成 MEO 卫星被跟踪弧段短，致使最终 MEO 卫星的定轨精度很难得到提高，而且在战时条件下不受高度保护的地面测控站极易受到敌方精确打击，这也限制了我国卫星导航系统的卫星定轨方法不能依赖境外设站方法解决，以免受制于其他国家。从适应导航战的角度出发，我国也需要进行导航卫星自主定轨技术的研究。

导航卫星自主定轨是指卫星在长时间缺少地面系统支持的情形下，通过星间观测(测距、测速、测向)、星间通信以及星上数据处理过程，不断修正地面中心站注入的预报星历和钟差参数，并自主生成导航电文和保持星座基本构型，维持整个系统正常运行的实现过程。美国学者 Ananda 早在 1984 年便提出了在不需要地面系统支持的情况下，利用 GPS 星间测距观测进行卫星自主定轨的想法。1990 年 6 月，Ananda 基本完成了自主定轨的理论、设计和数据模拟等工作。目前，Block ⅡF 卫星的自主定轨模式能运行 60 天左右，其用户测距误差(user range error，URE)不高于 3m。

北斗三号卫星导航系统采用卫星间测距和数据传输技术，实现了高轨卫星、低轨卫星及地面中心站的链路互通，可以实现对 MEO 卫星的全弧段跟踪，实现满足系统建设需求的卫星定轨精度，该方法除能降低导航卫星对地面测控站的依赖外，还能够有效弥补我国地面测控站分布不均匀带来的缺陷，提高定轨精度。在地面测控系统支持的情况下，通过星间双向测距还提供了一个独立的检验卫星钟差和星历精度的方式，提高了可靠性。

1.6.5 具备自主知识产权和特色的卫星信号体制

一个设计合理、性能完善的信号体制在 GNSS 中非常重要，决定着导航系统的性能，是系统设计和升级换代过程中必须予以考虑的因素。信号体制对 GNSS

性能的影响主要体现在精度、抗干扰、抗多径和兼容性四个方面，此外还涉及信号捕获与跟踪灵敏度、对信号位与子帧的同步、首次定位时间等诸多方面的性能，以及伪码复制方式、窄带接收机的分贝损耗、数据处理能力要求等诸多细节对接收机复杂度的影响(谢钢，2013)。

　　导航系统的业务频段主要集中在国际电信联盟分配的 960～1610MHz，该频段除卫星无线电导航外，还包括了航空无线电导航、航空移动、卫星地球探测、空间研究等其他全球业务。根据北斗卫星导航系统空间信号接口控制文件(signal in space interface control document，以下简称 ICD)-公开服务信号(2.0 版)，北斗二号卫星导航系统 RDSS 业务上行信号使用 L 频段，频率为 1610～1625.5MHz，下行信号使用 S 频段，频率为 2483.5～2500MHz；RNSS 业务使用 B1、B2、B3 三个频率资源，B1 频段(1559.052～1591.788MHz)信号调制方式为 MBOC(multiplexed binary offset carrier，复合二进制偏移载波)(6, 1)和 BOC(binary offset carrier，二进制偏移载波)(14, 2)，B2 频段(1166.22～1217.37MHz)信号调制方式为 AltBOC(Alternate binary offset carrier，交替二进制偏移载波调制)(15, 10)，B3 频段(1250.618～1286.423MHz)信号调制方式为 QPSK(quadeature phase-shift keying，正交相移键控)(10)和 BOC(15, 2.5)。我国提出并实现了国际电信联盟框架下 S 频段用于全球导航服务的合法地位，率先设计了北斗全球系统使用 S 频段导航信号的技术方案，为北斗赢得了全球发展的重要基础。

　　北斗卫星导航系统是全球首个全星座都播发三频信号的卫星导航系统，三频信号相比于双频信号，能更好地消除高阶电离层延迟的影响，提高了定位的可靠性，当一个频率信号出现问题时，可使用传统方法利用另外两个频率进行定位。三频 GNSS 的显著特点是可以形成具有更长波长、更小电离层延迟影响、更小噪声等优良特性的组合观测量，在周跳探测、模糊度快速固定以及完好性检测等方面都有独特的优势。

1.6.6　高精度卫星双向授时精度

　　授时功能是指用户时钟与北斗卫星导航系统时间基准严格同步，北斗卫星导航系统具有单向授时和双向授时两种工作模式。授时型用户机输出的标准时间信号一般为秒脉冲信号。单向授时通过授时型用户机接收中心控制系统播发的授时信息，经时延修正后实现定时。时延修正量包括用户机的单向零值、中心控制系统至卫星的距离时延、卫星至用户的距离时延。单向授时的修正周期为 1 次/min，修正后的单向定时精度优于 100ns。双向授时通过授时型用户机向中心控制系统发送定时申请，并根据中心控制系统返回的定时修正量完成时间修正后实现定时。定时修正量为中心控制系统至用户的正向传播时延，在中心控制系统完成计算，经出站信号发送给用户。双向授时修正周期根据定时申请服务频度而定，修正后的双向定时精度优于 20ns。

　　卫星导航系统是一个基于时间测量的测距定位系统，用户的位置和速度信息通过测量时间频率获得，时间信息的生成与保持、时间频率信号的测量是卫星导航系统最重要的技术之一。通过建立系统时与国家标准时之间的关系，保持与协调世界时的同步，进而实现授时功能。卫星导航系统具有高精度、全天时、全天候、大范围、低成本的特点，成为当今标准时间频率信号传递的最主要手段。我国北斗卫星导航系统具备双向授时功能，能够实现比 GPS、GLONASS 更高的授时精度。

参 考 文 献

曹冲. 2016. 北斗与 GNSS 系统概论[M]. 北京: 电子工业出版社.

郭飞霄. 2013. 基于地面锚固站的导航卫星自主定轨研究[D]. 郑州: 中国人民解放军信息工程大学.

郝金明, 吕志伟. 2015. 卫星定位理论与方法[M]. 北京: 解放军出版社.

郝金明, 杨力, 吕志伟, 等. 2013. 北斗卫星导航知识读本[M]. 北京: 解放军出版社.

刘进军. 2012. 为了地球的领导权 – 人造卫星[M]. 北京: 航空工业出版社.

刘万科. 2008. 导航卫星自主定轨及星地联合定轨的方法研究和模拟计算[D]. 武汉: 武汉大学.

佩洛夫, 哈里索夫. 2016. 格洛纳斯卫星导航系统原理[M]. 刘忆宁, 焦文海, 张晓磊, 等译. 北京: 国防工业出版社.

齐真. 2017. 世界第一颗人造地球卫星成功发射 60 周年[J]. 国际太空, (9): 40-41.

谢钢. 2013. 全球导航卫星系统原理[M]. 北京: 电子工业出版社.

许其凤. 1994. GPS 卫星导航与精密定位[M]. 北京: 解放军出版社.

许其凤. 2014. 认识北斗 建设北斗[J]. 中国工程科学, 16(8): 26-32.

袁树友. 2017. 中国北斗 100 问[M]. 北京: 解放军出版社.

张忠兴, 李晓明, 张景伟, 等. 1998. 无线电导航理论与系统[M]. 西安: 陕西科学技术出版社.

第 2 章　北斗卫星定位原理

针对不同的精度需求，用户可以采取不同的卫星定位方法。按照使用的参考点不同，卫星定位可以分为绝对定位和差分定位(相对定位)；按照用户定位使用的观测量不同，卫星定位可以分为伪距单点定位和载波相位定位；按基准站发送的差分改正信息不同，差分定位又可分为位置差分、伪距差分、载波相位平滑伪距差分和载波相位差分。本章将介绍各种不同定位方法的基本原理。

2.1　伪距单点定位

北斗卫星导航系统的伪距单点定位具有两种模式，分别是 RNSS 定位和 RDSS 定位，其中 RNSS 定位不需要用户发送信号就能完成定位，属于被动式定位模式，RDSS 定位需要用户发送信号才能完成定位，属于主动式定位模式。

2.1.1　RNSS 定位

RNSS 定位采用单向测距、三球交会原理实现导航定位。

1. 定位的几何原理

卫星导航定位主要采用三球交会原理进行定位。如果以卫星的已知位置为球心，以卫星到用户接收机的距离为半径画出一个球，则用户接收机的位置在这个球面上。若以第二颗卫星到用户接收机的距离为半径，也可以画出一个球，两球相交得到一个圆，则可以进一步确定用户接收机的位置在这个圆上。若以第三颗卫星到用户接收机的距离为半径再画出一个球，与前两个球相交，则能够确定用户接收机的位置，如图 2.1 所示。

卫星导航系统定位需要测量从卫星到用户接收机天线的距离 ρ，一般采用测量时间延迟的方法来获得距离，即

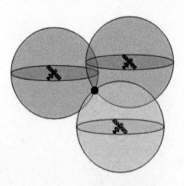

图 2.1　三球交会原理图

$$\rho = c \cdot \Delta t \tag{2.1}$$

式中，c 为光速；Δt 为测距信号从卫星到达用户接收机天线的传播时间。

如图 2.2 所示，当用户设备获得每颗卫星到用户的距离量 ρ^i 后，利用已知的卫星位置，在用户接收机和卫星之间时间严格同步的情况下，可以列出如下方程：

$$\begin{cases} \rho^1 = \sqrt{(X^1 - X)^2 + (Y^1 - Y)^2 + (Z^1 - Z)^2} \\ \rho^2 = \sqrt{(X^2 - X)^2 + (Y^2 - Y)^2 + (Z^2 - Z)^2} \\ \rho^3 = \sqrt{(X^3 - X)^2 + (Y^3 - Y)^2 + (Z^3 - Z)^2} \end{cases} \tag{2.2}$$

式中，$\left(X^1, Y^1, Z^1\right)$、$\left(X^2, Y^2, Z^2\right)$、$\left(X^3, Y^3, Z^3\right)$ 分别为三颗卫星的位置，可通过卫星导航电文解算得到；(X, Y, Z) 为用户接收机位置，是未知量，可通过联立求解方程得到。

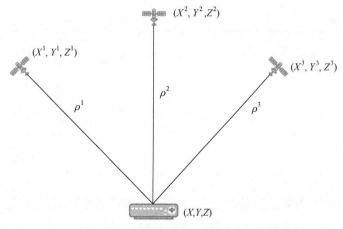

图 2.2　卫星定位示意图

由于卫星和用户接收机的时钟都与真正的卫星导航系统标准时存在时间差异，这种差异包含卫星发射信号钟面时与标准时之差 δt^j 以及接收机钟面时与标准时之差 δt_r。用 $\tilde{\rho}^j$ 表示卫星到用户接收机的观测距离，则有

$$\tilde{\rho}^j = \sqrt{(X^j - X)^2 + (Y^j - Y)^2 + (Z^j - Z)^2} + c\delta t_r - c\delta t^j, \quad j = 1, 2, 3, \cdots \tag{2.3}$$

式中，δt_r 为接收机的钟差，是未知量；$\tilde{\rho}^j$ 为观测量；卫星位置 $\left(X^j, Y^j, Z^j\right)$、卫星钟差 δt^j 可通过卫星导航电文解算获得，是已知量。式(2.3)中共有 4 个未知量，因此至少需要观测 4 颗卫星，才可以解算出用户位置。

2. 北斗卫星位置的计算

北斗卫星广播星历由用户接收机通过接收北斗卫星导航电文获取，其中包含卫星的轨道信息。北斗 B1I 和 B3I 信号播发 D_1、D_2 导航电文，包含 16 个参数的广播星历，各参数的意义如表 2.1 所示。

表 2.1　北斗卫星广播星历参数

参数名	参数定义
t_{oe}	星历参考时间
$\sqrt{A}$	长半轴的平方根
e	偏心率
i_0	参考时间的轨道倾角
Ω_0	按参考时间计算的升交点经度
ω	近地点幅角
M_0	t_{oe} 时刻的平近点角
IDOT	轨道倾角变化率
$\dot{\Omega}$	升交点赤经的变化率
Δn	卫星平均运动速率与计算值之差
C_{uc}, C_{us}	纬度幅角的余弦调和/正弦调和改正项的振幅
C_{rc}, C_{rs}	轨道半径的余弦调和/正弦调和改正项的振幅
C_{ic}, C_{is}	轨道倾角的余弦调和/正弦调和改正项的振幅

在北斗卫星导航系统采用的北斗坐标系中，地球引力常数取 $\mu = 3.986004418 \times 10^{14} \mathrm{m}^3 / \mathrm{s}^2$，地球自转角速度取 $\dot{\Omega}_e = 7.2921150 \times 10^{-5} \mathrm{rad/s}$。

根据广播星历计算 t 时刻卫星位置的步骤如下：

(1) 计算卫星平均角速度，即

$$n_0 = \sqrt{\frac{\mu}{A^3}} \tag{2.4}$$

(2) 计算观测历元到参考历元的时间差，即

$$t_k = t - t_{oe} \tag{2.5}$$

(3) 计算改正后的平均角速度，即

$$n = n_0 + \Delta n \tag{2.6}$$

(4) 计算平近点角，即

$$M_k = M_0 + nt_k \tag{2.7}$$

(5) 根据开普勒方程计算偏近点角，即

$$E_k = M_k + e\sin E_k \tag{2.8}$$

(6) 根据偏近点角计算真近点角，即

$$\begin{cases} \cos v_k = \dfrac{\cos E_k - e}{1 - e\cos E_k} \\ \sin v_k = \dfrac{\sqrt{1-e^2}\,\sin E_k}{1 - e\cos E_k} \end{cases} \tag{2.9}$$

式中，v_k 为真近点角。

(7) 由真近点角计算纬度幅角，即

$$\phi_k = v_k + \omega \tag{2.10}$$

(8) 进行二阶摄动改正计算，即

$$\begin{cases} \delta r_k = C_{rc}\cos(2\phi_k) + C_{rs}\sin(2\phi_k) \\ \delta i_k = C_{ic}\cos(2\phi_k) + C_{is}\sin(2\phi_k) \\ \delta u_k = C_{uc}\cos(2\phi_k) + C_{us}\sin(2\phi_k) \end{cases} \tag{2.11}$$

(9) 计算改正后的向径、真近点角、轨道倾角，即

$$\begin{cases} r_k = A(1 - e\cos E_k) + \delta r_k \\ u_k = \phi_k + \delta u_k \\ i_k = i_0 + \mathrm{IDOT} \cdot t_k + \delta i_k \end{cases} \tag{2.12}$$

(10) 计算卫星在轨道坐标系中的位置，即

$$\begin{cases} x_k = r_k\cos u_k \\ y_k = r_k\sin u_k \end{cases} \tag{2.13}$$

利用步骤(11)和步骤(12)计算 MEO/IGSO 卫星在北斗坐标系中的坐标。

(11) 计算历元升交点经度(地固系)，即

$$\Omega_k = \Omega_0 + (\dot{\Omega} - \dot{\Omega}_e)t_k - \dot{\Omega}_e t_{oe} \tag{2.14}$$

(12) 计算卫星在北斗坐标系中的位置，即

$$\begin{cases} X_k = x_k\cos\Omega_k - y_k\cos i_k\sin\Omega_k \\ Y_k = x_k\sin\Omega_k + y_k\cos i_k\cos\Omega_k \\ Z_k = y_k\sin i_k \end{cases} \tag{2.15}$$

利用步骤(13)～步骤(15)计算 GEO 卫星在北斗坐标系中的坐标。

(13) 计算历元升交点经度(惯性系)，即

$$\Omega_k = \Omega_0 + \dot{\Omega} t_k - \dot{\Omega}_e t_{oe} \tag{2.16}$$

(14) 计算 GEO 卫星在北斗坐标系中的位置，即

$$\begin{cases} X_{GK} = x_k \cos\Omega_k - y_k \cos i_k \sin\Omega_k \\ Y_{GK} = x_k \sin\Omega_k + y_k \cos i_k \cos\Omega_k \\ Z_{GK} = y_k \sin i_k \end{cases} \tag{2.17}$$

(15) 计算 GEO 卫星在北斗坐标系中的坐标，即

$$\begin{bmatrix} X_k \\ Y_k \\ Z_k \end{bmatrix} = R_Z(\dot{\Omega}_e t_k) R_X(-5°) \begin{bmatrix} X_{GK} \\ Y_{GK} \\ Z_{GK} \end{bmatrix} \tag{2.18}$$

式中

$$R_X(\chi) = \begin{bmatrix} 1 & 0 & 0 \\ 0 & +\cos\chi & +\sin\chi \\ 0 & -\sin\chi & +\cos\chi \end{bmatrix} \tag{2.19}$$

$$R_Z(\chi) = \begin{bmatrix} +\cos\chi & +\sin\chi & 0 \\ -\sin\chi & +\cos\chi & 0 \\ 0 & 0 & 1 \end{bmatrix} \tag{2.20}$$

3. 伪随机码测距

伪随机码测距原理为：导航卫星按预定格式播发测距码，该测距码经过 τ 时间的传播后到达接收机，同时，接收机在自己时钟的控制下产生一个结构完全相同的参考测距信号。接收机通过时延器使得参考测距信号延迟时间 τ' 并将接收到的测距信号与参考测距信号进行相关处理，若相关输出不是最大的，则继续调整延迟时间 τ' 直至相关输出最大。这时，接收到的测距信号与接收机产生的参考测距信号完全对齐，τ' 就是卫星信号从卫星到接收机的传播时间，τ' 对应的距离 $c\tau'$ 就是卫星至接收机的距离。接收机接收到的测距码受到卫星钟差的影响，接收机产生的参考测距信号受到接收机钟差的影响，测距信号传播过程中还受到电离层和对流层产生的延迟影响，因此距离 $\rho'=c\tau'$ 与卫星到接收机的几何距离有一定的差值，一般称量测出的距离为伪距。

如果已知天线发射测距信号的时刻和接收机接收到测距信号的时刻，则两个时刻相减所得的时间差就是信号的传播延迟。然而，用这种方法无法测得卫星发射测距信号的时刻，因为北斗卫星在不停地发射信号。在接收机和卫星时间系统同步的前提下，如果接收机和卫星产生相同的测距信号，就能解决这一问题。为

了测得卫星至用户接收机天线的时间延迟，用户接收机在接收卫星信号并提取出有关的测距信号之外，还要在接收机内部产生一个参考信号。这两个信号通过接收机的信号延迟器进行相位相移，使接收机的参考信号和接收到的卫星信号达到最大相关，并随着卫星至接收机天线之间距离的变化，保持这种最大相关，当达到最大相关时，参考信号必须平移量就是测距信号从卫星传播到用户接收机天线的时间延迟量。

如图 2.3 所示，在 t 时刻，接收机 T_i 接收到卫星 S^j 发来的测距信号(图 2.3(a))，在同一时刻，接收机产生的信号(图 2.3(b))通过接收机的时间延迟器对图 2.3(b)的信号进行移位，使得信号移动后的图 2.3(b)(即信号图 2.3(c))与信号图 2.3(a)达到最大相关，即移动后的接收机信号与接收到的卫星信号对齐。因为接收机在 t 时刻接收到的信号就是卫星 S^j 在 $t-\tau$ 时刻发射的信号(τ是信号的传播时间)，所以在接收机信号和接收的卫星信号对齐后，时间延迟器的移动量就是时间的延迟量 τ。

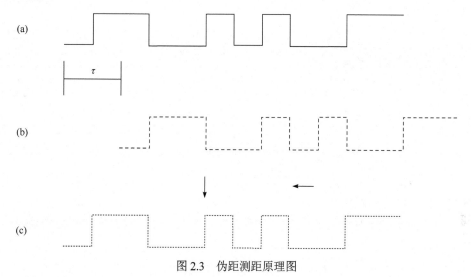

图 2.3 伪距测距原理图

在进行伪随机码测距时，需要注意以下问题：

(1) 如果要精确地测定信号传播延迟量 τ，那么接收机和卫星的时间系统要严格同步，否则，由 τ 计算出的距离有误差。一般用户接收机在测量时，不可能配备高精度的原子钟，而只是一般的石英钟，因此得到的卫星至接收机天线的距离不是真实距离，一般称其为伪距。

(2) 参考信号和接收到的信号的对齐精度直接影响时间延迟量 τ 的准确程度。根据经验，接收机的参考信号与其接收到的信号的对齐精度(接收机的参考测距码和接收到的测距码的最大相关精度)约为码元宽度的 1%。

(3) 码的模糊度问题。两个信号的对齐是在一个周期内完成的,但是,究竟是在上一个周期内对齐,还是在同一个周期内对齐,用户不得而知。

4. 观测方程

设 t^j 为卫星 S^j 发射测距信号的卫星钟时刻, $t^j(G)$ 为卫星 S^j 发射测距信号的标准时刻, t_i 为接收机 T_i 接收到卫星信号的接收机钟时刻, $t_i(G)$ 为用户接收机 T_i 接收到卫星信号的标准时刻, Δt_i^j 为卫星 S^j 的信号到达用户接收机 T_i 的传播时间, δt_i 为接收机钟相对于标准时的钟差, δt^j 为卫星钟相对于标准时的钟差。根据卫星定位中钟差的定义,有

$$t^j = t^j(G) + \delta t^j \tag{2.21}$$

$$t_i = t_i(G) + \delta t_i \tag{2.22}$$

则有

$$\Delta t_i^j = t_i - t^j = [t_i(G) - t^j(G)] + \delta t_i - \delta t^j \tag{2.23}$$

两边同时乘以光速 c,有

$$c\Delta t_i^j = c[t_i(G) - t^j(G)] + c(\delta t_i - \delta t^j) \tag{2.24}$$

即

$$\tilde{\rho}_i^j(t) = \rho_i^j(t) + c(\delta t_i - \delta t^j) \tag{2.25}$$

式中, $\tilde{\rho}_i^j(t)$ 为 t 时刻卫星 S^j 至用户接收机 T_i 的伪距; $\rho_i^j(t)$ 为 t 时刻卫星 S^j 至用户接收机 T_i 的几何距离。

卫星钟差在导航电文中给出,为已知量,考虑大气折射误差时,得到伪距的观测方程为

$$\tilde{\rho}_i^j(t) = \rho_i^j(t) + c\delta t_i + \Delta_{i,Ig}^j(t) + \Delta_{i,T}^j(t) \tag{2.26}$$

式中, $\Delta_{i,Ig}^j(t)$ 为观测历元 t 电离层折射对伪距的影响; $\Delta_{i,T}^j(t)$ 为观测历元 t 对流层折射对伪距的影响。

5. 观测方程的线性化

设 $X^j(t) = [X^j(t), Y^j(t), Z^j(t)]^{\mathrm{T}}$ 为卫星在 t 时刻的位置矢量, $X_i = [X_i, Y_i, Z_i]^{\mathrm{T}}$ 为用户接收机在同一坐标系的直角坐标向量,则用户接收机至卫星的距离可表示为

$$\rho_i^j(t) = \left| X^j(t) - X_i(t) \right| = \left\{ \left[X^j(t) - X_i \right]^2 + \left[Y^j(t) - Y_i \right]^2 + \left[Z^j(t) - Z_i \right]^2 \right\}^{1/2}$$

$X_0^j(t) = [X_0^j(t), Y_0^j(t), Z_0^j(t)]^T$ 为卫星 S^j 在历元 t 时刻的坐标近似值；$X_{i0} = [X_{i0}, Y_{i0}, Z_{i0}]^T$ 为用户接收机 T_i 的坐标近似值；$\mathrm{d}X^j(t) = [\delta X^j(t), \delta Y^j(t), \delta Z^j(t)]^T$ 为卫星 S^j 在历元 t 时刻的坐标改正值；$\mathrm{d}X_i = [\delta X_i, \delta Y_i, \delta Z_i]^T$ 为用户接收机 T_i 的坐标改正值；矢量 $\rho_i^j(t)$ 对坐标轴 X、Y、Z 的方向余弦为

$$\begin{cases} l_i^j(t) = \dfrac{\partial \rho_i^j(t)}{\partial X} = \dfrac{X_0^j(t) - X_{i0}}{\rho_{i0}^j(t)} \left[\delta X^j(t) - \delta X_i \right] \\[3mm] m_i^j(t) = \dfrac{\partial \rho_i^j(t)}{\partial Y} = \dfrac{Y_0^j(t) - Y_{i0}}{\rho_{i0}^j(t)} \left[\delta Y^j(t) - \delta Y_i \right] \\[3mm] n_i^j(t) = \dfrac{\partial \rho_i^j(t)}{\partial Z} = \dfrac{Z_0^j(t) - Z_{i0}}{\rho_{i0}^j(t)} \left[\delta Z^j(t) - \delta Z_i \right] \end{cases} \tag{2.27}$$

式中

$$\rho_{i0}^j(t) = \left| X_0^j(t) - X_{i0} \right| \tag{2.28}$$

观测方程可线性化为

$$\begin{aligned} \tilde{\rho}_i^j(t) = {}& \rho_{i0}^j(t) + \begin{bmatrix} l_i^j(t) & m_i^j(t) & n_i^j(t) \end{bmatrix} \left[\delta X^j(t) - \delta X_i \right] \\ & + c\delta t_i^j(t) + \Delta_{i,Ig}^j(t) + \Delta_{i,T}^j(t) \end{aligned} \tag{2.29}$$

在实际应用中，卫星的位置由卫星星历给出，是已知量，即 $\delta X^j(t) = 0$，可写为

$$\begin{aligned} \tilde{\rho}_i^j(t) = {}& \rho_{i0}^j(t) - \begin{bmatrix} l_i^j(t) & m_i^j(t) & n_i^j(t) \end{bmatrix} \delta X_i \\ & + c\delta t_i^j(t) + \Delta_{i,Ig}^j(t) + \Delta_{i,T}^j(t) \end{aligned} \tag{2.30}$$

有了线性化的观测方程，可方便地列出误差方程，进而求出观测站 T_i 的坐标。

6. 观测方程的最小二乘解

设在历元 t 时刻，观测站接收机观测了 n 颗卫星($n>3$)，相应的伪距观测量分别为 $\tilde{\rho}_1(t), \tilde{\rho}_2(t), \cdots, \tilde{\rho}_n(t)$，由伪距观测量的线性观测方程可以列出以矢量表达的误差方程，即

$$l = AX + V \tag{2.31}$$

式中

$$l = \begin{bmatrix} \tilde{\rho}_1(t) - \rho_1^0(t) \\ \tilde{\rho}_2(t) - \rho_2^1(t) \\ \vdots \\ \tilde{\rho}_n(t) - \rho_n^{n-1}(t) \end{bmatrix} = \begin{bmatrix} \Delta\rho_1 \\ \Delta\rho_2 \\ \vdots \\ \Delta\rho_n \end{bmatrix}, \quad A = \begin{bmatrix} -l_1 & -m_1 & -n_1 & -1 \\ -l_2 & -m_2 & -n_2 & -1 \\ \vdots & \vdots & \vdots & \vdots \\ -l_n & -m_n & -n_n & -1 \end{bmatrix}, \quad X = \begin{bmatrix} \Delta X \\ \Delta Y \\ \Delta Z \\ \delta T \end{bmatrix}, \quad V = \begin{bmatrix} V_1 \\ V_2 \\ \vdots \\ V_n \end{bmatrix}$$

解上述误差方程, 由最小二乘法得

$$\hat{X} = (A^{\mathrm{T}}A)^{-1}A^{\mathrm{T}}l \tag{2.32}$$

如果为每个观测值赋予不同的权值, 即对于所有观测量有权阵 Q^{-1}, 则误差方程的最小二乘解为

$$\hat{X} = (A^{\mathrm{T}}Q^{-1}A)^{-1}A^{\mathrm{T}}Q^{-1}l \tag{2.33}$$

上述解算过程涉及观测站的概略坐标, 如果观测站的概略坐标与真实坐标相差比较大(如数千米), 那么为了获得较高的定位精度, 一般要有一个迭代过程, 直到坐标的改正量足够小。

7. 精度评定

伪距单点定位的精度取决于两个方面: 一是观测量的精度; 二是所观测卫星的空间几何分布。

1) 解的精度

解对应的误差协方差矩阵为

$$Q_{\hat{X}} = (A^{\mathrm{T}}A)^{-1}A^{\mathrm{T}}QA(A^{\mathrm{T}}A)^{-1} \tag{2.34}$$

式中, Q 为观测值的权逆阵。假设观测值是独立不相关的, 且具有相同的方差 σ^2, 即权逆阵 Q 为

$$Q = \sigma^2 I \tag{2.35}$$

式中, I 为单位矩阵。

误差协方差矩阵可表示为

$$Q_{\hat{X}} = \sigma^2 (A^{\mathrm{T}}A)^{-1} \tag{2.36}$$

2) 精度衰减因子

在卫星导航定位中, 经常用精度衰减因子(dilution of precision, DOP)来表示卫星空间图形的贡献。

设空间直角坐标系中的误差协方差矩阵为

$$Q_{\text{XYZT}} = (A^{\text{T}}A)^{-1} = \begin{bmatrix} q_{11} & q_{12} & q_{13} & q_{14} \\ q_{21} & q_{22} & q_{23} & q_{24} \\ q_{31} & q_{32} & q_{33} & q_{34} \\ q_{41} & q_{42} & q_{43} & q_{44} \end{bmatrix} \tag{2.37}$$

各种精度衰减因子的定义如下：

空间精度衰减因子(geometrical DOP，GDOP)的定义为

$$\text{GDOP} = \sqrt{\text{trace}(Q_{\text{XYZT}})} = \sqrt{q_{11} + q_{22} + q_{33} + q_{44}} \tag{2.38}$$

位置精度衰减因子(position DOP，PDOP)的定义为

$$\text{PDOP} = \sqrt{q_{11} + q_{22} + q_{33}} \tag{2.39}$$

时间精度衰减因子(time DOP，TDOP)的定义为

$$\text{TDOP} = \sqrt{q_{44}} \tag{2.40}$$

由上述定义及协方差矩阵和误差之间的关系可得

$$m = \text{PDOP} \cdot \sigma_0 \tag{2.41}$$

由式(2.41)可知：定位精度越高，定位误差越小，DOP 值越小，即定位精度和精度衰减因子值成正比，用户接口控制文档规定 GDOP 值一般应小于 6。

类似的方法可以定义平面精度衰减因子(horizontal DOP，HDOP)和垂直精度衰减因子(vertical DOP，VDOP)，只是由于三个坐标轴指向与接收机所在地的垂直高程方向不一致，所以需要将空间直角坐标系中的误差协方差矩阵转换到大地坐标系中的误差协方差矩阵。设大地坐标系中误差协方差矩阵的表达式为

$$Q_{\text{BLH}} = \begin{bmatrix} g_{11} & g_{12} & g_{13} \\ g_{21} & g_{22} & g_{23} \\ g_{31} & g_{32} & g_{33} \end{bmatrix} \tag{2.42}$$

则有

$$Q_{\text{BLH}} = HQ_{\text{XYZ}}H^{\text{T}} \tag{2.43}$$

式中

$$Q_{\text{XYZ}} = \begin{bmatrix} q_{11} & q_{12} & q_{13} \\ q_{21} & q_{22} & q_{23} \\ q_{31} & q_{32} & q_{33} \end{bmatrix} \tag{2.44}$$

$$H = \begin{bmatrix} -\sin B \cos L & -\sin B \sin L & \cos B \\ -\sin L & \cos L & 0 \\ \cos B \cos L & \cos B \sin L & \sin B \end{bmatrix} \tag{2.45}$$

平面精度衰减因子的定义为

$$\text{HDOP} = \sqrt{g_{11} + g_{22}} \tag{2.46}$$

垂直精度衰减因子的定义为

$$\text{VDOP} = \sqrt{g_{33}} \tag{2.47}$$

研究表明，用户接收机与卫星所构成的体积 V 有下列更简化的关系，即

$$\text{GDOP} \propto \frac{1}{V} \tag{2.48}$$

2.1.2 RDSS 定位

RDSS 定位是北斗卫星导航系统的特色服务，利用 2 颗地球同步卫星就能确定用户的位置，其定位的几何原理采用三球交会原理。RDSS 定位的工作过程为：地面控制系统的中心站通过 2 颗 GEO 卫星向用户广播询问信号(出站信号)；北斗用户接收机接收 1 颗(或 2 颗)卫星转发到地面的测距信号，并向 2 颗(或 1 颗)卫星发射信号作为应答信号；地面中心站根据用户响应的应答信号(入站信号)测量并计算出用户到 2 颗卫星的距离，根据其存储的数字地图或用户自带测高仪得到高程信息；地面中心站根据两个站星距离、用户高程、卫星位置、中心站坐标等信息迭代计算出北斗用户接收机的位置；通过北斗出站信号将定位结果发送给用户。

1. 几何原理

如果分别以 2 颗卫星为球心，以卫星到观测站的斜距为半径画两个大球，要求 2 颗卫星在轨道上的弧距为 30°~60°，即 2 颗卫星的直线距离为 22000~42000km，这一直线距离小于两个斜距之和(约为 72000km)，所以两个大球面必定相交，其交线为一大圆，称为交线圆。同步卫星轨道面与赤道面重合，因此通过远离赤道的地面点的交线圆必定垂直穿过赤道面，在地球南北两半球各有一个交点，其中一个就是用户接收机所处的位置。但是，地球表面不是一个规则椭球面，即用户接收机一般不在参考椭球面上，要唯一确定用户接收机的三维坐标，还必须事先给定用户接收机的一维信息。从数学上讲，地球表面是一个二维曲面，并且在这个二维曲面上的点可由它的经纬度坐标唯一确定。因此，只有给定用户接收机的大地高，才能唯一地确定用户接收机。

过用户接收机的交线圆与用户接收机水平面不一定总相交，有时可能相切(赤道上)或近似重合(赤道附近)。当交线圆与地球表面垂直相交时，交会出的用户接收机位置唯一，定位精度高；当交线圆与地球表面缓慢相交时，交会出的用户接

收机纬度值将会有很大误差，定位精度低。由于地形的复杂性，即使在中纬度地区也可能产生交线圆与地球表面缓慢相交，这些地区称为 RDSS 定位的模糊区。另外，因为地球同步卫星只能覆盖南北纬 81°之间的区域，所以 81°以上区域是 RDSS 定位的盲区，盲区和模糊区的存在是 RDSS 定位几何上的弱点。

地球不是一个规则的球体，通常的解算是用球面与交线圆相交，由于交线圆上的点到 2 颗卫星的距离相等，对于一个确定的用户，这个球的半径必须是用户点到地心的距离，要确定这个球面的半径，还需要知道用户的大地高。

2. 测站高程的确定

从 RDSS 定位的几何原理可以看出，用户高程是作为已知量或观测量参与定位计算的。获取用户高程的常用手段有两种：一是数字化地球表面，制作成数字高程模型(digital elevation model，DEM)数据库并存储在计算机中，定位解算时取出用户高程，再加上用户离地面的高度即可得到用户的大地高；二是利用气压测高仪来测量用户高程。

数字地图的制作较为复杂，是一种特殊的专业技术，可以利用航空照片直接进行数字化，也可用已有的地形图制作。

气压测高通过测量被测点的气压值来推算该点的高程值，其基本公式为

$$h = k \times \lg\left(\frac{P_i}{P_x}\right) \tag{2.49}$$

式中，h 为被测点至已知点(即基准站)的高差；k 为气压测高系数；P_i 为基准站的气压值；P_x 为用户站的气压值。

对于动态用户，需要将其动态气压值转换成静态气压值。

3. 工作模式

RDSS 定位的工作模式主要有单收双发和双收单发两种模式。

1) 单收双发

单收双发的工作过程为：中心站定时向 2 颗卫星发射询问测距信号，用户接收和响应经其中一颗卫星转发的这一信号，并由发射装置向 2 颗卫星发射响应后的信号，地面中心站的接收天线分别接收经 2 颗卫星转发的响应信号就可测得传播时间延迟，再加上卫星的星历和备有的数字高程模型，便可迭代计算出用户的三维坐标。信号传递过程为

$$C_e \rightarrow S_{ai} \rightarrow \text{User} \rightarrow S_{a1}, \ S_{a2} \rightarrow C_e \tag{2.50}$$

式中，C_e 表示地面中心站；S_{a1}、S_{a2} 表示 2 颗地球同步卫星；User 表示用户；S_{ai} 表示用户单收信号的卫星。

观测方程为

$$\begin{cases} D_1 = d_1 + \rho_1 + d_i + \rho_i \\ D_2 = d_2 + \rho_2 + d_i + \rho_i \end{cases} \tag{2.51}$$

式中，D_j 为地面中心站测得的往返观测量（j=1，2）；d_j、ρ_j 分别为中心站和观测站到卫星 j（j=1，2）的距离；下标 i 为单收的卫星号。使用点间距离公式，可以得到各距离的表达式，即

$$\begin{cases} d_1 = \sqrt{(x^{s1} - x_c)^2 + (y^{s1} - y_c)^2 + (z^{s1} - z_c)^2} \\ d_2 = \sqrt{(x^{s2} - x_c)^2 + (y^{s2} - y_c)^2 + (z^{s2} - z_c)^2} \\ \rho_1 = \sqrt{(x^{s1} - x_u)^2 + (y^{s1} - y_u)^2 + (z^{s1} - z_u)^2} \\ \rho_2 = \sqrt{(x^{s2} - x_u)^2 + (y^{s2} - y_u)^2 + (z^{s2} - z_u)^2} \end{cases} \tag{2.52}$$

将式(2.52)代入式(2.51)即可得到完整表达式。利用两个观测量可以列出两个方程；方程中含有地面中心站、卫星和用户的坐标。地面中心站和卫星位置是已知的，方程中的未知数只有表示用户位置的三个坐标。还可根据用户到坐标系原点(参考椭球中心)的距离列出第三个含有用户坐标的方程：

$$S_3 = N + H \tag{2.53}$$

式中，N 为用户所在地参考椭球面至其中心的距离(可计算)；H 为用户点的已知高程(大地高)。联立式(2.51)和式(2.53)可解三个未知数，取得定位解。可见，取得定位解必须已知用户接收机的高程。可以用两种方法得到高程：一是利用气压测高并编码调制在应答信号中发往地面中心站(目前精度较低)；二是利用使用区内的数字高程模型数据库。后者首先以高程粗略值来解得用户近似位置，然后以用户近似位置在数字高程模型数据库中提取近似高程，接着计算近似位置，进行迭代，直至取得一定精度的位置解。

以上解算均在地面中心站进行，定位结果编码调制在后续发送的询问信号中，通过卫星转发至用户。

2) 双收单发

双收单发的工作过程为：地面中心站定时向 2 颗卫星发射询问测距信号，用户接收和响应经 2 颗卫星转发的这一信号，并由发射装置向其中一颗卫星发射响应后的信号，地面中心站的接收天线接收经该卫星转发的响应信号就可测得传播时间延迟，从而求解用户坐标。信号传递过程为

$$C_e \rightarrow S_{a1} \text{和} S_{a2} \rightarrow \text{用户接收机} \rightarrow S_{ai} \rightarrow C_e \tag{2.54}$$

式中，S_{ai} 表示用户单发信号的卫星，下标 i 为单发的卫星号，其他各符号含义

同上。

观测方程为

$$\begin{cases} D_1 = d_1 + \rho_1 + d_i + \rho_i \\ D_2 = d_2 + \rho_2 + d_i + \rho_i \end{cases} \tag{2.55}$$

最后，地面中心站将定位结果通过用户响应的卫星发送给用户，用户接收这一信号就可得到自己的位置信息。

比较式(2.51)和式(2.55)可以发现，无论是双收单发还是单收双发，两者的观测方程都是一样的。在讨论原理时，可以不区分具体的工作模式。

4. 代数原理

在 RDSS 定位中，用户坐标的计算是在已知卫星坐标、观测站到 2 颗卫星的距离以及用户概略大地高的情况下进行的。RDSS 定位原理还可从代数角度阐述，下面对地球同步卫星的代数原理加以说明。

由式(2.51)和式(2.55)可知，单收双发和双收单发的观测方程相同，因此本章仅以单收双发方式进行讨论。此时，由式(2.51)可得 RDSS 定位的两个观测方程，即

$$\frac{1}{2}D_1 = d_1 + \rho_1 = F_1\left(R, r_1, r_o\right) \tag{2.56}$$

$$D_2 - \frac{1}{2}D_1 = d_2 + \rho_2 = F_2\left(R, r_2, r_o\right) \tag{2.57}$$

当卫星和地面中心站的坐标已知时，可以计算出含有用户接收机位置信息的站星距 ρ_i。由于 d_i 和 ρ_i 可分别表示为卫星的坐标矢量 r_i、地面中心站的坐标矢量 r_o 和用户接收机坐标 R 的函数，所以两个观测方程含有三个未知数，方程有无数组解。

另外，由于用户接收机大地高 H 是测站点卯酉圈曲率半径 N 沿法线的延长线，所以 $N+H$ 可以看作用户接收机与法线和短轴交点 O' 的函数，可得

$$\left(N+H\right) = F\left(O', R\right) \tag{2.58}$$

式中

$$O' = \begin{bmatrix} 0 \\ 0 \\ -Ne^2 \sin B \end{bmatrix} \tag{2.59}$$

式中，e 为参考椭球的偏心率；B 为用户接收机的纬度。

这样三个方程联立就可解出测站的三维坐标，第三个方程必须事先给定用户接收机大地高 H 才能求解，而在实践中利用数字高程模型数据库提供测站大

地高 H 时，需要已知测站平面坐标$(B，L)$，因此双星定位必须进行迭代计算。计算方法为：首先用近似平面坐标$(B_0，L_0)$由数字高程模型数据库查询概略高程 H_0，接着用 H_0 和两个观测量计算新的平面坐标$(B_i，L_i)$，然后用新的 B_i、L_i 由数字高程模型数据库查询新高程 H_i，如此迭代，直到前后两次计算出的平面坐标之差在允许的误差范围内。

考虑到高程误差以及制图过程误差、数字化过程误差，一般认为由数字高程模型数据库提供的大地高误差在平坦地区为几米到十米，在地形起伏大的不规则地区，高程误差将迅速增大，可达几十米。因此，高程误差成为限制地球同步卫星定位系统定位精度的主要因素之一。

5. 主要特点

与 RNSS 定位相比，RDSS 定位需要的卫星数目少(地球同步轨道上的 2～3 颗静地轨道地球同步卫星)，用户终端简单，具备简短报文通信的功能。RDSS 定位具有下列 4 个突出特点：

(1) 能够提供 24h 全天候服务。地球同步卫星相对地面静止，信号的大气穿透能力强，这为 24h 全天候定位、导航、通信和授时服务提供了条件。

(2) 定位精度一般为几十米，采用差分定位技术，定位精度可提高到 10m 左右。地球同步卫星定位用于地面导航定位的系统运作要复杂得多，需要建立服务区域内的数字高程模型数据库。这种两星加高程的定位方法除了没有多余的观测量以外，突出的缺点是受高程误差的影响比较大，尤其是在低纬度地区，如纬度 5°地区，高程误差可以 10 倍于定位误差传递给用户，即使采用差分技术也难以消除。考虑到经济成本和数据采集的速度，现在通常以大比例尺线划图和现有的地理信息系统(geographic information system，GIS)作为正常高的获取手段。受限于地图采样精度和高程异常误差，用上述定位方法得到的大地高精度一般不会优于 10m，成为该系统进一步提高定位精度的一大障碍。另外，这种定位方法在地形复杂地区还可能导致多值解的发生，降低了系统解算结果的可靠性。

(3) 观测量的取得及定位解算均在地面中心站进行；卫星载荷和用户机较为简单，仅需具有转发或收发信号的功能。

(4) 仅需 2～3 颗卫星，投入少，性能投入比高。

RDSS 定位也存在一些不足之处：

(1) RDSS 定位一般只使用地球同步卫星，其组成的卫星导航系统一般不能构成全球定位系统。

(2) RDSS 定位仅靠卫星的观测量尚不能定位，需要高程或数字高程模型数据库的支持。

(3) 地球同步卫星位于地球赤道平面内，因此赤道附近的测站点位精度低。

(4) 从用户发出定位请求到获得定位结果，信号要两次往返于地面与地球同步卫星，使得定位有一定的延迟。

(5) 测站必须发射信号才能完成定位和通信，对于军事用户，易暴露目标。

2.2　精密单点定位

精密单点定位(precise point positioning，PPP)是指用户利用一台 GNSS 接收机的载波相位和测码伪距观测值，采用高精度的卫星轨道和钟差产品，通过模型改正或参数估计的方法精细考虑与卫星端、信号传播路径及接收机端有关的误差对定位的影响，实现高精度定位的一种方法。PPP 技术集成了 GNSS 标准单点定位和 GNSS 相对定位的技术优点，已发展成一种新的 GNSS 定位方法。PPP 技术无须用户自己设置地面基准站、单机作业、定位不受作用距离限制、作业机动灵活、成本低，可直接确定测站在国际地球参考框架(international terrestrial reference frame，ITRF)下的高精度位置坐标(李征航等，2009；赵兴旺，2011)。

2.2.1　观测模型

精密单点定位一般采用非差观测值，原始的伪距和载波相位观测量可分别表示为

$$P = \rho + c(\delta t_r - \delta t^s) + I + T + d_{r,P} + d_P^s + d_m + \varepsilon_P \tag{2.60}$$

$$\Phi = \rho + c(\delta t_r - \delta t^s) + I + T + \lambda_f N + d_{r,\Phi} + d_\Phi^s + d_m + \varepsilon_\Phi \tag{2.61}$$

式中，P、Φ 分别为伪距和载波相位观测量；ρ 为接收机到卫星的距离；δt_r、δt^s 分别为接收机和卫星钟差；I 为电离层延迟；T 为对流层延迟；λ_f 为波长；N 为整周模糊度；$d_{r,P}$、$d_{r,\Phi}$ 分别为接收机端的硬件码延迟和硬件载波相位延迟；d_P^s、d_Φ^s 分别为卫星端的硬件码延迟和载波相位延迟；d_m 为多路径延迟；ε_P、ε_Φ 分别为观测噪声和未被模型化的误差。

在 GNSS 定位中，除直接采用原始观测值外，还经常使用经线性组合后形成的虚拟观测值，例如，采用双频伪距和载波相位观测值的无电离层组合，该组合观测值的表达式为

$$P_{IF} = \frac{f_1^2 \cdot P_1 - f_2^2 \cdot P_2}{f_1^2 - f_2^2} = \rho + c(\delta t_r - \delta t^s) + T + d_{r,P_{IF}} + d_{P_{IF}}^s + d_m + \varepsilon_{P_{IF}} \tag{2.62}$$

$$\Phi_{IF} = \frac{f_1^2 \cdot \Phi_1 - f_2^2 \cdot \Phi_2}{f_1^2 - f_2^2} = \rho + c(\delta t_r - \delta t^s) + T + \lambda_f N + d_{r,\Phi_{IF}} + d_{\Phi_{IF}}^s + d_m + \varepsilon_{\Phi_{IF}} \quad (2.63)$$

若不考虑模糊度固定，则可将硬件延迟参数与模糊度合并，同时消去钟差等误差项，可简化为

$$P_{IF} = \rho + c\delta t + T + \varepsilon_{P_{IF}} \quad (2.64)$$

$$\Phi_{IF} = \rho + c\delta t + T + \lambda_f N + \varepsilon_{\Phi_{IF}} \quad (2.65)$$

对其进行线性化，可得待估计参数的向量形式为

$$[dx, dy, dz, dt, D_w, D_E, D_N, N^1, \cdots, N^n]^T \quad (2.66)$$

式中，dx、dy、dz 为用户三维位置的改正数；dt 为接收机钟差；D_w 为天顶对流层湿延迟；D_E 和 D_N 分别为东西方向和南北方向的对流层水平梯度；n 为可见卫星数；$N^i(i=1,2,\cdots,n)$ 为整周模糊度。

2.2.2　随机模型

1. 观测量的随机模型

在精密单点定位解算过程中，合理地为观测值定权可提高解算精度，通常以协方差矩阵来表示观测量的随机模型(Kouba et al.，2001)。由于伪距和载波相位具有不同的观测精度，同时每个测站对每颗卫星的观测量相互独立，所以非差观测值的协方差矩阵由伪距协方差矩阵 Σ_P 和载波相位协方差矩阵 Σ_Φ 两部分组成，即

$$\Sigma = \begin{bmatrix} \Sigma_P & \\ & \Sigma_\Phi \end{bmatrix} \quad (2.67)$$

通常，高度角低的 GNSS 卫星观测值中包含的对流层延迟误差较大，多路径效应较为明显，可以根据高度角的大小建立相应的随机模型。利用以卫星高度角为变量的函数模型对观测值的方差进行估计，最常用的为正弦函数模型，即

$$\sigma^2 = a^2 + \frac{b^2}{\sin^2 E} \quad (2.68)$$

式中，a、b 为待定系数，一般根据经验给定或者通过拟合方法确定；E 为高度角。

由于受噪声及多路径效应影响较严重的观测值多为低高度角观测值，为了不使高仰角观测值权重降低，一般采用分段定权，即

$$\sigma_P^2 = \begin{cases} a_P^2, & E \geqslant 30° \\[2mm] \dfrac{a_P^2}{4\sin^2 E}, & E < 30° \end{cases} \quad (2.69)$$

$$\sigma_\Phi^2 = \begin{cases} a_\Phi^2, & E \geqslant 30° \\ \dfrac{a_\Phi^2}{4\sin^2 E}, & E < 30° \end{cases} \tag{2.70}$$

式中，σ_P 为测距码观测值噪声；σ_Φ 为载波相位观测值噪声；a_P、a_Φ 分别为测距码和载波相位观测值对应的待定系数。

在卡尔曼滤波中，参数解的最优性不仅依赖观测值的精度，还依赖建立的动力学模型是否准确及给定的初值精度如何。对于不同类型的参数需要建立不同的随机模型，在卡尔曼滤波中不同的随机模型以方差矩阵的形式体现。参数按照不同性质主要分为三维位置参数、接收机钟差参数、对流层参数和模糊度参数。

2. 三维位置参数

通常采用随机游走模型来模拟测站三维位置参数，但在静态精密单点定位中也可对位置参数按常数进行建模，即状态转移矩阵 $\Phi_{k+1,k}$ 中的系数 p_{pos} 为 1，动态噪声矩阵中的 Q_{pos} 为 0。

3. 接收机钟差参数

由于接收机钟差变化随机性较强，前后历元相关性不大，所以通常采用白噪声进行模拟，此时状态转移矩阵中的系数 p_{clk} 为 0，动态噪声方差矩阵为

$$Q_{\text{clk}} = \begin{bmatrix} q_{\text{d}t} \\ \beta_{\text{d}t} \end{bmatrix} \tag{2.71}$$

式中，$q_{\text{d}t}$ 为接收机钟差谱密度；$\beta_{\text{d}t}$ 为接收机钟差参数的阻尼系数。

4. 对流层参数

对流层参数包括对流层天顶湿延迟和两个水平梯度的参数，通常描述为随机游走过程，其状态转移矩阵中对应的系数 p_{trop} 取为 1，动态噪声方差为

$$Q_{\text{trop}} = \Delta t \cdot q_{\text{trop}} \tag{2.72}$$

式中，Δt 为前后历元的时间间隔；q_{trop} 为对流层参数谱密度，谱密度的选取与对流层延迟变化率有关，一般对流层延迟变化率为 1~9cm/h，对应的谱密度为 $7.7\times10^{-12}\sim8.1\times10^{-11}\text{m}^2/\text{s}^2$。

5. 模糊度参数

模糊度参数在参数估计中通常当作常数进行处理，但在弧段开始时或遇到周跳时，可取对应的方差 σ_N^2 为一个较大的值，这样可提升滤波器的性能。

因此，静态精密单点定位的系统状态噪声方差矩阵为

$$Q = \begin{bmatrix} Q_{\text{pos}} & 0 & 0 & 0 \\ 0 & Q_{\text{clk}} & 0 & 0 \\ 0 & 0 & Q_{\text{trop}} & 0 \\ 0 & 0 & 0 & Q_N \end{bmatrix} \tag{2.73}$$

在精密单点定位过程中，不可避免地出现了卫星升降现象，使得观测卫星数不同，同时模糊度参数的数量也不同，这就需要对方程做出相应调整。可见，当卫星增多时，原有状态向量、初值和初始协方差矩阵不变，增加新卫星的模糊度参数的初值及其协方差；可见，当卫星减少时，状态向量维数减少，保留了剩余卫星的状态向量和协方差。

2.2.3 误差模型

1. 卫星星历及钟差

卫星星历给出的卫星位置及运动速度与卫星实际位置及运动速度之差为卫星星历误差。在精密单点定位中，采用非差观测量不能消除卫星星历及钟差的影响，所以高度依赖高精度的轨道及钟差产品。国际 GNSS 服务(International GNSS Service，IGS)组织由来自 80 多个国家的 200 多个组织组成，分布于全球的 400 多个 GNSS 监测站网络为用户提供基础观测数据，该组织目前提供最终 IGS(IGS final，IGF)、快速 IGS(IGS rapid，IGR)、超快速 IGS(IGS ultra-rapid，IGU)以及实时轨道和钟差产品。

在实时服务框架下，各 IGS 分析中心运用 BNC(BKG NTRIP Client)软件基于IGS 超快轨道和超过 100 个观测站的实时观测数据计算实时钟差。各 IGS 分析中心独立解算，并对全球用户发布实时改正信息。表 2.2 给出各分析中心提供的实时轨道和钟差产品。

表 2.2　各分析中心提供的实时轨道和钟差产品

分析中心	描述
德国联邦制图和大地测量局	基于超快速精密星历轨道得到的实时轨道和钟差 基于快速精密星历轨道得到的实时轨道和钟差
法国国家太空研究中心	基于超快速精密星历轨道得到的实时轨道和钟差

续表

分析中心	描述
德国宇航中心	基于超快速精密星历轨道得到的实时轨道和钟差
欧洲航天局	基于每2h一次的批处理得到的GPS实时轨道和钟差 基于超快速精密星历轨道得到的实时轨道和钟差
德国地学研究中心	实时轨道和钟差
日本宇宙航天研究开发机构	基于近实时轨道解算方案得到的实时轨道和钟差
Geo++公司	致力于国际海运事业无线电技术委员会状态空间表述标准
加拿大自然资源局	基于1h一次的近实时轨道批处理得到的GPS实时轨道和钟差
武汉大学	基于超快速精密星历轨道得到的实时轨道和钟差

2. 电离层误差

电离层是距离地面高度 50～1000km 的气态电离区域，在太阳辐射下，电离层中的气体分子发生电离产生大量正离子和自由电子。当 GNSS 信号通过电离层时，会产生信号延迟，可表示为

$$\delta\rho = \int_s (n-1)\mathrm{d}s \tag{2.74}$$

对于 GNSS 信号，伪距码在电离层中以群速度传播，而载波相位以相速度传播。其折射率线性展开为

$$\begin{cases} n_p = 1 + a_1 / f^2 + a_2 / f^3 + \cdots \\ n_g = 1 - a_1 / f^2 - 2a_2 / f^3 - \cdots \end{cases} \tag{2.75}$$

式中，n_p、n_g 分别为相折射率和群折射率；f 为信号频率；a_1，a_2，$\cdots$ 为系数。

电离层延迟一阶项占全部延迟量的 99%以上，因此在精密单点定位中通常只考虑一阶项的影响，此时伪距和载波相位观测值的一阶电离层延迟可表示为

$$\begin{cases} \delta\rho_p = \dfrac{-40.3}{f^2} \int_s N_e \mathrm{d}s = \dfrac{-40.3\mathrm{TEC}}{f^2} \\ \delta\rho_\varphi = \dfrac{-40.3}{f^2} \int_s N_e \mathrm{d}s = \dfrac{-40.3\mathrm{TEC}}{f^2} \end{cases} \tag{2.76}$$

式中，ρ_p 为伪距观测值的一阶电离层延迟；ρ_φ 为载波相位观测量的一阶电离层延迟；N_e 为传播路径上的电子密度；TEC 为传播路径上的电子总量。

电离层延迟量与信号频率的平方成反比，可以利用这一特性采用双频观测值

进行线性组合，进而消除电离层一阶项的影响，得到的消电离层组合观测值为

$$L_{IF} = \frac{f_1^2}{f_1^2 - f_2^2} L_1 - \frac{f_2^2}{f_1^2 - f_2^2} L_2 \tag{2.77}$$

$$P_{IF} = \frac{f_1^2}{f_1^2 - f_2^2} P_1 - \frac{f_2^2}{f_1^2 - f_2^2} P_2 \tag{2.78}$$

式中，L_{IF}、P_{IF} 分别为载波相位和伪距消电离层组合观测值；f_1、f_2 为 GNSS 信号频率；L_1、L_2 分别为频率 f_1 和 f_2 的载波相位观测值；P_1、P_2 分别为频率 f_1 和 f_2 的伪距观测值。

3. 对流层误差

对流层延迟是指 GNSS 信号通过中性大气时传播速度发生改变所产生的延迟，不同于电离层延迟的是，对流层延迟对信号频率低于 30GHz 的电磁波来说是非色散的。在这种介质中信号的相速度和群速度被同等延迟，因此无法通过双频观测值组合来消除对流层延迟。

对流层延迟量随卫星高度角的减小而变大，卫星在天顶方向对流层延迟量约为 2.3m，当卫星高度角为 10°时，对流层延迟量可达 20m。通常将对流层延迟分为静力学延迟(干延迟)和湿延迟两部分，干延迟由干性大气对信号的折射引起，约占对流层总延迟量的 90%，湿延迟由其余的水汽折射造成，约占对流层总延迟量的 10%。对流层延迟 T 可表示为

$$T = \text{ZHD} \cdot M_d(\theta) + \text{ZWD} \cdot M_w(\theta) + (G_N \cdot \cos\alpha + G_E \cdot \sin\alpha) \cdot M_g(\theta) \tag{2.79}$$

式中，ZHD 为对流层天顶干延迟；M_d 为干延迟映射函数；ZWD 为对流层天顶湿延迟；M_w 为湿延迟映射函数；G_N、G_E 分别为南北方向和东西方向的水平梯度；M_g 为水平梯度映射函数；θ 和 α 分别为卫星对应的高度角和方位角。

1) 改正模型

对流层干延迟的变化比较稳定，通常用模型估计其延迟量，目前，常用的计算天顶对流层延迟的改正模型主要有 Hopfield 模型、Saastamoinen 模型以及 Black 模型等。Saastamoinen 模型最初于 1973 年以美国标准大气模型为基础建立，该模型将对流层分为两部分分别进行积分，由该模型计算的对流层天顶干延迟精度可达亚毫米级。本章主要采用 Saastamoinen 模型进行计算，该模型的计算公式为

$$T = \frac{0.002277}{\sin\theta'}\left[P + \left(\frac{1255}{t} + 0.05\right)e_s - \frac{a}{\tan^2\theta} \right] \tag{2.80}$$

$$\theta' = \theta + \Delta\theta \tag{2.81}$$

$$\Delta\theta = \frac{16''}{t}\left(P + \frac{4810}{T}e\right)\cot\theta \tag{2.82}$$

$$a = 1.16 - 0.15\times10^{-3}H + 0.716\times10^{-8}H^2 \tag{2.83}$$

式中，P 为测站大气压；e_s 为水汽分压；T 为测站的热力学温度；H 为测站的大地高；θ 为卫星高度角。

2) 映射函数模型

自 Marini(1972)提出连分式的映射函数以来，后续模型大多采用类似形式。Davis 等(1985)在 CFA2.2 模型的基础上进行简化，并引入气象和地球物理参数。Niell(1996)提出了与测站纬度、高度和年积日相关的非负矩阵分解模型，该模型属于经验模型，以赤道为分界对称分布，对经度不敏感。Boehm 等(2006a；2006b)利用数值气象模型建立了维也纳投影函数(Vienna mapping function，VMF)1 模型，该模型通过内插数值天气模型数据获得函数系数，VMF1 是目前精度最高的映射函数模型，但该模型依赖欧洲中尺度天气预报中心的数据，获取数据约有 34h 的延迟。Boehm 等(2007)综合经验与气象模型建立了全球投影函数(global mapping function，GMF)模型，该模型将 VMF1 扩展为分布全球网格点的九阶球谐函数模型，输入参数与非负矩阵分解模型相同，具有与 VMF1 相似的精度，并且不需要气象数据，更加适用于实时条件下干分量映射函数为

$$M_d(\theta) = \frac{1 + \dfrac{a_h}{1 + \dfrac{b_h}{1 + c_h}}}{\sin\theta + \dfrac{a_h}{\sin\theta + \dfrac{b_h}{\sin\theta + c_h}}} + \left[\frac{1}{\sin\theta} - \frac{1 + \dfrac{a_{ht}}{1 + \dfrac{b_{ht}}{1 + c_{ht}}}}{\sin\theta + \dfrac{a_{ht}}{\sin\theta + \dfrac{b_{ht}}{\sin\theta + c_{ht}}}}\right] \cdot h_{s\_km} \tag{2.84}$$

$a_{ht} = 2.53\times10^{-5}$、$b_{ht} = 5.49\times10^{-3}$、$c_{ht} = 1.14\times10^{-3}$；$h_{s\_km}$ 为测站正高，单位 km；干分量映射系数 a_h、b_h、c_h 可以通过测站纬度和年积日的余弦函数表示，并可通过球谐函数计算。

3) 气象参数

以上多数对流层模型需要以气象参数为输入，但一般用户难以获得实测气象数据，通常采用标准气象参数进行计算，往往不能满足高精度用户需求。Boehm 等(2007)提出的全球气温气压(global pressure and temperature，GPT)模型基于欧洲中期天气预报中心的格网气象数据，以 9 阶球谐函数模拟全球任意位置的温度与气压。该模型的输入参数包括测站大地坐标和年积日，模型输出测站温度、气压

和高程异常值。GPT 模型可以较好地反映全球气压和温度的全年周期性变化，是目前 IGS 分析中心所采用的气压与温度模型。

4. 天线相位缠绕

GNSS 卫星信号采用一种右旋圆极化方式调制，载波相位的观测值与卫星和接收机天线的相对指向有关，卫星或接收机天线的旋转会导致载波相位发生变化，这种现象称为天线相位缠绕。卫星太阳能帆板为保持朝向太阳而缓慢调整，导致卫星天线产生相位缠绕，特别是出现日食或月食，当卫星进出地影区域时，卫星会快速旋转使太阳能帆板朝向太阳，对于非差载波相位观测量，该现象最多可产生一周的误差，在这段时间内的载波相位观测数据需予以删除或改正。其改正方法为

$$d = x - k(k \cdot x) - k \times y \tag{2.85}$$

$$\overline{d} = \overline{x} - k(k \times \overline{x}) + k \times \overline{y} \tag{2.86}$$

式中，k 为卫星至接收机天线的单位矢量；(x,y) 为卫星单位矢量；$(\overline{x},\overline{y})$ 为接收机天线单位矢量；d 和 $\overline{d}$ 分别为卫星和接收机天线的有效偶极矢量。

5. 天线相位中心

GNSS 信号实际的传播距离是从卫星天线的相位中心至接收机天线的相位中心，而卫星和接收机天线的相位中心与天线的参考点(antenna reference point, ARP)之间的相对位置会随着信号频率及方向的不同而变化，同时 IGS 精密星历给出的也是卫星质点坐标而非天线相位中心坐标，因此需要对这种偏差进行改正。

通常，天线相位中心偏差分为两部分：一是天线平均相位中心(average phase center, APC)与天线参考点之间的偏差，称为天线相位中心偏差(phase center offset, PCO)；二是天线瞬时相位中心与天线平均相位中心的偏差，称为相位中心变化(phase center variation, PCV)。

在精密单点定位中，一般采用改正模型来修正天线相位中心偏差。IGS 自 1998年开始使用相对天线相位中心模型 IGS01，改正模型以 AOAD/MT 型天线为参考标准，标定其他类型接收机天线的相位中心位置。由于参考天线依然存在天线相位中心偏差，所以采用相对模型并不准确。于是，IGS 从 2006 年起开始使用绝对模型，目前普遍使用的 IGS08 模型通过自动机器人等手段直接测定接收机天线的相位中心变化，该模型是在 IGS05 模型的基础上对大部分类型的接收机天线相位中心变化进行重新测定得到的。天线相位中心改正模型文件可从 IGS 网站获取。

6. 相对论效应

在 GNSS 应用中，卫星钟和接收机钟所处的重力位与运动速度均不同，使得卫星钟频率产生漂移的现象，称为相对论效应。相对论效应与卫星轨道、卫星信号、卫星钟以及接收机钟有关，卫星钟频率偏差 Δf 可表示为

$$\Delta f = f_s - f = \frac{f}{c^2}\left(\frac{\mu}{R} - \frac{3\mu}{2a} + \frac{v_e^2}{2}\right) - \frac{2f\sqrt{a\mu}}{c^2}e\sin E \tag{2.87}$$

式中，f_s 为卫星钟名义频率；f 为观测值接收到的频率；c 为真空中光速；$\mu = GM$ 为地球引力常数；R 为地面钟到地心的距离；a 为卫星轨道长半轴；v_e 为卫星在惯性坐标系中的速度；e 为卫星轨道偏心率；E 为卫星轨道偏近点角。

卫星钟频率偏差由两部分组成：第一部分是一个常量，是由广义相对论效应引起的，频率偏差为 0.0045674Hz。为消除这部分偏差，在制造卫星钟时将频率进行了调整，因此用户不需要考虑这部分偏差。第二部分是由轨道偏心率产生的周期性偏差，这部分偏差可表示为

$$\Delta t_r = -\frac{2r\cdot\dot{r}}{c^2} \tag{2.88}$$

式中，r、$\dot{r}$ 分别为卫星的位置向量和速度向量；c 为真空中光速。

广义相对论效应还包括由地球引力场引起的信号传播的时间延迟，该部分延迟的等效距离可由如下公式计算，即

$$\Delta t_p = \frac{2\mu}{c^2}\ln\left(\frac{r+R+\rho}{r+R-\rho}\right) \tag{2.89}$$

式中，r 为卫星至地心的距离；R 为接收机至地心的距离；ρ 为测站至卫星的距离。广义相对论效应在卫星接近地平面时可达 18.6mm，在精密单点定位中应予以考虑。

7. 地球自转

地球自转误差是由 Sagnac 效应引起的，该误差对测距的影响可达数十米，在计算卫星与接收机的几何距离时，需要考虑地球自转效应的影响。假设在协议地球坐标系中，卫星在空间的位置如果是根据信号的发射时刻 t_1 来计算的，那么求得的是卫星在 t_1 时刻协议地球坐标系中的位置 (X_s, Y_s, Z_s)。当信号到达接收机时，地球自转会产生一个角度 $\omega\tau$，此时卫星位置为 (X_s', Y_s', Z_s')，则坐标转换关系为

$$\begin{bmatrix} X_s' \\ Y_s' \\ Z_s' \end{bmatrix} = \begin{bmatrix} \cos(\omega\tau) & \sin(\omega\tau) & 0 \\ -\sin(\omega\tau) & \cos(\omega\tau) & 0 \\ 0 & 0 & 1 \end{bmatrix} \begin{bmatrix} X_s \\ Y_s \\ Z_s \end{bmatrix} \qquad (2.90)$$

设测站坐标为 (X_R, Y_R, Z_R)，则由地球自转引起的等效距离可表示为

$$\Delta\rho = \frac{\omega}{c}\big[Y_s(X_R - X_s) - X_s(Y_R - Y_s)\big] \qquad (2.91)$$

式中，ω 为地球自转加速度；c 为光速。

8. 地球固体潮

太阳和月球对地球的引力作用，使得地球表面产生周期性的形变，称为地球固体潮。地球固体潮的影响主要与测站的位置和恒星时有关，其影响在高程方向可达 30cm，水平方向可达 5cm，主要由与纬度相关的常数项部分以及与日周期、半日周期相关的周期性部分组成。在空间直角坐标系下地球固体潮对测站产生的位移量可表示为

$$\begin{aligned}\Delta r = &\sum_{j=2}^{3} \frac{GM_j}{GM} \cdot \frac{r^4}{R_j^3} \left\{ [3l_2(\widehat{R}_j \cdot \hat{r})]\widehat{R}_j + \left[3\left(\frac{h_2}{2} - l_2\right)(\widehat{R}_j \cdot \hat{r})^2 - \frac{h_2}{2}\right]\hat{r} \right\} \\ &+ [-0.025 \cdot \sin\varphi \cdot \cos\varphi \cdot \sin(\theta_g + \lambda)]\hat{r} \end{aligned} \qquad (2.92)$$

式中，G 为引力常数；M 为地球质量；M_j 为月球($j=2$)和太阳($j=3$)的质量；r 为测站在地心坐标系下的坐标向量；$\hat{r}$ 为相应的单位矢量；R_j 为月球和太阳在地心坐标系下的坐标向量；$\widehat{R}_j$ 为相应的单位矢量；l_2 和 h_2 分别为名义二阶 Love 常数和 Shida 常数；φ 和 λ 分别为所在点纬度和经度；θ_g 为格林尼治平恒星时。

9. 海洋负载潮

海洋负载潮是太阳和月球的引力作用导致海岸地区负载和地球质量分布的变化，从而引起测站周期性位移。与地球固体潮类似，海洋负载潮由日周期和半日周期组成，但在数值上要小一个数量级，且没有长期项。海洋负载的计算与选用的模型有关，并取决于海洋负载潮标置站位置的振幅和相位。海洋负载潮对所在点位置的影响垂直方向可达 5cm，水平方向可达 2cm。IERS 给出的海洋负载误差的计算模型为

$$\Delta x = \sum_{j=1}^{11} f_j A_{cj} \cos(\omega_j t + \chi_j + u_j - \phi_{cj}) \qquad (2.93)$$

式中，Δx 为海洋负载潮引起的测站坐标偏移，为 11 个潮汐波参数 M_2、S_2、N_2、

K_2、K_1、O_1、P_1、Q_1、M_f、M_m、S_{sa} 的总和；f_j 为 j 分量的比例因子；A_{cj} 为潮汐 j 分量对坐标 c 分量影响的幅度；ω_j 为 j 分量的角速度；t 为时间参数；χ_j 为 j 分量的天文参数；u_j 为 j 分量的相位角偏差；ϕ_{cj} 为潮汐 j 分量对坐标 c 分量影响的相位角。计算海洋负载潮所需的 11 个潮汐波参数可由昂萨拉空间天文台(Onsala Space Observatory)网站获取，用户可以根据海潮负载文件格式中的参数计算改正数。

海洋负载误差与测站所处位置有关，不需要考虑远离海洋地区或长时间静态定位，但当估计钟差参数或对流层天顶延迟参数时，仍需要考虑其影响。

10. 极潮改正

极潮是指极移产生的离心力对地壳作用的影响。与地球固体潮改正和海洋负载潮改正不同，极潮改正的周期较长，其对位置解算结果的影响不能通过长时间的观测来平滑。地球自转轴的指向变化可达 0.8s，导致的极潮引起的垂直方向最大形变可达 25mm，而水平方向最大形变可达 7mm。极潮对测站经纬度和高程的影响可表示为

$$\begin{cases} \Delta\varphi = -9\cos(2\varphi)(X_p\cos\lambda - Y_p\sin\lambda) \\ \Delta\lambda = 9\cos\varphi(X_p\sin\lambda + Y_p\cos\lambda) \\ \Delta h = -33\sin(2\varphi)(X_p\cos\lambda - Y_p\sin\lambda) \end{cases} \tag{2.94}$$

式中，$\Delta\varphi$、$\Delta\lambda$ 和 Δh 分别为纬度、经度和高程方向的改正量；X_p 和 Y_p 为地极坐标。

2.2.4　参数估计方法

卡尔曼滤波方法是由卡尔曼于 1960 年提出的一种线性最小方差估计，是目前应用最广泛的滤波方法，在导航、制导与控制等多个领域得到了较好的应用。卡尔曼滤波方法的一个主要特点是不需要保留以前的所有数据，它根据前一时刻的状态估值和当前时刻的观测值递推获得新的状态估值。卡尔曼滤波方法易于计算机程序实现，占用存储资源少，计算效率高，广泛应用于实时数据处理(杨元喜，2006)。

标准卡尔曼滤波模型描述如下：

(1) 状态方程可表示为

$$X_{t_{k+1}} = \varPhi_{t_{k+1},t_k}X_{t_k} + w_{t_k}, w_{t_k} \sim N(0, Q_{t_k}) \tag{2.95}$$

(2) 观测方程可表示为

$$L_{t_{k+1}} = H_{t_{k+1}}X_{t_{k+1}} + v_{t_{k+1}}, v_{t_{k+1}} \sim N(0, R_{t_{k+1}}) \tag{2.96}$$

式中，t_k 为观测历元时刻；X_{t_k} 为 n 维状态向量；Φ_{t_{k+1},t_k} 为 $n \times n$ 状态转移矩阵；w_{t_k} 为 n 维动态噪声向量；Q_{t_k} 为动态噪声 w_{t_k} 的协方差矩阵；$L_{t_{k+1}}$ 为 m 维观测向量；$H_{t_{k+1}}$ 为 $m \times n$ 设计矩阵；$v_{t_{k+1}}$ 为 m 维观测噪声向量；$R_{t_{k+1}}$ 为观测噪声向量 $v_{t_{k+1}}$ 的协方差矩阵。

由于标准卡尔曼滤波要求状态方程与观测方程都是线性的，所以需要将 GNSS 精密单点定位过程中的非线性观测方程和非线性动力学模型整合到卡尔曼滤波方法中，即扩展卡尔曼滤波，线性化之后的动力学模型和观测模型分别为

$$X_{t_{k+1}} = \Phi_{t_{k+1},t_k} \hat{X}_{t_k} + w_{t_k} \tag{2.97}$$

$$L_{t_{k+1}} = \tilde{L}_{t_k} + H_{t_{k+1}}(X_{t_k} - \tilde{X}_{t_k}) + v_{t_{k+1}} \tag{2.98}$$

由以上状态方程和观测方程即可进行递推估计，分为时间更新和观测更新两部分。

(1) 时间更新：

$$X_{t_{k+1}}^- = \Phi_{t_{k+1},t_k} \hat{X}_{t_k} \tag{2.99}$$

$$P_{t_{k+1}}^- = \Phi_{t_{k+1},t_k} P_{t_k} \Phi_{t_{k+1},t_k}^{\mathrm{T}} + Q_{t_k} \tag{2.100}$$

(2) 观测更新：

$$K_{t_k} = P_{t_k}^- H_{t_k}^{\mathrm{T}} (H_{t_k} P_{t_k}^- H_{t_k}^{\mathrm{T}} - R_{t_k})^{-1} \tag{2.101}$$

$$\hat{X}_{t_k} = \hat{X}_{t_k}^- + K_{t_k}(L_{t_k} - H_{t_k} \hat{X}_{t_k}^-) \tag{2.102}$$

$$P_{t_k} = (I - K_{t_k} H_{t_k}) P_{t_k}^- \tag{2.103}$$

式中，上标符号(–)表示预测；K_{t_k} 为滤波增益矩阵；P_{t_k} 为协方差矩阵；H_{t_k} 为设计矩阵；R_{t_k} 为观测噪声向量的协方差矩阵。滤波过程是不断预测—修正的递推过程。

2.3　差　分　定　位

卫星差分定位技术按照工作方式不同可分为单站差分定位、具有多个基准站的局域差分定位和广域差分定位三种类型。单站差分定位的系统结构和算法简单，技术上较为成熟，主要用于小范围的差分定位工作。对于较大范围的区域，则应用局域差分定位技术，对于一个国家或几个国家的广大区域，则应用广域差分定位技术(霍夫曼-韦伦霍夫等，2009)。

按基准站发送信息的方式不同，卫星差分定位技术又可分为位置差分、伪距

差分、相位平滑伪距差分和载波相位差分。它们的工作原理是相同的，都是基准站发送改正数，用户站接收并对其测量结果进行改正，以获得精确的定位结果，不同的是，发送改正数的具体内容不同，其差分定位方式的技术难度、定位精度和作用范围也各不相同。

按用户运动状态的不同，卫星差分定位技术可以分成静态相对定位和动态相对定位。

在静态相对定位中，一般采用载波相位作为基本观测量，静态相对定位在当前卫星定位技术中精度最高，应用于精度要求较高的测量工作中。目前，伪距动态相对定位的实时定位精度可达米级。以相对定位原理为基础的实时卫星差分定位，可以有效地减弱卫星轨道误差、钟差、大气传播延迟的影响，其定位精度远比伪距动态绝对定位的精度要高，因此这一技术获得了迅速发展，在运动目标的导航、监测和管理等方面得到了普遍应用。测相伪距动态相对定位，是以预先初始化或动态解算载波相位整周模糊度为基础的一种高精度动态相对定位技术，目前，在较小的范围内(如小于 20km)获得了成功应用，其定位精度可达 1～2cm。

在动态相对定位中，根据数据处理方式的不同，通常可分为实时处理和测后处理。数据的实时处理要求在观测过程中实时地获得定位结果，无须存储观测数据，但在流动站与基准站之间，必须实时传输观测数据或观测量的修正数据。因此，这种处理方式对运动目标的导航、监测和管理具有重要意义。数据的测后处理要求在观测工作结束后，通过数据处理获得定位的结果，这种数据处理方式可对观测数据进行详细分析，易于发现粗差，也不需要实时传输数据，但是需要存储观测数据。观测数据的测后处理方式主要应用于基线较长、不需要实时获得定位结果的测量工作，如航空摄影测量和地球物理勘探。因为建立和维持一个数据实时传输系统(主要包括无线电信号的发射设备和接收设备)不仅在技术上较为复杂，而且花费较大，所以一般除非必须实时获得定位结果，否则均应采用观测数据的测后处理方式。

2.3.1　位置差分

基准站上的卫星接收设备通过观测 4 颗以上卫星可进行三维定位，解算出基准站的坐标。由于存在轨道误差、时钟误差、大气影响、多路径效应、接收机噪声等，解算出的基准站坐标与已知坐标存在误差，即

$$
\begin{cases}
\Delta X = X_0 - X^* \\
\Delta Y = Y_0 - Y^* \\
\Delta Z = Z_0 - Z^*
\end{cases}
\tag{2.104}
$$

式中，(X_0, Y_0, Z_0) 为基准站的精确坐标；(X^*, Y^*, Z^*) 为通过卫星测定的坐标；$(\Delta X, \Delta Y, \Delta Z)$ 为坐标改正数。

基准站通过数据链将此改正数发送出去，用户站接收后对其解算的用户站坐标进行改正，即

$$\begin{cases} X_u = X_u^* + \Delta X \\ Y_u = Y_u^* + \Delta Y \\ Z_u = Z_u^* + \Delta Z \end{cases} \tag{2.105}$$

式中，(X_u^*, Y_u^*, Z_u^*) 为用户接收机自身观测结果；(X_u, Y_u, Z_u) 为经过改正的坐标。

顾及用户站的位置改正值瞬时变化，式(2.105)可进一步写为

$$\begin{cases} X_u = X_u^* + \Delta X + \dfrac{\mathrm{d}(\Delta X)}{\mathrm{d}t}(t - t_0) \\ Y_u = Y_u^* + \Delta Y + \dfrac{\mathrm{d}(\Delta Y)}{\mathrm{d}t}(t - t_0) \\ Z_u = Z_u^* + \Delta Z + \dfrac{\mathrm{d}(\Delta Y)}{\mathrm{d}t}(t - t_0) \end{cases} \tag{2.106}$$

式中，t_0 为改正值产生的时刻。

这样，位置差分定位有效削弱了导航中系统误差源的影响，如卫星钟差误差、卫星星历误差、电离层传播延迟误差等。削弱的效果取决于两个因素：一是对两个站的观测量，其系统误差是否等值，差值越大，效果越差；二是所测卫星相对于两个站的几何分布是否相同，相差越大，效果越差。其中，第一个因素即系统性误差等值或相近是本质性的，限制了差分定位的作用范围，即用户站到基准站的距离。第二个因素即要求用户站和基准站解算坐标采用同一组卫星，这在近距离内可以做到，但距离较长时很难保证。这种差分方式的优点是计算方法简单，适用于大部分型号的卫星接收机。

2.3.2　伪距差分

伪距差分目前使用最为广泛。其基本原理是：首先，基准站上的接收机测得它与卫星之间的距离，并将计算得到的距离与含有误差的测量值加以比较，利用一个 α-β 滤波器将此差值滤波并求出其偏差。然后，将所有可视卫星的测距误差传输给用户，用户利用此测距误差来修正其伪距观测量。最后，用户利用改正后的伪距求解自身的位置，就可以达到消去公共误差、提高定位精度的目的。

基准站的卫星接收设备首先测量出所有可见卫星的伪距 ρ^i 和收集其星历文

件。利用采集的轨道根数计算出各个卫星的地心坐标 (X^i, Y^i, Z^i)，再由基准站已知坐标 (X_b, Y_b, Z_b) 求解出每颗卫星每一时刻到基准站的真实距离 R^i：

$$R^i = \sqrt{(X^i - X_b)^2 + (Y^i - Y_b)^2 + (Z^i - Z_b)^2} \tag{2.107}$$

式中，上标 i 表示第 i 颗卫星，下同。

基准站卫星接收设备测量的伪距包括各种误差，与真实距离不同。可以求出伪距的改正数为

$$\Delta\rho^i = R^i - \rho^i \tag{2.108}$$

伪距改正数的变化率为

$$\Delta\dot\rho^i = \frac{\Delta\rho}{\Delta t} \tag{2.109}$$

基准站将 $\Delta\rho^i$ 和 $\Delta\dot\rho^i$ 传送给用户站，用户站测量出的伪距 ρ_u^j 根据改正数可求得

$$\rho_{u(\text{corr})}^i = \rho_u^i(t) + \Delta\rho^i + \Delta\dot\rho^i(t - t_0) \tag{2.110}$$

利用改正后的伪距 $\rho_{u(\text{corr})}^i$，观测 4 颗卫星就可以计算用户站的坐标，即

$$\rho_{u(\text{corr})}^i = \rho_u^i + C\delta\tau + v = \sqrt{(X^i - X_u)^2 + (Y^i - Y_u)^2 + (Z^i - Z_u)^2} + C\delta\tau + v \tag{2.111}$$

式中，$\delta\tau$ 为钟差；v 为接收机噪声。

这种差分是在取得基准站伪距修正值后解算的，在解算过程中只取与基准站共同观测的卫星进行解算，解决了位置差分因两个站在坐标解算中采用不同卫星而产生的精度不稳定问题。它的优点是：①基准站提供所有观测卫星的改正数，用户选择任意 4 颗卫星就可完成差分定位；②基准站提供 $\Delta\rho^j$ 和 $\Delta\dot\rho^j$，使得用户在未得到改正数的空隙，也可以进行差分定位；③伪距修正量的数据长度短，更新率低，对数据链要求不高，对目前数据传输设备而言，很容易满足要求。

伪距差分能将两站公共误差抵消，但是随着用户接收机到基准站距离的增加，误差的时空相关性减弱，差分效果受到影响。

2.3.3　载波相位平滑伪距差分

载波相位的测量精度比码相位的测量精度高 2 个数量级，因此如果能获得载波整周数，就可以获得近乎无噪声的伪距观测量。一般情况下，无法获得载波整周数，但能获得载波多普勒频率计数。考虑到载波多普勒测量的高精度反映了载波相位的变化信息，也就是说，精确反映了伪距的变化，因此利用这一信息来辅助码伪距观测量可以获得比单独采用码伪距测量更高的精度，这一思想也称为相

位平滑伪距测量(Han，1997)。

从差分定位的各种误差源来看，差分定位削弱系统性误差的优点在很大程度上被随机误差的叠加而掩盖，差分效果不是十分明显。提高差分定位精度的关键在于设法降低定位中的随机误差，例如，在全球定位系统中，在 C/A 码定位中最大的随机误差源是接收机噪声，C/A 码测距的随机误差的量级主要由 C/A 码的码元宽度决定。然而，北斗导航是动态过程，卫星也在不断地运动，每一瞬间的伪距值都是不同的，无法实现重复测量，采用载波多普勒观测量作为辅助，可以实现在动态情况下以大量观测来降低 C/A 码伪距测量中的随机误差。载波的频率很高，因此多普勒测量的精度远高于伪距测量的精度，使得伪距测量中随机误差的降低效果十分明显。

载波相位的积分多普勒观测量 N_d 是距离差的反映，多普勒频移 f_d 是距离变化率的反映，其表达式为

$$f_d = f_r - f_s = \frac{f}{c}\dot{\rho} \qquad (2.112)$$

式中，f_r 为接收频率；f_s 为发射频率。

假定在标称时刻 t_0 的伪距观测量为 $\rho(t_0)$，在其前后较短时间内(如前后各0.05s)各取 50 个伪距观测值 $\rho(t_i)$(对应的观测时刻为 t_i)，利用这些观测值可以通过距离变化率可以归化出标称时刻的伪距观测值：

$$\rho(t_0)' = \rho(t_i) + \dot{\rho}(t_i - t_0) \qquad (2.113)$$

可以有许多这样的归化值，将这些归化值(100 个)取平均作为对应标称时刻 t_0 的伪距观测量，显然可以大幅度提高观测量的精度。也可以采用滤波的方法取得归化观测值，由于载波的多普勒测量精度远高于伪距测量的精度，不同的数学方法对结果而言区别不大，所以为了简化接收机的机内软件设计，通常更倾向于较简单的数学手段。

不同的接收机可能使用不同的采样率、采样时间和数学处理方法。常把这种利用多普勒辅助观测取得的对应观测值称为伪距平滑值。伪距平滑值较伪距观测值大大降低了随机误差的影响，通常为 1m 左右，使用具有该功能的接收机进行伪距差分定位可以使定位精度得到大幅度提升。

在相位平滑伪距差分中，虽然相位观测值的整周模糊度 N 是未知的，但是如果伪距是经过改正的，并假定可以忽略观测误差，那么有

$$(N + \varphi_f)\lambda_f = \rho \qquad (2.114)$$

式中，ρ 为经差分改正的伪距；φ_f 为观测的相位小数；N 为整周模糊度；λ_f 为载波波长。

在观测过程中只要不存在周跳，N 将保持不变，接收机自动对相位小数 φ_f 连续计数。设接收机对某颗卫星连续跟踪 j 个 N 历元，则有

$$\begin{cases} \rho_1 = (N + \varphi_{f1})\lambda_f \\ \rho_2 = (N + \varphi_{f2})\lambda_f \\ \vdots \\ \rho_j = (N + \varphi_{fj})\lambda_f \end{cases} \tag{2.115}$$

求得近似整周数 $\lambda_f N$ (距离单位)为

$$\lambda_f N = \frac{1}{j} \sum_{k=1}^{j} (\rho_k - \lambda_f \varphi_{fk}) \tag{2.116}$$

将式(2.116)代入式(2.115)得到相位平滑后的伪距，即

$$\overline{\rho_j} = \lambda_f \varphi_{fj} + \frac{1}{j} \sum_{k=1}^{j} (\rho_k - \lambda_f \varphi_{fk}) \tag{2.117}$$

设相位观测误差为 σ_φ、伪距观测误差为 σ_ρ，则有

$$\sigma_{\rho_j}^2 = \sigma_\varphi^2 + \frac{1}{j}(\sigma_\rho^2 + \sigma_\varphi^2) \tag{2.118}$$

因 σ_φ 远小于 σ_ρ，故可认为 σ_φ 等于零。因此，有

$$\sigma_{\rho_j} = \frac{\sigma_\rho}{\sqrt{j}} \tag{2.119}$$

由此可见，经过相位平滑的伪距精度比单纯的伪距精度提高了 $\sqrt{j}$ 倍，从而使伪距差分坐标解算精度由原来的 2～5m 提高到 0.5～1.5m。尽管利用相位平滑伪距单点定位可以提高定位精度，但是事实上要进一步提高定位精度，仍然需要获取相位观测误差和伪距观测误差的改正数。

在实际应用中，有时需要动态快速定位，因此要实时获取接收机在运动时刻的实时差分解，可以采用滤波形式。

假设第 j 历元的伪距平滑值为

$$\begin{aligned} \overline{\rho_j} &= (N_{j+1} + \varphi_{f(j+1)})\lambda_f \\ &= \lambda_f \varphi_{f(j+1)} + \frac{1}{j+1} \sum_{k=1}^{j+1} (\rho_k - \lambda_f \varphi_{fk}) \\ &= \lambda_f \varphi_{f(j+1)} + \frac{1}{j+1} \lambda_f N_j + \frac{1}{j+1} \rho_{j+1} - \lambda_f \varphi_{f(j+1)} \end{aligned} \tag{2.120}$$

由此可得第 j+1 历元的伪距平滑值为

$$\bar{\rho}_{j+1} = (N_{j+1} + \varphi_{f(j+1)})\lambda_f \bar{\rho}_j = (N_j + \varphi_{fj})\lambda_f$$

$$\lambda_f N_j = \frac{1}{j}\sum_{k=1}^{j}(\rho_k - \lambda_f \varphi_{fk})$$

$$= \lambda_f \varphi_{f(j+1)} + \frac{1}{j+1}\sum_{k=1}^{j+1}(\rho_k - \lambda_f \varphi_{jk}) \qquad (2.121)$$

$$= \lambda_f \varphi_{f(j+1)} + \frac{1}{j+1}\lambda_f N_j + \frac{1}{j+1}\rho_{j+1} - \lambda_f \varphi_{f(j+1)}$$

由式(2.121)可以看出，在相位平滑伪距的递推形式中已知前一历元解算出的相位整周数 N_j 及当前历元的伪距和相位观测值，即可计算出当前历元的伪距观测值，需要注意的是，其观测精度随着观测量的增加而提高。

载波相位平滑方法提高了伪距动态差分精度，而且计算方法简单，但是该方法要求载波相位观测值不能出现大的周跳，否则其精度可能低于单纯的伪距差分的精度。

2.3.4　载波相位差分定位

载波相位差分定位是建立在处理两个测站的载波相位基础上的，能提供观测点的三维坐标，并达到厘米级的高精度。

与伪距差分原理相同，由基准站通过数据链实时将其载波观测量及站坐标信息一同播发给用户站。用户站接收卫星的载波相位和来自基准站的载波相位，并组成相位差分观测值进行实时处理，能够给出厘米级的定位结果。

实现载波相位差分定位的方法分为两种：修正法和差分法。修正法类似于伪距差分技术，基准站将载波相位修正量发送给用户站，以修正其载波相位，然后求解坐标。差分法是将基准站采集的载波相位发送给用户站进行差解算坐标计算。修正法为准实时动态(real-time kinematic，RTK)载波相位差分技术，差分法为真正的 RTK 技术。修正法对差分系统数据链路的要求不高，在用户站上计算量不大；差分法对差分系统数据链路要求很高，在用户站上计算量较大，但其定位精度通常高于修正法。目前，两种方法分别应用于不同的领域。

1. 北斗载波相位定位的函数模型

1) 非差观测模型

北斗接收机跟踪在轨可见卫星的同时接收并处理卫星发射的信号，伪距观测量和载波相位观测量是其中最主要的两种观测量。伪距观测量表征卫星与接收机天线之间的几何距离信息，而载波相位观测量是本地接收机内部产生的参考相位 φ_r 与卫星发出载波相位 φ^s 之间的相位差。

因为无论是伪距观测量还是载波相位观测量，都不可避免地受到电离层、对流层大气延迟，以及卫星钟差和接收机钟差等的影响，考虑到所有模型化误差或非模型化误差，伪距观测量和载波相位观测量的观测方程可以表示为

$$
\begin{cases}
P_{r,f}^s(t) = \rho_{P,r,f}^s(t, t-\tau_r^s) + c[\mathrm{d}t_r(t) - \mathrm{d}t^s(t-\tau_r^s)] + I_{r,f}^s + T_r^s + \mathrm{d}m_{r,f}^s \\
\qquad\quad + \varepsilon_{P,r,f}^s \\
\Phi_{r,f}^s(t) = \rho_{\Phi,r,f}^s(t, t-\tau_r^s) + c[\mathrm{d}t_r(t) - \mathrm{d}t^s(t-\tau_r^s)] - I_{r,f}^s + T_r^s + \lambda_f N_{r,f}^s \\
\qquad\quad + \delta m_{r,f}^s + \varepsilon_{\Phi,r,f}^s
\end{cases}
\tag{2.122}
$$

式中，上标 s 表示卫星；下标 r 和 f 分别表示站点接收机和载波频率；P、Φ 分别为伪距和载波观测值(m)；τ 为信号传播时延(s)；ρ_P、ρ_Φ 为接收机与卫星之间的几何距离(m)；I、T 分别为电离层延迟和对流层延迟(m)；$\mathrm{d}m$、δm 为多路径误差(m)；c 为光速(m/s)；$\mathrm{d}t$ 为钟差(s)；λ_f 为载波信号频点为 f 的波长(m)；N 为整周模糊度(周)；ε_Φ 为载波相位，包括随机观测噪声与其他非模型误差的总和(m)；ε_P 为伪距，包括随机观测噪声与其他非模型误差的总和。

卫星 s 到接收机 r 的信号传播过程中必然经过大气层，大气层对信号的弯曲、折射、延迟等的影响主要体现在电离层延迟(I)和对流层延迟(T)上，它们的单位用米来表示。接收机和卫星之间的时间系统不同步造成的效应体现在钟差 $\mathrm{d}t$ 上，包括接收机钟差和卫星钟差，用钟差乘以光速 c 就得到其等效距离误差。伪距观测量和载波相位观测量都受到接收机周围其他反射信号的影响，这些分别体现在相应的多路径误差这一项上，包括伪距的多路径误差 $\mathrm{d}m$ 和载波相位的多路径误差 δm。与伪距观测量模型相比，载波相位观测方程多了一个整周模糊度参数 N，这是由于相位测量接收机内部参考相位与卫星发出相位之间的相位差仅能测量不足一周的相位小数，无法获得初始信号的整周相位数，所以存在整周模糊度的问题。

假定测站接收机 r 同时跟踪 m 颗卫星接收 n 个频点的伪距观测量和载波相位观测量，则观测值向量 y_r 可以表示为

$$
y_r = \begin{bmatrix} P_r \\ \Phi_r \end{bmatrix}
\tag{2.123}
$$

式中

$$
\begin{cases}
P_r = [P_{r,1}^1, \cdots, P_{r,1}^m, \cdots, P_{r,N}^1, \cdots, P_{r,N}^m]^{\mathrm{T}} \\
\Phi_r = [\Phi_{r,1}^1, \cdots, \Phi_{r,1}^\mu, \cdots, \Phi_{r,N}^1, \cdots, \Phi_{r,N}^\mu]^{\mathrm{T}}
\end{cases}
\tag{2.124}
$$

2) 北斗单差观测模型

通过两个不同接收机、不同卫星、不同频点、不同历元或不同观测量之间进

行求差可以得到 GNSS 单差观测模型。在程序设计时，通常先进行站间单差再进行星间组差，这样处理的意义是在参数估计时，可以将参数设定为站间单差参数，在参考星发生切换时，调整单差向双差的转换矩阵即可。因此，本节只对站间单差模型进行介绍，其他单差模型的原理与其相似。

基于两个测站接收机之间的同步同轨性原理，即两个相距不远的测站之间同时观测同一颗卫星，两个测站观测值的误差存在同一时空的强相关性，即它们在一定时间内所包含的误差源及影响大体相同。对两个测站接收同一颗卫星的观测值进行求差，得到站间单差观测模型，其目的在于消除公共项，包括公共误差和公共参数，从而简化平差计算工作(黄维彬，1992)。

将两个测站接收机 r_1 和 r_2 组成的非差观测方程(2.122)做差，可以得到站间单差观测模型：

$$\begin{cases} P_{r_2,f}^s(t) - P_{r_1,f}^s(t) = \rho_{P,r_2,f}^s(t,t-\tau_{r_2}^s) - \rho_{P,r_1,f}^s(t,t-\tau_{r_1}^s) + c[\mathrm{d}t_{r_2}(t) - \mathrm{d}t^s(t-\tau_{r_2}^s)] \\ \qquad\qquad - c[\mathrm{d}t_{r_1}(t) - \mathrm{d}t^s(t-\tau_{r_1}^s)] + I_{r_2,f}^s - I_{r_1,f}^s + T_{r_2}^{\ s} - T_{r_1}^{\ s} + \mathrm{d}m_{r_2,f}^s \\ \qquad\qquad - \mathrm{d}m_{r_1,f}^s + \varepsilon_{P,r_2,f}^s - \varepsilon_{P,r_1,f}^s \\ \Phi_{r_2,f}^s(t) - \Phi_{r_1,f}^s(t) = \rho_{\Phi,r_2,f}^s(t,t-\tau_{r_2}^s) - \rho_{\Phi,r_1,f}^s(t,t-\tau_{r_1}^s) + c[\mathrm{d}t_{r_2}(t) - \mathrm{d}t^s(t-\tau_{r_2}^s)] \\ \qquad\qquad - c[\mathrm{d}t_{r_1}(t) - \mathrm{d}t^s(t-\tau_{r_1}^s)] + I_{r_2,f}^s - I_{r_1,f}^s + T_{r_2}^s - T_{r_1}^s + \delta m_{r_2,f}^s \\ \qquad\qquad - \delta m_{r_1,f}^s + \varepsilon_{\Phi,r_2,f}^s + \lambda_f N_{r_2,f}^s - \lambda_f N_{r_1,f}^s - \varepsilon_{\Phi,r_1,f}^s \end{cases} \tag{2.125}$$

信号从卫星到地面两台接收机之间的传播时延之差通常很小(一般情况下小于 0.05s)，在这么短的时间内通常认为卫星钟差的变化几乎可以忽略，因而式(2.125)中卫星钟差项将被消除，合并剩余同类项，站间单差观测方程可以简写为

$$\begin{cases} P_{r_{12},f}^s = \rho_{P,r_{12},f}^s + c\mathrm{d}t_{r_{12}} + I_{r_{12},f}^s + T_{r_{12}}^s + \mathrm{d}m_{r_{12},f}^s + \varepsilon_{P,r_{12},f}^s \\ \Phi_{r_{12},f}^s = \rho_{\Phi,r_{12},f}^s + c\mathrm{d}t_{r_{12}} - I_{r_{12},f}^s + T_{r_{12}}^s + \lambda_f N_{r_{12},f}^s + \delta m_{r_{12},f}^s + \varepsilon_{\Phi,r_{12},f}^s \end{cases} \tag{2.126}$$

式中，下标 r_{12} 表示两台接收机之间的差，即 $v_{r_{12}} = v_{r_2} - v_{r_1}$；$c\mathrm{d}t_{r_{12}}$ 表示两台接收机之间的相对钟差，通过接收机之间尽量完美的时间同步可以消除相对钟差。

将式(2.123)中的非差观测值向量 y_r 进行线性组合，可得站间单差观测值向量为

$$y_{r_{12}}^{SD} = \begin{bmatrix} P_{r_{12}}^{SD} \\ \Phi_{r_{12}}^{SD} \end{bmatrix} = \begin{bmatrix} -I_{2mN} & I_{2mN} \end{bmatrix} \begin{bmatrix} P_{r_1} \\ \Phi_{r_1} \\ P_{r_2} \\ \Phi_{r_2} \end{bmatrix} \tag{2.127}$$

式中，I_{2mN} 表示 $2(m-1)N \times 2mN$ 的单位矩阵。

值得注意的是，两台接收机间的伪距观测量和载波相位观测量求差后，两个观测方程变成一个，观测方程的总数减少了 50%，原有的卫星钟差参数也被消去，同样，接收机钟差参数和整周模糊度参数的数量也减少了 50%。此外，站间做单差后卫星星历误差、电离层延迟、对流层延迟等误差的影响也可得到削弱。尤其是在短基线定位中优势尤为明显，对两个相距不远的测站做单差后，电离层延迟和对流层延迟近似等于零。

3) 北斗双差观测模型

可以看到，在站间单差观测方程(2.126)中，对跟踪的所有可视卫星来说，接收同一个频点信号的接收机钟差是完全相同的。因此，在同一时刻站间单差观测方程(2.126)进一步在 2 颗不同卫星间求差后，形成双差观测方程，可以削弱接收机钟差项，即

$$\begin{cases} P_{r_{12},f}^{s_{12}}(t) = [P_{r_2,f}^{s_2}(t) - P_{r_2,f}^{s_1}(t)] - [P_{r_1,f}^{s_2}(t) - P_{r_1,f}^{s_1}(t)] \\ \Phi_{r_{12},f}^{s_{12}}(t) = [\Phi_{r_2,f}^{s_2}(t) - \Phi_{r_2,f}^{s_1}(t)] - [\Phi_{r_1,f}^{s_2}(t) - \Phi_{r_1,f}^{s_1}(t)] \end{cases} \tag{2.128}$$

式中，上标 s_{12} 表示两颗不同卫星之间的差，如 $\upsilon^{s_{12}} = \upsilon^{s_2} - \upsilon^{s_1}$。合并所有剩余项，得到双差观测方程为

$$\begin{cases} P_{r_{12},f}^{s_{12}} = \rho_{P,r_{12},f}^{s_{12}} + I_{r_{12},f}^{s_{12}} + T_{r_{12}}^{s_{12}} + \mathrm{d}m_{r_{12},f}^{s_{12}} + \varepsilon_{P,r_{12},f}^{s_{12}} \\ \Phi_{r_{12},f}^{s_{12}} = \rho_{\Phi,r_{12},f}^{s_{12}} - I_{r_{12},f}^{s_{12}} + T_{r_{12}}^{s_{12}} + \lambda_f N_{r_{12},f}^{s_{12}} + \delta m_{r_{12},f}^{s_{12}} + \varepsilon_{\Phi,r_{12},f}^{s_{12}} \end{cases} \tag{2.129}$$

式(2.129)说明双差可以有效消除接收机钟差和卫星钟差，同时可以进一步削弱电离层延迟和对流层延迟误差，组合后双差观测量个数由 $2mN$ 减少到 $2(m-1)N$。

在组双差时，需要在所有 m 颗可视卫星中选取一颗作为参考卫星，通常根据高度角的截止角最大或者信噪比(signal noise ratio，SNR)最高的原则选择参考卫星。假设选取第 k 颗可视卫星作为参考卫星，则将式(2.127)中的单差观测值向量 $y_{r_{12}}^{SD}$ 进行线性组合，可得双差观测值向量为

$$y^{DD} = \begin{bmatrix} P^{DD} \\ \Phi^{DD} \end{bmatrix} = \begin{bmatrix} -I_{2N} \otimes \bar{D} & I_{2N} \otimes \bar{D} \end{bmatrix} \begin{bmatrix} P_{r_1} \\ \Phi_{r_1} \\ P_{r_2} \\ \Phi_{r_2} \end{bmatrix} \tag{2.130}$$

式中，I_{2N} 表示 $2N \times 2N$ 单位矩阵；符号 $\otimes$ 表示矩阵直积；矩阵 $\bar{D}$ 表示为

$$\bar{D} = \left[\begin{bmatrix} -I_{k-1} \\ 0 \end{bmatrix} \quad e_{m-1} \quad \begin{bmatrix} 0 \\ -I_{m-k} \end{bmatrix} \right] \tag{2.131}$$

式中，e_{m-1} 表示元素为 1 的 $m-1$ 维列向量。

2. 北斗观测方程的线性化

将卫星与接收机之间的几何距离或者接收机之间的相对距离作为未知数参量时，前面介绍的 GNSS 观测量模型是线性的。接收机的三维坐标或差分模型中的接收机相对坐标信息隐藏在卫星与接收机之间的几何距离中。姿态测量中需要确定接收机之间的三维相对坐标矢量，因而需要对 GNSS 观测量模型进行线性化。GNSS 非差观测量模型(2.122)中仅有的非线性部分是接收机 r 与卫星 s 之间的几何距离 ρ_r^s，即

$$\rho_r^s = \left\| r^s - r_r \right\| \tag{2.132}$$

式中，r^s 和 r_r 分别表示卫星和接收机的三维位置矢量。

将 ρ_r^s 在卫星和接收机的坐标近似值 r_0^s 和 $r_{r,0}$ 按照一阶泰勒级数展开，其线性化误差可以忽略，那么式(2.132)可线性化为

$$\rho_r^s \approx \left\| r_0^s - r_{r,0} \right\| + (u_r^s)^{\mathrm{T}}(r^s - r_0^s) - (u_r^s)^{\mathrm{T}}(r_r - r_{r,0}) \tag{2.133}$$

式中，$u_r^s = \dfrac{r_0^s - r_{r,0}}{\left\| r_0^s - r_{r,0} \right\|}$ 为接收机到卫星的方向向量。接收机的坐标近似值 $r_{r,0}$ 可以选择已知近似坐标，即使无法获得其近似坐标，也可将地球质心坐标作为一个有效选择，因为 GNSS 观测量模型不存在收敛问题，所以卫星的近似坐标 r_0^s 可以由导航电文中的星历文件获得。

记 $\rho_{r,0}^s = \left\| r_0^s - r_{r,0} \right\|$，则 GNSS 非差观测量模型(2.122)可线性化为

$$\begin{cases} P_{r,f}^s(t) = \rho_{r,0}^s + (u_r^s)^{\mathrm{T}}\Delta r^s - (u_r^s)^{\mathrm{T}}\Delta r_r + c(\mathrm{d}t_r - \mathrm{d}t^s) + I_{r,f}^s + T_r^s + \mathrm{d}m_{r,f}^s \\ \qquad\quad + \varepsilon_{P,r,f}^s \\ \Phi_{r,f}^s(t) = \rho_{r,0}^s + (u_r^s)^{\mathrm{T}}\Delta r^s - (u_r^s)^{\mathrm{T}}\Delta r_r + c(\mathrm{d}t_r - \mathrm{d}t^s) - I_{r,f}^s + T_r^s + \lambda_f N_{r,f}^s \\ \qquad\quad + \delta m_{r,f}^s + \varepsilon_{\Phi,r,f}^s \end{cases} \tag{2.134}$$

式中，Δr^s 为卫星坐标误差向量；Δr_r 为接收机近似坐标的改正数向量；λ_f 为频率为 f 的载波波长。

结合式(2.134)，GNSS 站间单差观测量模型(2.126)可线性化为

$$\begin{cases} P_{r_{12},f}^s(t) = \rho_{r_{12},0}^s - (u_{r_2}^s)^{\mathrm{T}} \Delta r_{r_{12}} - (u_{r_{12}}^s)^{\mathrm{T}} \Delta r_{r_1} + (u_{r_{12}}^s)^{\mathrm{T}} \Delta r^s + c \mathrm{d}t_{r_{12}} \\ \qquad + I_{r_{12},f}^s + T_{r_{12}}^s + \mathrm{d}m_{r_{12},f}^s + \varepsilon_{P,r_{12},f}^s \\ \Phi_{r_{12},f}^s(t) = \rho_{r_{12},0}^s - (u_{r_2}^s)^{\mathrm{T}} \Delta r_{r_{12}} - (u_{r_{12}}^s)^{\mathrm{T}} \Delta r_{r_1} + (u_{r_{12}}^s)^{\mathrm{T}} \Delta r^s + c \mathrm{d}t_{r_{12}} \\ \qquad - I_{r_{12},f}^s + T_{r_{12}}^s + \lambda_f N_{r_{12},f}^s + \delta m_{r_{12},f}^s + \varepsilon_{\Phi,r_{12},f}^s \end{cases} \tag{2.135}$$

式中，$\Delta r_{r_{12}} = \Delta r_{r_2} - \Delta r_{r_1}$ 为测站接收机 r_2 与 r_1 之间的基线向量近似值 $r_{r_{12},0} = r_{r_2,0}$ $- r_{r_1,0}$ 的改正数向量。

结合式(2.135)，GNSS 双差观测量模型(2.129)可线性化为

$$\begin{cases} P_{r_{12},f}^{s_{12}} = \rho_{r_{12},0}^{s_{12}} - (u_{r_2}^{s_{12}})^{\mathrm{T}} \Delta r_{r_{12}} - (u_{r_{12}}^{s_{12}})^{\mathrm{T}} \Delta r_{r_1} + (u_{r_{12}}^{s_2})^{\mathrm{T}} \Delta r^{s_2} - (u_{r_{12}}^{s_1})^{\mathrm{T}} \Delta r^{s_1} \\ \qquad + I_{r_{12},f}^{s_{12}} + T_{r_{12}}^{s_{12}} + \mathrm{d}m_{r_{12},f}^{s_{12}} + \varepsilon_{P,r_{12},f}^{s_{12}} \\ \Phi_{r_{12},f}^{s_{12}} = \rho_{r_{12},0}^{s_{12}} - (u_{r_2}^{s_{12}})^{\mathrm{T}} \Delta r_{r_{12}} - (u_{r_{12}}^{s_{12}})^{\mathrm{T}} \Delta r_{r_1} + (u_{r_{12}}^{s_2})^{\mathrm{T}} \Delta r^{s_2} - (u_{r_{12}}^{s_1})^{\mathrm{T}} \Delta r^{s_1} \\ \qquad - I_{r_{12},f}^{s_{12}} + T_{r_{12}}^{s_{12}} + \lambda_f N_{r_{12},f}^{s_{12}} + \delta m_{r_{12},f}^{s_{12}} + \varepsilon_{\Phi,r_{12},f}^{s_{12}} \end{cases} \tag{2.136}$$

3. 北斗载波相位定位的随机模型

无论是伪距观测量还是载波相位观测量都受到一系列误差的影响，这在观测方程中无法尽数显现。观测值的误差包括与接收机有关的误差、与卫星有关的误差、与信号频率有关的误差及与观测值类别(伪距观测量或者载波相位观测量)有关的误差等。

通常假定上述这些误差是呈高斯分布的，则由一个测站接收机 r 接收的伪距观测量和载波相位观测值向量 y 的方差-协方差矩阵为

$$Q_{yy,r} = \begin{bmatrix} Q_{P_r} & Q_{P_r \Phi_r} \\ Q_{\Phi_r P_r} & Q_{\Phi_r} \end{bmatrix} \tag{2.137}$$

上述方差-协方差矩阵包括伪距和载波相位各自的方差矩阵块以及它们之间的协方差矩阵块。假设两个不同测站接收机的观测值之间是相互独立的，则两个测站观测值的线性组合 $y = \begin{bmatrix} y_{r_1} \\ y_{r_2} \end{bmatrix}$ 的方差-协方差矩阵可以表示为

$$Q_{yy,r_{12}} = \begin{bmatrix} Q_{yy,r_1} & 0 \\ 0 & Q_{yy,r_2} \end{bmatrix} \tag{2.138}$$

根据误差传播定律，同样假定伪距观测量与载波相位观测量之间是相互独立的，则式(2.127)中站间单差观测值向量的方差-协方差矩阵为

$$Q_{yy}^{SD} = \begin{bmatrix} Q_{P_{r_1}} + Q_{P_{r_2}} & 0 \\ 0 & Q_{\Phi_{r_1}} + Q_{\Phi_{r_2}} \end{bmatrix} \tag{2.139}$$

通常假设所有的伪距观测量和载波相位观测量各自具有相同的方差 σ_P^2 和 σ_Φ^2，则式(2.139)可表示为

$$Q_{yy}^{SD} = \begin{bmatrix} 2\sigma_P^2 I & 0 \\ 0 & 2\sigma_\Phi^2 I \end{bmatrix} \tag{2.140}$$

因此可以看出，通过两个测站组成单差，相比原始观测噪声，其观测噪声增加了 $\sqrt{2}$ 倍。

最后，结合式(2.130)和式(2.139)可得双差观测值向量的方差-协方差矩阵为

$$Q_{yy}^{SD} = \begin{bmatrix} I_{2N} \otimes \bar{D} \end{bmatrix} Q_{yy}^{SD} \begin{bmatrix} I_{2N} \otimes \bar{D} \end{bmatrix}^T \tag{2.141}$$

因此有

$$\begin{bmatrix} I_{2N} \otimes \bar{D} \end{bmatrix} = \begin{bmatrix} \bar{D}' & 0 \\ 0 & \bar{D}' \end{bmatrix} \tag{2.142}$$

假设接收机之间相互独立且不同观测量之间也是独立的，所有伪距观测量和载波相位观测量各自具有相同的方差，则双差观测值向量的方差-协方差矩阵可以写为

$$Q_{yy}^{DD} = \begin{bmatrix} 2\sigma_P^2 \bar{D}'(\bar{D}')^T & 0 \\ 0 & 2\sigma_\Phi^2 \bar{D}'(\bar{D}')^T \end{bmatrix} \tag{2.143}$$

式中，$\bar{D}'(\bar{D}')^T$ 表示同一类型接收机接收来自不同卫星同一频点、同一观测值之间的相关性。

2.4　虚拟参考站定位

2.4.1　概述

基于连续运行参考站(continuously operating reference stations, CORS)的动态定位技术也称为网络动态定位技术、多参考站动态定位技术，是近年来在常规动态定位、通信、网络、计算机等技术的基础上发展起来的一种高精度动态定位新技术。CORS 系统是基于连续运行参考站动态定位的应用实例，由 GNSS CORS 站网和用户部分组成。一个 GNSS CORS 站网可以包括若干参考站，每个参考站的

坐标精确已知，配备测地型 GNSS 接收机，有的还配备原子钟、气象仪等设备。参考站上的 GNSS 接收机按设定的采样率进行连续观测，通过数据通信链路将观测数据传送给数据处理与服务中心，数据处理与服务中心对各个站的观测数据进行预处理和质量分析，然后对整个参考站网数据进行统一解算，计算出参考站网内各种系统误差的改正参数(卫星星历误差、电离层延迟和对流层延迟等)，并播发给用户站。用户站接收到这些误差改正参数后，根据自己的观测数据和相应的误差改正参数进行高精度定位(Dow et al.，2009)。

按照误差改正参数估计方法、改正数的生成与播发方式、用户流动站定位解算方法等的不同，基于连续运行参考站的动态定位技术可分为虚拟参考站(virtual reference station，VRS)、区域改正参数(flachen korrektur parameter，FKP)和综合误差内插(combined bias interpolation，CBI)法等。

虚拟参考站是由 Herbert Landau 博士提出，并由 Spectra/Terrasat 公司推向市场的方法。当系统工作时，数据处理中心实时接收各参考站的观测数据，一旦接收到流动站用户的概略坐标，利用参考站的精确坐标和实时观测数据对概略坐标进行误差建模，虚拟出该处的误差改正数，并按国际海事无线电技术委员会(Radio Technical Commission for Maritime Services，RTCM)格式播发给流动站。流动站相当于和一个离自己不远，但实际上并不存在的参考站进行高精度相对定位，避免了参考站和流动站距离过长导致的实时动态定位性能下降的问题。VRS 方法的主要技术特点如下：

(1) 流动站一般以美国国家海洋电子协会(National Marine Electronics A Sociation，NMEA)格式向数据处理中心传递概略坐标，数据处理中心需向流动站传递生成的虚拟参考站误差值，这要求数据处理中心和流动站都具备双向通信功能。

(2) 大部分计算由数据处理中心完成，流动站只承担少部分计算。

(3) 流动站仅要求一般的支持 RTCM 格式的常规 RTK 接收机，不需要另外的软硬件支持，提高了兼容性。

(4) 与常规 RTK 相比，流动站需要向数据处理中心传输概略坐标，即虚拟参考站的坐标。

(5) 采用这种方法的 CORS 系统用户容量取决于网络的带宽和主控站的计算能力。

与常规动态定位技术相比，基于 CORS 的动态定位技术具有如下优势：

(1) 提高了定位系统的可靠性和可用性。

(2) 减少了参考站数量，扩大了动态定位系统的服务范围。

(3) 有利于缩短用户定位的初始化时间，提高了工作效率，降低了作业成本。

(4) 技术难度大，建设与运行成本较高。

2.4.2　虚拟参考站定位数学模型

基于 CORS 的动态定位的数据处理可分成三个主要步骤：连续运行参考站间的基线解算、虚拟参考站观测数据的构建和流动站用户的定位解算。

1. 连续运行参考站间的基线解算

如图 2.4 所示，A、B、C 为 CORS 网中的任意三个参考站。

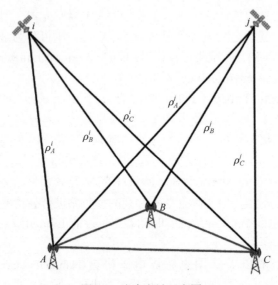

图 2.4　多参考站示意图

不失一般性，当不顾及多路径效应时，参考站 A 和 B 的载波相位观测方程为

$$\lambda_f \Phi_{f,A}^i = \rho_A^i - c \cdot \delta t_A + c \cdot \delta t^i + \lambda_f N_{f,A}^i - I_{f,A}^i + T_A^i + \varepsilon_{A,\Phi}^i \tag{2.144}$$

$$\lambda_f \Phi_{f,B}^i = \rho_B^i - c \cdot \delta t_B + c \cdot \delta t^i + \lambda_f N_{f,B}^i - I_{f,B}^i + T_B^i + \varepsilon_{B,\Phi}^i \tag{2.145}$$

由双差观测量误差模型的分析可知：卫星星历误差对不超过 100km 的基线影响不大于 1cm；多路径效应不便于消除或建模，可以将其纳入观测噪声作为偶然误差；观测噪声可以通过随机模型来建模；电离层延迟、对流层延迟是随基线距离的增加而增大的，需对这两种误差进行建模，以提高误差处理的精细程度。

参考站 A、B 站间单差观测量模型为

$$\lambda_f \Delta\Phi_{f,A}^{ij} = \Delta\rho_A^{ij} + c \cdot \Delta\delta t^{ij} + \lambda_f \Delta N_{f,A}^{ij} - \Delta I_{f,A}^{ij} + \Delta T_A^{ij} + \Delta\varepsilon_{A,\Phi}^{ij} \tag{2.146}$$

$$\lambda_f \Delta\Phi_{f,B}^{ij} = \Delta\rho_B^{ij} + c \cdot \Delta\delta t^{ij} + \lambda_f \Delta N_{f,B}^{ij} - \Delta I_{f,B}^{ij} + \Delta T_B^{ij} + \Delta\varepsilon_{B,\Phi}^{ij} \tag{2.147}$$

参考站 A、B 站间双差观测量模型为

$$\lambda_f \nabla\Delta\Phi_{f,AB}^{ij} = \nabla\Delta\rho_{AB}^{ij} + \lambda_f\left(\Delta N_B^{ij} - \Delta N_A^{ij}\right) - \nabla\Delta I_{f,AB}^{ij} + \nabla\Delta T_{AB}^{ij} + \nabla\Delta\varepsilon_{AB,\Phi}^{ij} \quad (2.148)$$

$$\begin{cases} \nabla\Delta\Phi_{f,AB}^{ij} = \Delta\Phi_{f,B}^{ij} - \Delta\Phi_{f,A}^{ij} \\[2mm] \nabla\Delta\rho_{AB}^{ij} = \Delta\rho_B^{ij} - \Delta\rho_A^{ij} \\[2mm] \nabla\Delta I_{f,AB}^{ij} = \Delta I_{f,B}^{ij} - \Delta I_{f,A}^{ij} \\[2mm] \nabla\Delta T_{AB}^{ij} = \Delta T_B^{ij} - \Delta T_A^{ij} \\[2mm] \nabla\Delta\varepsilon_{AB,\Phi}^{ij} = \Delta\varepsilon_B^{ij} - \Delta\varepsilon_A^{ij} \end{cases} \quad (2.149)$$

参考站 A、B 的载波相位观测量星间单差 $\Delta\Phi_{f,A}^{ij}$、$\Delta\Phi_{f,B}^{ij}$ 可由载波相位观测量组合得到；$\nabla\Delta\rho_{AB}^{ij}$ 为星站间几何距离双差，参考站的坐标已知，也可计算得出。因此，在方程中，未知量包括整周模糊度、电离层延迟和对流层延迟，解方程(2.148)得到未知量的估计参数，其中整周模糊度参数的求解还需要一个搜索成固定解的处理步骤。

基线 AC 和基线 BC 也有类似的解算过程。

2. 虚拟参考站观测数据的构建

如图 2.5 所示，P 为流动站用户所在位置，V 表示虚拟参考站所在位置，它的坐标是流动站导航解坐标，是已知值。

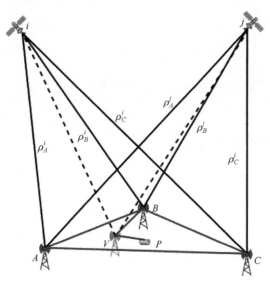

图 2.5　VRS 示意图

虚拟参考站 V 的载波相位观测方程和单差观测方程分别为

$$\lambda_f \Phi_{f,V}^i = \rho_V^i - c \cdot \delta t_V + c \cdot \delta t^i + \lambda_f N_{f,V}^i - I_{f,V}^i + T_V^i + \varepsilon_{V,\Phi}^i \tag{2.150}$$

$$\lambda_f \Delta \Phi_{f,V}^{ij} = \Delta \rho_V^{ij} + c \cdot \Delta \delta t^{ij} + \lambda_f \Delta N_{f,V}^{ij} - \Delta I_{f,V}^{ij} + \Delta T_V^{ij} + \Delta \varepsilon_{V,\Phi}^{ij} \tag{2.151}$$

假设参考站 A 为主参考站，它的载波相位观测量模型和单差观测量模型分别为式(2.144)和式(2.146)，参考站 A 和虚拟参考站 V 之间的站间双差观测量模型为

$$\lambda_f \nabla \Delta \Phi_{f,AV}^{ij} = \nabla \Delta \rho_{AV}^{ij} + \lambda_f \left(\Delta N_V^{ij} - \Delta N_A^{ij} \right) - \nabla \Delta I_{f,AV}^{ij} + \nabla \Delta T_{AV}^{ij} + \nabla \Delta \varepsilon_{AV,\Phi}^{ij} \tag{2.152}$$

与式(2.149)类似，有

$$\begin{cases} \nabla \Delta \Phi_{f,AV}^{ij} = \Delta \Phi_{f,V}^{ij} - \Delta \Phi_{f,A}^{ij} \\ \nabla \Delta \rho_{AV}^{ij} = \Delta \rho_V^{ij} - \Delta \rho_A^{ij} \\ \nabla \Delta I_{f,AV}^{ij} = \Delta I_{f,V}^{ij} - \Delta I_{f,A}^{ij} \\ \nabla \Delta T_{AV}^{ij} = \Delta T_V^{ij} - \Delta T_A^{ij} \\ \nabla \Delta \varepsilon_{AV,\Phi}^{ij} = \Delta \varepsilon_V^{ij} - \Delta \varepsilon_A^{ij} \end{cases} \tag{2.153}$$

式中，由于 A、V 的坐标已知，星站间几何距离双差 $\nabla \Delta \rho_{AV}^{ij}$ 可直接计算得到；$\Delta \Phi_{f,A}^{ij}$ 由式(2.149)计算得到；$\Delta \nabla I_{f,V}^{ij}$ 和 $\Delta \nabla T_V^{ij}$ 可以通过对参考站间对应误差内插得到；只有 ΔN_V^{ij} 和 $\Delta \Phi_{f,V}^{ij}$ 为未知量。于是，有

$$\lambda_f \left(\Delta \Phi_{f,V}^{ij} - \Delta \Phi_{f,A}^{ij} \right) = \nabla \Delta \rho_{AV}^{ij} + \lambda_f \left(\Delta N_V^{ij} - \Delta N_A^{ij} \right) - \nabla \Delta I_{f,AV}^{ij} + \nabla \Delta T_{AV}^{ij} \tag{2.154}$$

变换式(2.154)，有

$$\lambda_f \left(\Delta \Phi_{f,V}^{ij} - \Delta N_V^{ij} \right) = \nabla \Delta \rho_{AV}^{ij} + \lambda_f \left(\Delta \Phi_{f,A}^{ij} - \Delta N_A^{ij} \right) - \nabla \Delta I_{f,AV}^{ij} + \nabla \Delta T_{AV}^{ij} \tag{2.155}$$

定义式(2.155)中的 $\Delta \Phi_{f,V}^{ij} - \Delta N_V^{ij}$ 为虚拟参考站的站间单差观测量，用它与流动站 P 的单差方程联立解算。

3. 流动站用户的定位解算

流动站 P 的载波相位观测量模型和单差观测量模型分别为

$$\lambda_f \Phi_{f,P}^i = \rho_P^i - c \cdot \delta t_P + c \cdot \delta t^i + \lambda_f N_{f,P}^i - I_{f,P}^i + T_P^i + \varepsilon_{P,\Phi}^i \tag{2.156}$$

$$\lambda_f \Delta \Phi_{f,P}^{ij} = \Delta \rho_P^{ij} + c \cdot \Delta \delta t^{ij} + \lambda_f \Delta N_{f,P}^{ij} - \Delta I_{f,P}^{ij} + \Delta T_P^{ij} + \Delta \varepsilon_{P,\Phi}^{ij} \tag{2.157}$$

则流动站 P 与虚拟参考站 V 之间的双差观测量模型为

$$\lambda_f \left(\Delta \Phi_{f,V}^{ij} - \Delta \Phi_{f,P}^{ij} \right) = \nabla \Delta \rho_{PV}^{ij} + \lambda_f \left(\Delta N_V^{ij} - \Delta N_P^{ij} \right) - \nabla \Delta I_{f,PV}^{ij} + \nabla \Delta T_{PV}^{ij} + \nabla \Delta \varepsilon_{PV,\Phi}^{ij} \tag{2.158}$$

虚拟参考站 V 与流动站 P 的距离取决于流动站的导航解精度，一般不大于

50m。由于 P 和 V 相距很近，所以两测站与距离相关的双差误差残差可以认为是相等的，即有

$$\begin{cases} \Delta\nabla I_{f,PV}^{ij} = 0 \\ \Delta\nabla T_{PV}^{ij} = 0 \end{cases} \tag{2.159}$$

不顾及观测噪声等偶然误差，式(2.158)可以简化为

$$\lambda_f\left(\Delta\Phi_{f,V}^{ij} - \Delta\Phi_{f,P}^{ij}\right) = \nabla\Delta\rho_{PV}^{ij} + \lambda_f\left(\Delta N_V^{ij} - \Delta N_P^{ij}\right) \tag{2.160}$$

将式(2.154)减去式(2.160)可得

$$\lambda_f\left(\Delta\Phi_{f,P}^{ij} - \Delta\Phi_{f,A}^{ij}\right) = \Delta\rho_P^{ij} - \Delta\rho_A^{ij} + \lambda_f\left(\Delta N_P^{ij} - \Delta N_A^{ij}\right) - \nabla\Delta I_{f,AV}^{ij} + \nabla\Delta T_{AV}^{ij} \tag{2.161}$$

将单差合并成双差，有

$$\lambda_f\nabla\Delta\Phi_{f,AP}^{ij} = \nabla\Delta\rho_{AP}^{ij} + \lambda_f\left(\Delta N_P^{ij} - \Delta N_A^{ij}\right) - \nabla\Delta I_{f,AV}^{ij} + \nabla\Delta T_{AV}^{ij} \tag{2.162}$$

式(2.162)是一个双差观测量模型的表达形式，流动站用户坐标包含在 $\nabla\Delta\rho_{AP}^{ij}$ 中，未知量只有用户坐标和流动站的单差整周模糊度 ΔN_P^{ij}，按相对定位的方法解方程(2.162)即可得到流动站坐标。同时，方程(2.162)中的 $\Delta\nabla I_{f,AV}^{ij}$ 和 $\Delta\nabla T_{AV}^{ij}$ 已在虚拟参考站的观测数据构建中得到，与距离相关的误差被消除或大力削弱。虽然流动站距实际的参考站较远，其定位精度仍可达到常规 RTK 的水平，定位的初始化时间将大大减少。

本章给出的数学模型对双差观测的误差进行了精细化处理。中长距离相对定位中的重要误差源是与距离相关的误差源，如电离层延迟、对流层延迟等。也有学者将电离层延迟、对流层延迟、轨道误差等系统误差，以及多路径效应、观测误差等随机误差作为一个综合量进行处理，即 $m_m^i = -I_{f,m}^i + T_m^i + M_{m,\Phi}^i + O_m^i + \varepsilon_{m,\Phi}^i$，$O_m^i$ 为卫星星历误差。在参数估计中，将 m_m^i 作为待估计参数进行求解，然后将 VRS 处的综合误差发给用户，达到改正误差的目的。这样处理简化了模型，数据处理的难度降低，数据处理工作量减少，但是没有顾及不同误差的不同特性，误差综合化不利于提高虚拟观测数据的构建精度，将主要误差进行分类处理有助于解决上述问题。

2.4.3　数据处理步骤及关键技术

1. 数据处理步骤

基于 CORS 动态定位的数据处理过程分为以下 4 个步骤。

1) 参考站数据预处理

用卫星星历计算卫星位置、卫星高度角和方位角；对观测数据的质量进行分

析，探测并修复观测数据中周跳等粗差；对观测数据进行误差模型改正，包括用多频观测数据进行电离层延迟修正，用参考站气象观测数据进行对流层延迟修正。

2) 参考站间的基线解算

解算 CORS 网中各基线的载波相位整周模糊度及天顶对流层延迟残差、电离层延迟残差。

3) 虚拟参考站观测数据的构建

流动站用户用单点定位获得用户的概略位置，并把此位置作为虚拟参考站的位置。利用虚拟参考站、参考站和北斗卫星的相对几何关系，以及步骤 2)中估计的误差残差，通过合适方式内插出虚拟参考站处的误差，进而构建观测数据。

4) 流动站用户定位

将构建的虚拟参考站的观测数据与流动站的观测数据采用常规 RTK 数据处理方式得到流动站位置，并进行必要的质量控制和精度估计。如果虚拟参考站与流动站的距离超过一定程度，那么改变虚拟参考站的位置，重新执行步骤 3)和步骤 4)。

2. 数据处理的关键技术

基于 CORS 动态定位数据处理的关键技术包括以下 4 种。

1) 参考站数据预处理技术及质量控制方法

参考站数据的质量直接影响基于 CORS 的高精度动态定位方法的实现。受接收机内部噪声和外界干扰等因素的影响，参考站观测数据有时会出现较大误差。充分利用参考站之间位置固定等特点，建立高效、可行的参考站数据预处理方法，实现对参考站数据的实时质量监控是确保后续计算质量的基础。

2) 整周模糊度的解算

能够获得高精度定位的前提是固定整周模糊度，随着基线长度的增加，误差相关性减弱，双差观测量的残余误差增大。如果不进行合理的技术处理，解算出的整周模糊度有可能不正确，进而影响误差建模。影响残余误差的主要误差是电离层延迟和对流层延迟，这两种误差的合理建模比较困难。

3) 虚拟参考站处误差的内插算法

要精确构建虚拟参考站处观测数据的前提就是要精确确定误差。如何融合选定参考站数据，计算出与流动站真实误差较为相近的误差改正数，以消除或削弱 VRS 网中空间相关误差对导航定位的影响是问题的关键。这里有两点需要考虑：一是如何确定参考站处的空间相关误差(对流层延迟、电离层延迟等)；二是使用哪些方法内插出 VRS 网中与距离相关的空间误差。

4) 合适的参数估计方法

动态定位的数据处理特点是观测数据类型多、待估计参数多、数据连续，这就要求参数估计方法高效、初始化过程短。

参 考 文 献

黄维彬. 1992. 近代平差理论及其应用[M]. 北京: 解放军出版社.

霍夫曼-韦伦霍夫, 利希特内格尔, 瓦斯勒. 2009. 全球卫星导航系统[M]. 程鹏飞, 蔡艳辉, 文双江, 等译. 北京: 测绘出版社.

李征航, 张小红. 2009. 卫星导航定位新技术及高精度数据处理方法[M]. 武汉: 武汉大学出版社.

杨元喜. 2006. 自适应动态导航定位[M]. 北京: 测绘出版社.

赵兴旺. 2011. 基于相位偏差改正的 PPP 单差模糊度快速解算问题研究[D]. 南京: 东南大学.

Boehm J, Heinkelmann R, Schuh H. 2007. Short note: A global model of pressure and temperature for geodetic applications[J]. Journal of Geodesy, 81(10): 679-683.

Boehm J, Niell A, Tregoning P. 2006a.The global mapping function GMF:A new eempirical mapping function based on numerical weather model data[J].Geophsucal Research Letters, 33(7):199-208.

Boehm J, Werl B, Schuh H. 2006b.Troposphere mapping functions for GPS and very long baseline interferome try from european centre for medium—Range weather forecasts operational analysis data[J].Journal of Geophysical Research: Solid Earth, 111(B2):B02406.

Davis J L, Herring T A,Shapiro I I. 1985.Geodesy by radio interferometry: Effects of atmospheric modeling errors on estimates of baseline length[J].Radio Science, 20(6):1593-1607.

Dow J M, Neilan R E, Rizos C. 2009. The international GNSS service in a changing landscape of global navigation satellite systems[J]. Journal of Geodesy, 83(7): 689.

Han S. 1997. Quality-control issues relating to instantaneous ambiguity resolution for real-time GPS kinematic positioning[J]. Journal of Geodesy, 71(6): 351-361.

Kouba J, Héroux P. 2001. Precise point positioning using IGS orbit and clock products[J]. GPS Solutions, 5(2): 12-28.

Marini J W. 1972.Correction of satellite tracking data for an arbitrary tropospheric profile[J].Radio Science,7(2):223-231.

Niell A E. 1996.Global mapping functions for the atmospheric delay at radio wavelengths[J].Journal of Gephysics Research, 101(B2):3227-3246.

第3章 北斗卫星授时、测速和测姿原理

北斗卫星导航系统的功能较丰富，除了能够提供第 2 章所述的定位功能，还可以提供授时、测速等功能，进一步延伸，还能够提供测姿等功能。本章分别介绍北斗授时、测速、测姿的原理、数学模型、关键技术等内容。

3.1 北 斗 授 时

时间是国际单位制中的 7 个基本量之一，可分为时刻和时间间隔两个概念。时刻是指时间尺度上的一个指定点(标记)，就是一个事件发生的瞬间；时间间隔是指两个事件之间的时间长度。时刻和时间间隔一般用时钟计量。时间差是指同一瞬时两个钟或两种时间尺度的指数读数差，也称时刻差、时差或钟差。时间同步是指两个时钟在某一个参考系上相同到某种程度的读数。

国民经济、国防、现代科学乃至人们的生活无一不与时间相关。随着科技的发展，人们对时间精度的要求也在不断提高，从古代的时(辰)刻到近代的分秒，一直发展到现代的毫秒、微秒甚至纳秒。精密计时、现代通信、电力、导航定位、航天测控和计算机自动控制等都离不开精密时间尺度和时间频率测量技术。

时间服务是国家的基本技术支撑，而高精度的时间频率传递是主要部分。时间和频率基准的传递方法有多种，例如，采用长波、短波、电视信号进行授时和校频，利用卫星进行授时和校频，以及利用低频无线电导航信号进行授时等(李天文，2003)。各种方法的时间和频率不确定度如表 3.1 所示。

表 3.1　各种方法的时间和频率不确定度

方法	时间不确定度	频率不确定度
网络	<2s	—
电视	<10μs	—
长波	<1μs	$<1\times10^{-22}$
短波	<1ms	$<1\times10^{-8}$
卫星单向授时	<50μs	$<1\times10^{-22}$
卫星共视比对	<10μs	$<1\times10^{-22}$

续表

方法	时间不确定度	频率不确定度
卫星载波相位共视	<1μs	<1×10⁻²²
卫星双向时频传递法	<1μs	<1×10⁻²²

北斗卫星导航系统提供了丰富的授时手段，包括北斗 RNSS 单站授时、北斗 RNSS 共视比对授时、北斗载波相位时间比对授时、北斗 RDSS 单向授时和北斗 RDSS 双向授时等(杨俊等，2002)。

3.1.1　北斗 RNSS 单站授时

在一个已知位置的测站上，用一台北斗接收机观测一颗北斗卫星，测定用户时钟的偏差，此方法称为一站单机定时法(陈向东等，2016)。

在利用北斗信号传送时间时，存在三种时间尺度(时标)：北斗时间、每颗北斗卫星的时钟以及用户时钟，北斗定时的目的在于测定用户时钟相对于北斗时间的偏差，并依据北斗卫星导航电文的有关参数计算出协调世界时。

北斗时间传递，实质上是测量北斗信号从卫星到达用户的传播时间。若某颗北斗卫星在 T_i^s 时刻发射北斗信号初相，通过电离层和对流层到达用户接收天线的时刻为 T_a^u，则北斗信号的传播时间为

$$t_d' = T_a^u - T_i^s + \tau \tag{3.1}$$

式中，τ 为电离层和对流层延迟；北斗信号的发射时刻 T_i^s 可以从观测数据及北斗卫星导航电文解得；北斗卫星钟面时 T_i^s 与北斗时间之差为 ΔT_i^s，且

$$T_i^s = T_i^g + \Delta T_i^s \tag{3.2}$$

式中，T_i^g 为北斗卫星系统时；ΔT_i^s 可以从北斗卫星导航电文中获取。又由于

$$T_a^u = T_a^g + \Delta T_a^u \tag{3.3}$$

式中，T_a^g 为北斗接收机系统时，因此北斗接收机所测得的传播时间为

$$t_d' = T_a^g - T_i^g + \Delta T_a^u - \Delta T_i^s + \tau = t_d + \Delta T_a^u - \Delta T_i^s + \tau \tag{3.4}$$

式中，$t_d = T_a^g - T_i^g$；用户时钟偏差 ΔT_a^u 为

$$\Delta T_a^u = t_d' - t_d + \Delta T_i^s - \tau \tag{3.5}$$

即为一站单机的定时方程式。

当同时观测 4 颗北斗卫星时，一站单机定时法可以在不知测站坐标的情况下，

同时测得用户时钟偏差和测站坐标。

3.1.2 北斗 RNSS 共视比对授时

北斗 RNSS 共视比对授时在两个测站上各安置一台北斗接收机，在相同的时间内，观测同一颗北斗卫星，测定用户时钟的偏差。

两个测站观测同一颗北斗卫星的时间并不要求严格同步，当前后相差 20min 以内时，定时准确度无显著差别，这为用户提供了方便，因此单星共视比对授时获得了广泛应用。

A、B 两个测站所测得的用户钟差分别为

$$\begin{cases} \Delta T_{a1}^u = t_{d1}' - t_{d1} + \Delta T_i^s - \tau_1 \\ \Delta T_{a2}^u = t_{d2}' - t_{d2} + \Delta T_i^s - \tau_2 \end{cases} \tag{3.6}$$

通过数据传输将测站 A 的用户钟差送到测站 B，故两个用户的钟差为

$$\delta T_a^u = \Delta T_{a2}^u - \Delta T_{a1}^u = (t_{d2}' - t_{d1}') - (t_{d2} - t_{d1}) - (\tau_2 - \tau_1) \tag{3.7}$$

式(3.7)中消除了 GPS 卫星的钟差 ΔT_i^s，实际传播时间 t_{d2}、t_{d1} 是依据测站位置和卫星位置求得的，北斗卫星的星历误差将引起 t_d 的偏差，若其值为 Δt_{ds}，则有

$$\begin{cases} t_{d1} = T_{d1}^t + \Delta t_{ds} \\ t_{d2} = T_{d2}^t + \Delta t_{ds} \end{cases} \tag{3.8}$$

因此，共视比对授时得到的用户钟差为

$$\delta T_a^u = (t_{d2}' - t_{d1}') - (T_{d2}^t - T_{d1}^t) - (\tau_2 - \tau_1) \tag{3.9}$$

共视比对授时不仅能够消除卫星钟差，而且能够消除或削弱星历误差的影响，可达到±5ns 的定时准确度，具有更重要的实用价值。

3.1.3 北斗载波相位时间比对授时

为适应原子频标性能的突飞猛进，提高时间频率传递的精度，1998 年 3 月，IGS 和国际计量局成立专门的研究小组，研究将 GPS 载波相位和码测相结合用于高精度时间频率传递。此后，GPS 载波相位时间比对授时一直是高精度时间传递的研究热点之一。2002 年后，IGS 开展了 GPS 载波相位时间比对授时研究，为 IGS 时间尺度服务。

GPS 载波相位时间频率传递(以下简称 GPSCPTT)的研究始于 20 世纪 90 年代。Schildknecht 等(1990)第一次提出利用 GPS 码伪距观测量和载波相位观测量进行时间传递的设想，并论述了其基本原理；1995～1996 年，在洲际间的德国联邦技术物理研究院-美国海军天文台(275km)，美国海军天文台-国家标注技术研究所(2400km)之间分别展开了 GPS 载波相位时间传递，各得到 $4\times10^{-15}\sim9\times10^{-15}$/天、

5×10^{-15}/天和 2×10^{-15}/天的频率稳定度,可见 GPSCPTT 已能满足日稳定度为 10^{-15} 量级频率标准的比对需求。

类似地,利用北斗卫星的载波相位观测量也可以获得高精度的时间比对结果。设北斗载波相位的观测模型为

$$\lambda_f \Phi = \rho + c(\delta t_r - \delta t^s) + I + T + \lambda_f N + d_{r,\Phi} + d_\Phi^s + d_m + \varepsilon_\Phi \tag{3.10}$$

式中, N 为载波相位的整周模糊度。如果能在载波波长准确度范围内确定 N 之外的其余项,就能够最后确定载波相位的整周模糊度。但是,由于卫星和接收机的设备延迟、钟差和初始相位无法确定,只要式(3.10)中的各个时间差发生变化,就不能确定载波相位的整周模糊度。另外,共视比对授时可以消除卫星的设备延迟、钟差和初始相位,但不能消除接收机的上述误差,这种情况下同样不能确定载波相位的整周模糊度。因此,载波相位的整周模糊度的确定成为载波相位时间传递中的关键。

如果采取相对定位模式,在数据处理时可以使用载波相位的双差观测量确定载波相位的整周模糊度。双差是由两台接收机和两颗卫星的观察量进行线性组合(Δt_{ij}^{kl})计算得到的。采用双差确定载波相位整周模糊度后,必须应用单差分(共视比对授时)确定载波相位的整周模糊度,才能实现时间传递。

载波相位的观测误差比伪距降低了将近 1‰,处理方法与伪随机码一致(载波相位的整周模糊度除外)。如果能有效解决周跳和整周模糊度问题,进一步精测测定设备时延,更大限度地消除多路径效应及传播路径时延等的影响,那么北斗卫星载波相位时间比对的精度将会得到明显提高。载波相位利用多频载波信号,需要对采集的数据进行大量的事后处理,不适用于每天进行比对测量的用户,可以用于两个基准频率标准间的国际比对。

3.1.4 北斗 RDSS 单向授时

北斗 RDSS 单向授时是由卫星转发器转发地面主控站天线发送的北斗授时信号给用户,即由 BDT 控制主控站系统的主原子钟,主原子钟监控播发工作原子钟,工作原子钟控制/产生卫星导航信号的频率、编码频率、相位、导航电文,由发射设备从天线发送到北斗卫星,卫星转发器将授时信号下行传递到用户接收终端,终端解算输出 1pps[①]和时间信息,完成 RDSS 单向授时。

记主控站出站信号某一帧时标与其前一个 BDT 整秒时刻(即 1pps)的时间为 Δt^{BD} ,帧时标经过总延迟 τ^{BD} (包括系统设备单向零值延迟 τ_1^{BD} 、上行延迟 τ_2^{BD} 、下行延迟 τ_3^{BD} 、用户设备单向零值延迟 τ_4^{BD})之后,用户观测/提取帧时标信号的前

---

① pps 表示每秒脉冲(pulse per second)。

沿。用户以本地时钟 1pps 作为时间测量计数器的开门信号，帧时标的前沿作为关门信号，可测得二者的时差 ξ^{BD}。那么，用户本地时钟与 BDT 的时间差 δ^{BD} 为

$$\delta^{\mathrm{BD}} = \xi^{\mathrm{BD}} - \Delta t^{\mathrm{BD}} - \left(\tau_1^{\mathrm{BD}} + \tau_2^{\mathrm{BD}} + \tau_3^{\mathrm{BD}} + \tau_4^{\mathrm{BD}}\right) \tag{3.11}$$

移相调整本地钟输出的1pps，使时间差 δ^{BD} 为零，调整后的本地 1pps 就与 BDT 的 1pps 实现时间(相位秒部分)同步。北斗 RDSS 单向授时精度优于 100ns，完全可以满足绝大多数时间用户的精度需求。需要 UTC 用户，再进行 UTC 的时差修正和闰秒改正处理，就得到标准的 UTC。

3.1.5　北斗 RDSS 双向授时

北斗 RDSS 双向授时是一种建立在 RDSS 应答测距定位业务基础上进行高精度授时的方法。北斗 RDSS 单向授时的精度受卫星星历位置误差、接收端天线位置定位误差、大气层时延误差、北斗授时信号发射时刻等诸多不确定性因素的影响，难以准确计算、修正主控站到用户终端的发-收单向传播时延，造成北斗 RDSS 单向授时的精度为 100ns。为满足更高精度授时用户的需求，在北斗 RDSS 应答测距定位业务的基础上开发了高精度 RDSS 双向授时和用户终端，采用双向比对测量确定发-收间的单向传播时延。双向授时要求用户终端同时具备接收和应答发射的能力。

北斗 RDSS 双向授时原理图如图 3.1 所示。

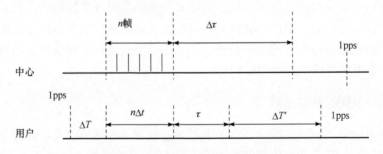

图 3.1　北斗 RDSS 双向授时原理图

主控站 1pps 代表主控站控制信号播发的 BDT 时刻 t，用户 1pps 代表用户终端内时钟的某一整秒 $T(t)$ 时刻，二者的钟差为 ΔT。北斗第 n 帧询问信号参考时标与北斗时某 1pps(如与整分时刻对应的秒脉冲)之间的时间间隔为 n 个帧周期，即图 3.1 中的 $n\Delta t$，如前所述，RDSS 的帧周期为 31.25ms，即 $\Delta t = 31.25\mathrm{ms}$；同时 $n\Delta t$ 也是该帧信号对应的北斗时间(小于 1 整分的部分)。与此同时，用户终端接收到主控站系统播发 $n\Delta t$ 的时间帧(第 n 帧)询问信号，并测出收到的第 n 帧询问信号参考时标与本机钟整秒信号 1pps 的时间间隔 $\Delta T'$；同时，用户终端立即向主控站系统

回发响应信号，主控站系统测出第 n 帧信号的往返时间值，并计算出该信号由主控站发出至用户终端收到的正向传播时延 τ，再将 τ 发送给该用户作为双向定时时延修正值。ΔT 可以由用户直接测定，因此只要给出传播时延 τ，就可以得出用户终端时钟与 BDT 钟差 $\Delta T = 1 - \Delta T' - \tau - n\Delta t$，调整本机时钟，从而完成用户终端与主控站 BDT 的时间同步。

双向授时采用往返路径相同、方向相反的信息传递方法，影响单向授时的正向传播时延误差和其他各项误差就可以相互抵消，残差可以忽略，大大削弱了各项时延误差的影响，因此北斗 RDSS 双向授时精度优于 20ns。

3.2　北 斗 测 速

利用卫星信号测量运动载体的速度称为卫星测速。尽管载体的运行速度不同，且不是匀速运动，但是只要在这些运动载体上安置卫星定位接收机，就可以在进行动态定位的同时，实时测得它们的运行速度。已知载体在坐标系中各分量的速度值，就可以进一步描述其运动状态，如飞机的爬升、转弯等。

北斗测速大致有三种方法：第一，基于北斗高精度定位结果，通过位置差分获取速度；第二，利用北斗原始多普勒观测值直接计算速度；第三，利用载波相位中心差分所获得的多普勒观测值来计算速度。这三种方法之间有一定的联系，都源于速度的数学定义公式。由于计算思路不同，所利用的观测量也不同，各种方法都进行了不同程度的近似假设，所以最后所确定的速度精度也不同(丛佃伟，2015；郝金明等，2015)。

3.2.1　位置差分测速

假设利用载波相位观测值已获得载体在历元 t 和 $t+h$ 的位置向量 r_2 和 r_3，则载体速度为

$$\dot{r} = \frac{1}{h}(r_3 - r_2) \tag{3.12}$$

式中，h 为采样间隔，所确定的速度是载体在采样间隔 h 内的平均速度。如果载体做匀速运动，那么平均速度可以代表历元 $t+h/2$ 载体的瞬时速度。由此可以看出，相对于当前历元，用这种方法确定的速度在时间上有一定的滞后。

为了便于对结果进行比较，可利用历元 $t-h$ 和 $t+h$ 的位置向量 r_1 和 r_3，求得历元 t 的载体瞬时速度，即

$$\dot{r}_2 = \frac{1}{2h}(r_3 - r_1) \tag{3.13}$$

如果采样间隔 h 趋近于 0，则该平均速度为瞬时速度。显然，h 越小，该位置

差分法的精度越高。不过，在实际测量中，h 越小，高频噪声放大得越大，因此 h 也不宜过小。

3.2.2　多普勒测速

利用卫星信号进行速度测量的基本原理是速度测量基于站星间距离的变化。用户天线和卫星之间的距离可表示为

$$\rho_j' = [(X^j - X_u)^2 + (Y^j - Y_u)^2 + (Z^j - Z_u)^2]^{1/2} + c(\mathrm{d}\tau_r - \mathrm{d}\tau_s^j) + \delta\rho_{1r}^j - \delta\rho_{2r}^j \quad (3.14)$$

式中，(X_u, Y_u, Z_u) 为动态用户在 t_k 时刻的瞬时位置；(X^j, Y^j, Z^j) 为第 j 颗卫星在其运行轨道上的瞬时位置，可根据卫星星历进行计算；ρ_j' 为接收机所测得的卫星信号接收天线和第 j 颗卫星之间的距离，即站星距离；d 为由接收机时钟误差等因素引起的站星时间偏差；$\delta\rho_{1r}^j$ 为电离层时延引起的距离偏差；$\delta\rho_{2r}^j$ 为对流层时延引起的距离偏差(何海波，2002)。

根据物理学关于线速度是运动质点在单位时间内的距离变化率的定义，微分后可以得到动态用户的三维速度与 ρ_j' 的关系式，即

$$\dot{\rho}_j' = [(X^j - X_u)(\dot{X}^j - \dot{X}_u) + (Y^j - Y_u)(\dot{Y}^j - \dot{Y}_u) + (Z^j - Z_u)(\dot{Z}^j - \dot{Z}_u)] / \rho_{ji}$$
$$+ c(\mathrm{d}\dot{\tau}_r - \mathrm{d}\dot{\tau}_s) + \delta\dot{\rho}_{1r}^j - \delta\dot{\rho}_{2r}^j \quad (3.15)$$

式中，站星距离 ρ_{ji} 为

$$\rho_{ji} = [(X^j - X_u)^2 + (Y^j - Y_u)^2 + (Z^j - Z_u)^2]^{1/2} \quad (3.16)$$

站星距离变化率 $\dot{\rho}_j'$ 可以由卫星信号接收机通过测量信号的多普勒频移得到，即

$$\dot{\rho}_j' = [N - (f_u - f_j)\Delta T]\left(\frac{c}{f_u}\right)\Delta T \quad (3.17)$$

式中，N 为卫星信号接收机所测得的积分多普勒频移计数；f_u 为卫星信号接收机所接收到的载波频率；f_j 为第 j 颗卫星所发射的载波频率；c 为电磁波的传播速度；ΔT 为测速时间间隔，又称为测速更新率。这些参数均是已知的，故可算得距离变化率。

接收机钟差变化率(钟速)$\mathrm{d}\dot{\tau}_r$ 一般只有 1ns/s，可以忽略不计或者作为未知数。卫星钟差变化率 $\mathrm{d}\dot{\tau}_s^j$ 小于 0.1ns/s，可以忽略不计。电离层时延、对流层时延的变化率分别为 $\delta\dot{\rho}_r^j$ 和 $\delta\dot{\rho}_z^j$，也可以忽略不计。

卫星的运行速度($\dot{X}_j, \dot{Y}_j, \dot{Z}_j$)可以根据导航电文求得，还可利用"初始化"的方法，即在进行测速之前，先使动态接收机处于静止状态，此时有

$$\dot{X}_u = \dot{Y}_u = \dot{Z}_u = 0 \quad (3.18)$$

可按式(3.15)解算出卫星的三维速度。

综上所述,在利用卫星定位技术进行测速时,只有用户三维速度($\dot{X}_u$, $\dot{Y}_u$, $\dot{Z}_u$)和接收机钟速 $\text{d}\dot{t}$ 4 个未知数,故只要同时观测 4 颗卫星,即可解得这 4 个未知数,求得运动载体的运行速度,即

$$v_k = \sqrt{\dot{X}_u^2 + \dot{Y}_u^2 + \dot{Z}_u^2} \tag{3.19}$$

另外,还可利用差分卫星定位方法测速,从而削弱星历误差对测速精度的影响,同时,可以显著削弱电离层或对流层效应对测速精度的影响(李征航等,2016)。

3.2.3 载波相位中心差分测速

利用历元 $t-h$ 和 $t+h$ 的载波相位观测值 φ_1 和 φ_3 进行中心差分,也可以获得历元 t 时刻的多普勒频移观测值,即

$$\dot{\varphi}_2 = \frac{\varphi_3 - \varphi_1}{2h} \tag{3.20}$$

式中,h 为采样间隔;$\dot{\varphi}_2$ 为历元 t 的多普勒频移观测值。

位置中心差分法的数据处理难度最大,因为用它来确定高精度的速度,需基于载波相位的高精度定位结果,而利用载波相位定位的数据处理比较复杂。原始多普勒频移法的数据处理难度最小,它用原始多普勒频移和伪距观测值即可获得高精度的速度。载波相位中心差分法与原始多普勒频移法的数据处理难度相近,仅多了载波相位中心差分计算多普勒频移这一步骤(赵琳等,2011)。

需要说明的是,在实际测量应用中,如果已经利用载波相位确定了高精度位置,那么作为位置参数的副产品,基于位置中心差分的速度计算是最简单的。

原始多普勒频移法是比较精确的方法,其速度精度主要取决于多普勒频移观测值的精度,基本不受载体运动状态的影响。

3.3 北 斗 测 姿

3.3.1 姿态的概念

1. 姿态的定义

假定一个平台固定于载体平面上,在平台上建立空间直角坐标系(即载体坐标系),该坐标系一个轴指向载体前进方向,另一个轴位于载体平面内,第三个轴垂直于载体平面,此时载体沿垂直轴、横轴和前进轴三个轴的转动角分别为载体的航向角、俯仰角和横滚角。载体三维姿态角的定义如图 3.2 所示。

这里定义航向角以真北起算，顺时针取值为 0°～360°；俯仰角和横滚角以载体平面向上为正、向下为负，范围为-90°～90°。

2. 姿态表示方法

载体的姿态角可以用多种不同的方法表示，每种方法都有其各自的特点和发挥优势的领域。例如，欧拉角法更适用于描述在轨航天器的轨道参数；四元数法已被多种成熟算法选用，更适用于线性动态系统等。下面对欧拉角法和四元数法这两种常用的姿态角表示方法进行简要介绍(谢建涛等，2019)。

1) 欧拉角法

根据欧拉定理，在三维空间，任何刚性固体的旋转都可以描述为围绕空间某轴 n 旋转了某一个特定角度 θ，如图 3.3 所示，空间直角坐标系 X-Y-Z 绕 n 轴旋转角度 θ 可以与坐标系 X'-Y'-Z' 重合。

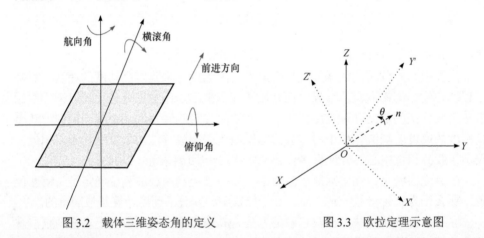

图 3.2　载体三维姿态角的定义　　　　图 3.3　欧拉定理示意图

如果欧拉轴 n 与空间直角坐标系的 X、Y 或 Z 轴重合，那么形成的旋转矩阵可以表示为

$$\begin{cases} R_x(\theta)=\begin{bmatrix} 1 & 0 & 0 \\ 0 & \cos\theta & \sin\theta \\ 0 & -\sin\theta & \cos\theta \end{bmatrix} \\ R_y(\theta)=\begin{bmatrix} \cos\theta & 0 & -\sin\theta \\ 0 & 1 & 0 \\ \sin\theta & 0 & \cos\theta \end{bmatrix} \\ R_z(\theta)=\begin{bmatrix} \cos\theta & \sin\theta & 0 \\ -\sin\theta & \cos\theta & 0 \\ 0 & 0 & 1 \end{bmatrix} \end{cases} \tag{3.21}$$

　　在姿态测量中通常通过将当地水平坐标系绕三个轴按照 X-Y-Z 的顺序旋转变换到载体坐标系的方式进行姿态计算。将三个姿态角按照欧拉角的形式形象地表示出来，可以得到图 3.4 所示的欧拉角表示姿态角示意图。

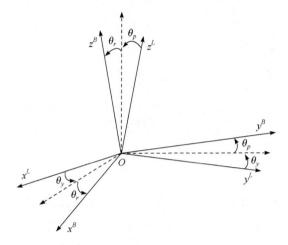

图 3.4　欧拉角表示姿态示意图

　　假定载体的三维姿态角用三个欧拉角 θ_p、θ_y 和 θ_r 来表示，若一基线在当地水平坐标系中的坐标为 $X_L = \begin{bmatrix} x^L & y^L & z^L \end{bmatrix}^{\mathrm{T}}$，在载体坐标系中的坐标为 $X_B = \begin{bmatrix} x^B & y^B & z^B \end{bmatrix}^{\mathrm{T}}$，那么 X_B 可以通过对 θ_r、θ_p、θ_y 依次旋转得到 X_L，其变换关系为

$$X_L = R X_B \tag{3.22}$$

式中，R 为姿态矩阵，可表示为

$$
R = R_z(\theta_y) R_x(-\theta_p) R_y(-\theta_r)
$$
$$
= \begin{bmatrix}
\cos\theta_r \cos\theta_y + \sin\theta_r \sin\theta_p \sin\theta_y & \cos\theta_p \sin\theta_y & \sin\theta_r \cos\theta_y - \cos\theta_r \sin\theta_p \sin\theta_y \\
-\cos\theta_r \sin\theta_y + \sin\theta_r \sin\theta_p \sin\theta_y & \cos\theta_p \cos\theta_y & -\sin\theta_r \sin\theta_y - \cos\theta_r \sin\theta_p \sin\theta_y \\
-\sin\theta_r \cos\theta_p & \sin\theta_p & \cos\theta_r \cos\theta_p
\end{bmatrix}
$$
$$\tag{3.23}$$

　　欧拉角法简单、直观、几何意义明确，是姿态角表示方法中最常用的一种方法。

　　2) 四元数法

　　1843 年，爱尔兰数学家哈密顿提出，可以用一种 4 维的向量来描述姿态，称为四元数。

　　由旋转轴 n 的三维单位矢量 $n = \begin{bmatrix} n_1 & n_2 & n_3 \end{bmatrix}^{\mathrm{T}}$ 和旋转角 θ 可以构成一个四维向

量，也即四元数

$$q = \begin{bmatrix} q_1 & q_2 & q_3 & q_0 \end{bmatrix}^{\mathrm{T}} \qquad (3.24)$$

式中

$$\begin{cases} q_1 = n_1 \sin\left(\dfrac{\theta}{2}\right) \\[2mm] q_2 = n_2 \sin\left(\dfrac{\theta}{2}\right) \\[2mm] q_3 = n_3 \sin\left(\dfrac{\theta}{2}\right) \\[2mm] q_0 = \sin\left(\dfrac{\theta}{2}\right) \end{cases} \qquad (3.25)$$

式中，q_0 为四元数的实部；$[q_1, q_2, q_3]^{\mathrm{T}}$ 为四元数的虚部。四元数的实际意义是：坐标系之间的变换通过绕四元数的虚部所指方向旋转实部大小角度来实现。构成的姿态矩阵为

$$R(q) = R_q(q_0) = \left(q_0^2 - \| q \|^2\right) I_3 + 2qq^{\mathrm{T}} + 2q_0 \left[q^+ \right]$$

$$= \begin{bmatrix} q_1^2 - q_2^2 - q_3^2 + q_0^2 & 2(q_1 q_2 + q_3 q_4) & 2(q_1 q_3 - q_2 q_4) \\ 2(q_1 q_2 - q_3 q_4) & -q_1^2 + q_2^2 - q_3^2 + q_0^2 & 2(q_2 q_3 + q_1 q_4) \\ 2(q_1 q_3 + q_2 q_4) & 2(q_2 q_3 - q_1 q_4) & -q_1^2 - q_2^2 + q_3^2 + q_0^2 \end{bmatrix} \qquad (3.26)$$

式中

$$\left[q^+ \right] = \begin{bmatrix} 0 & q_3 & -q_2 \\ -q_3 & 0 & q_1 \\ q_2 & -q_1 & 0 \end{bmatrix}$$

3.3.2 常用坐标系

载体姿态可以认为是载体坐标系的三个坐标轴相对于参考坐标系对应的三个坐标轴之间的角度旋转关系。在 GNSS 姿态测量中，通常选择当地水平坐标系作为参考坐标系，载体的姿态信息通常由航向角、俯仰角和横滚角组成。利用固定在载体上不少于 3 个的 GNSS 天线来构成至少 2 条基线，通过载波相位差分精确求解基线向量解，利用解算出来的基线向量解确定载体的 3 个姿态角。如果只有 2 个 GNSS 天线构成的一条基线，那么只能求得二维姿态角——航向角和俯仰角，这就是定向基本原理。

无论是在日常生活还是在武器装备使用上，载体姿态测量都有着重要的实用

价值。民用方面，飞机需要实时的姿态信息来实现姿态控制，船舶的航行和靠港需要姿态信息提供支持，航天器对接需要精确的姿态信息进行控制。军用方面，姿态信息在无人机的自主控制和导航中占据重要的地位，火炮瞄准需要准确的方位信息来提高打击精度。

姿态信息通常由传感器提供，可分为相对姿态和绝对姿态。相对姿态可通过陀螺仪以及其他惯性元器件提供，这种方式是通过给定准确的初值和之后尽可能精确的加速度等信息的测量值进行姿态推算的，其精度在很大程度上依赖传感器的精度，由于误差的积累，长时间使用需要利用其他绝对姿态传感器进行误差修正。绝对姿态是指利用外部的参考来计算载体的指向，其优点在于不受载体运动状态的影响。绝对姿态测量中常用的星敏感器虽然能够解算出载体在惯性坐标系中可靠性较高的三轴姿态，并且具有很好的隐蔽性，但天气、地形等因素会造成星敏感器精度受到较大的影响，其姿态输出的实时性不足。此外，严格安装在载体平台上的 GNSS 天线阵列，也可以作为绝对载体姿态测量传感器使用，且不受天气和地形的影响。同时，GNSS 本身具备的三维定位和测速能力使得其在姿态测量应用中具备良好的先天优势，在航路导航、精密着陆、自动驾驶等其他方面的应用能够大幅度降低成本，增强系统的整体性，优势明显。虽然卫星导航系统的设计初衷是精密定位和授时，但是其潜在的姿态测量能力和应用前景已经得到广泛认同。

在卫星定向测姿中，常用到地心地固坐标系(earth centered earth fixed，ECEF)、当地水平坐标系和载体坐标系等。

1. 地心地固坐标系

地心地固坐标系的原点在地球质心，XOY 平面与地球赤道面重合，X 轴指向本初子午面过赤道的交点，Z 轴指向地球北极，Y 轴与 X 轴、Z 轴组成右手直角坐标系。

2. 当地水平坐标系

当地水平坐标系也称为东北天坐标系或者站心坐标系。当地水平坐标系的原点通常选在载体质心，Y 轴指向当地子午线沿北极方向，X 轴指向与当地子午线垂直向东的方向，Z 轴指向天顶方向，三轴组成右手直角坐标系。

3. 载体坐标系

载体坐标系是指固连在载体平面上的直角坐标系。在基于 GNSS 的姿态测量中，载体坐标系通常与载体平台上的 GNSS 天线配置相关，通常定义其原点为载体质心，也可将载体平台上的某天线中心定义为原点，X 轴通常与载体运动方向重合，Z 轴指向垂直载体运动平面的方向，Y 轴与 X 轴、Z 轴构成右手直角坐标系。

载体坐标系相对于东北天坐标系的方位即为载体的三维姿态角。

3.3.3　天线配置方法

1. 三天线姿态测量

当采用 3 台北斗接收机进行姿态测量时,可采用如图 3.5 所示的载体三天线正交配置,假设其固定于某刚性载体,其中以天线 1 的中心为载体坐标系原点,主基线 12 沿载体前进主轴放置。

2. 四天线姿态测量

当采用 4 台北斗接收机进行姿态测量时,对应的 4 个 GNSS 天线 1、2、3、4 按照图 3.6 进行配置,其中以天线 1 的中心为载体坐标系原点,以基线 12 为主基线。

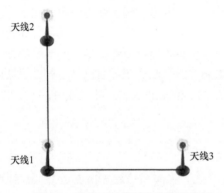
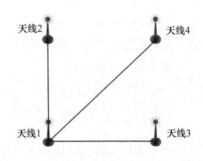

图 3.5　载体三天线正交配置示意图　　　　图 3.6　载体四天线配置示意图

3.3.4　姿态参数估计

1. 直接计算姿态参数

在三天线配置方式中,常用直接法计算载体姿态,其基本步骤如下。

(1) 在每个历元,利用伪距的单点定位来确定天线 1 的地心地固坐标系,并用载波相位的相对定位来确定天线 2 和天线 3 对天线 1 的基线解,即

$$\mathrm{d}X_E = \begin{bmatrix} \mathrm{d}x_{E,12} & \mathrm{d}x_{E,13} \\ \mathrm{d}y_{E,12} & \mathrm{d}y_{E,13} \\ \mathrm{d}z_{E,12} & \mathrm{d}z_{E,13} \end{bmatrix} \tag{3.27}$$

(2) 将上述地心地固坐标系下的基线解变换到当地水平坐标系下,即

$$dX_L = \begin{bmatrix} dx_{L,12} & dx_{L,13} \\ dy_{L,12} & dy_{L,13} \\ dz_{L,12} & dz_{L,13} \end{bmatrix} \tag{3.28}$$

令 R_{xz} 表示地心地固坐标系与当地水平坐标系之间的变换关系，即

$$\begin{aligned} R_{xz} &= R_x(90°-\varphi)R_z(\lambda+90°) \\ &= \begin{bmatrix} -\sin\lambda & \cos\lambda & 0 \\ -\cos\lambda\sin\varphi & -\sin\lambda\sin\varphi & \cos\varphi \\ \cos\lambda\cos\varphi & \sin\lambda\cos\varphi & \sin\varphi \end{bmatrix} \end{aligned} \tag{3.29}$$

式中，λ 和 φ 分别为载体位置的大地经度和纬度。

(3) 利用上述得到的当地水平坐标系中的基线解直接计算姿态参数。将天线 2 的载体坐标系中的坐标 $[0 \ \ L_{12} \ \ 0]^{\mathrm{T}}$ 代入载体坐标系中的坐标 X_B 和当地水平坐标系中的坐标 X_L，得到

$$\begin{bmatrix} dx_{L,12} \\ dy_{L,12} \\ dz_{L,12} \end{bmatrix} = \begin{bmatrix} L_{12}\cos\theta_p\sin\theta_y \\ L_{12}\cos\theta_p\cos\theta_y \\ L_{12}\sin\theta_p \end{bmatrix} \tag{3.30}$$

从而求出航向角 θ_y 和俯仰角 θ_p 分别为

$$\begin{cases} \theta_y = \arctan\left(\dfrac{dx_{L,12}}{dy_{L,12}}\right) \\[4mm] \theta_p = \arctan\left(\dfrac{dz_{L,12}}{\sqrt{dx_{L,12}^2 + dy_{L,12}^2}}\right) \end{cases} \tag{3.31}$$

在求得航向角 θ_y 和俯仰角 θ_p 后，由天线 3 在载体坐标系下的坐标 $[L_{13}\sin\theta \ \ L_{13}\cos\theta \ \ 0]^{\mathrm{T}}$ 结合旋转矩阵的正交特性，得到

$$\begin{bmatrix} L_{13}\sin\theta \\ L_{13}\cos\theta \\ 0 \end{bmatrix} = R_y(\theta_r)R_x(\theta_p)R_z(-\theta_y) \begin{bmatrix} dx_{L,13} \\ dy_{L,13} \\ dz_{L,13} \end{bmatrix} \tag{3.32}$$

$$\begin{bmatrix} dx_{L,13}'' \\ dy_{L,13}'' \\ dz_{L,13}'' \end{bmatrix} = \begin{bmatrix} \cos\theta_r & 0 & -\sin\theta_r \\ 0 & 1 & 0 \\ \sin\theta_r & 0 & \cos\theta_r \end{bmatrix} \begin{bmatrix} dx_{L,13} \\ dy_{L,13} \\ dz_{L,13} \end{bmatrix} \tag{3.33}$$

式中，θ 为基线 L_{13} 与载体坐标系 Y 轴之间的夹角。

$$
\begin{bmatrix} L_{13}\sin\theta \\ L_{13}\cos\theta \\ 0 \end{bmatrix} = R_x(\theta_p)R_z(-\theta_y)\begin{bmatrix} \mathrm{d}x''_{L,13} \\ \mathrm{d}y''_{L,13} \\ \mathrm{d}z''_{L,13} \end{bmatrix}
\tag{3.34}
$$

利用式(3.33)的第三行可以求得载体的横滚角 θ_r 为

$$
\theta_r = -\arctan\left(\frac{\mathrm{d}z''_{L,13}}{\mathrm{d}x''_{L,13}}\right)
\tag{3.35}
$$

下面对直接法计算三维姿态角的精度进行评估。

利用式(3.31)和式(3.35)三个姿态角的表达式分别对 $\mathrm{d}x_L$ 、$\mathrm{d}y_L$ 、$\mathrm{d}z_L$ 求偏导数，利用误差传播定律求得航向角 θ_y 、俯仰角 θ_p 和横滚角 θ_r 的精度因子分别为

$$
\begin{cases}
\sigma_{\theta_y} = \dfrac{\sqrt{\sigma_{\mathrm{d}x_{L,12}}^2\cos^2\theta_y + \sigma_{\mathrm{d}y_{L,12}}^2\sin^2\theta_y}}{L_{12}\cos\theta_p} \\[3mm]
\sigma_{\theta_p} = \dfrac{\sqrt{\sigma_{\mathrm{d}z_{L,12}}^2\cos^2\theta_p + \sigma_{\mathrm{d}x_{L,12}}^2\sin^2\theta_p\cos^2\theta_y + \sigma_{\mathrm{d}y_{L,12}}^2\sin^2\theta_p\sin^2\theta_y}}{L_{12}\cos\theta_p} \\[3mm]
\sigma_{\theta_r} = \dfrac{\sqrt{\sigma_{\mathrm{d}x''_{L,13}}^2\cos^2\theta_r + \sigma_{\mathrm{d}y''_{L,13}}^2\sin^2\theta_r}}{L_{13}\cos\theta_p}
\end{cases}
\tag{3.36}
$$

由式(3.36)可以看出：不论是航向角 θ_y 、俯仰角 θ_p 还是横滚角 θ_r ，它们的精度都与载波相位观测值的精度成正比，航向角 θ_y 和俯仰角 θ_r 的精度与主基线 L_{12} 的长度成反比，横滚角 θ_r 的精度与基线 L_{13} 的长度成反比，基线越长，姿态角的测量精度越高。当基线 L_{13} 垂直于 L_{12} （$\theta=90°$），即第三条天线与前两条天线构成直角时，横滚角 θ_r 的测量精度最高。因此，对用户而言，可以通过增加基线长度、采用最优天线配置、提高载波相位的观测值精度以及改善卫星几何图形结构，来提高姿态测量的精度。

直接法计算载体姿态仅利用当地水平坐标系的基线向量就可以得到姿态参数，因此直接法适用于各天线载体坐标系坐标未知的情况，也可以为下面的三参数最小二乘法提供较精确的近似值。但是，直接法没有充分利用 GNSS 天线阵列所包含的全部位置信息，每次只能处理两条基线，不能同时处理三条以上的基线，因此参数估值是次优的。

2. 九参数最小二乘法计算姿态参数

九参数最小二乘法计算载体姿态的基本步骤如下：

(1) 通过 GNSS 静态观测求出其他天线相对于天线 1 在载体坐标系下的基线向量组 $\mathrm{d}X_B = \begin{bmatrix} \mathrm{d}X_{B,12} & \mathrm{d}X_{B,13} \end{bmatrix}$。

(2) 在载体运动过程中，每个历元都利用载波相位的相对定位来确定天线 2 和天线 3 对天线 1 的基线解，即

$$\mathrm{d}X_B = \begin{bmatrix} \mathrm{d}x_{E,12} & \mathrm{d}x_{E,13} \\ \mathrm{d}y_{E,12} & \mathrm{d}y_{E,13} \\ \mathrm{d}z_{E,12} & \mathrm{d}z_{E,13} \end{bmatrix} \tag{3.37}$$

(3) 基于式(3.37)将上述地心坐标系中的基线解变换为当地水平坐标系中的基线解 $\mathrm{d}X_L = \begin{bmatrix} \mathrm{d}X_{L,12} & \mathrm{d}X_{L,13} \end{bmatrix}$。

(4) 由式(3.38)获得当地水平坐标系中的基线向量组 $\mathrm{d}X_L$ 的协方差 $\sum_{\mathrm{d}X_L}$，得到

$$X_L^{\mathrm{T}} = X_B^{\mathrm{T}} R^{\mathrm{T}} \tag{3.38}$$

将姿态矩阵 R^{T} 作为未知参数，并将 $\mathrm{d}X_B$ 和 $\mathrm{d}X_L$ 代入式(3.38)，得到姿态矩阵 R^{T} 的最小二乘解为

$$R^{\mathrm{T}} = \left(\mathrm{d}X_B \textstyle\sum_{\mathrm{d}X_L}^{-1} \mathrm{d}X_B^{\mathrm{T}-1} \right) \mathrm{d}X_B \textstyle\sum_{\mathrm{d}X_L}^{-1} \mathrm{d}X_L^{\mathrm{T}} \tag{3.39}$$

如果忽略 $\mathrm{d}X_L$ 基线向量组各分量之间的相关性，取 $\sum_{\mathrm{d}X_L} = I$，就可以获得简化后的旋转矩阵估值，即

$$R = \mathrm{d}X_B \mathrm{d}X_L^{\mathrm{T}} \left(\mathrm{d}X_B \mathrm{d}X_B^{\mathrm{T}} \right)^{-1} \tag{3.40}$$

进而计算三个姿态参数，即

$$\begin{cases} \theta_y = \arctan\left(\dfrac{R[2,1]}{R[2,2]} \right) \\ \theta_p = \arctan\left(R[3,2] \right) \\ \theta_r = \arctan\left(-\dfrac{R[3,1]}{R[3,3]} \right) \end{cases} \tag{3.41}$$

九参数最小二乘法将姿态矩阵作为九个独立参数的矩阵来处理，能提示处理三条或三条以上基线，在一定程度上可以减小多路径效应等误差的影响，而且原理简单，计算方便，是常用的一种姿态参数计算方法，但是它不能充分利用 GNSS 天线阵列所包含的全部位置信息。

3. 三参数最小二乘法计算姿态参数

姿态矩阵 R 中含有九个元素，但只有三个独立参数，即三个姿态角。三参数

最小二乘法就是将姿态矩阵作为三个独立参数的矩阵来处理，可以获得姿态参数的最优估值。

将第 i 组天线对应的基线向量关系写为

$$X_{L,i} = RX_{B,i}, \quad i = 2, 3, \cdots, n \tag{3.42}$$

式中，n 表示载体上天线的个数。首先将直接法或九参数最小二乘法计算得到三个姿态角的解作为近似值 $\theta_{y,0}$、$\theta_{p,0}$、$\theta_{r,0}$，式(3.42)可线性化为

$$\begin{bmatrix} l_3 & B_i \end{bmatrix} \begin{bmatrix} v_{X_{L,j}} \\ v_{X_{B,j}} \end{bmatrix} = A_i \hat{\delta} - l, \quad \sum_i = \begin{bmatrix} \sum_{X_{L,j}} & 0 \\ 0 & \sum_{X_{B,j}} \end{bmatrix} \tag{3.43}$$

式中

$$A_i = \left(\frac{\partial R}{\partial \theta_y} X_{B,i} \quad \frac{\partial R}{\partial \theta_p} X_{B,i} \quad \frac{\partial R}{\partial \theta_r} X_{B,i} \right), \quad \hat{\delta} = \begin{bmatrix} \delta\theta_y & \delta\theta_p & \delta\theta_r \end{bmatrix}^{\mathrm{T}}$$

$$B_i = -R\left(\theta_{y,0} \quad \theta_{p,0} \quad \theta_{r,0} \right), \quad l = X_{L,i} - R\left(\theta_{y,0} \quad \theta_{p,0} \quad \theta_{r,0} \right) X_{B,i}$$

通过求解式(3.43)得到未知参数的改正数的最小二乘解为

$$\hat{\delta} = \left[\sum_{i=2}^{n} A_i^{\mathrm{T}} \left(\sum_{X_{L,j}} + B_i \sum_{X_{L,j}} B_i^{\mathrm{T}} \right)^{-1} A_i \right]^{-1} \left[\sum_{i=2}^{n} A_i^{\mathrm{T}} \left(\sum_{X_{L,j}} + B_i \sum_{X_{L,j}} B_i^{\mathrm{T}} \right)^{-1} l_i \right] \tag{3.44}$$

从而得到航向角 θ_y、俯仰角 θ_p、横滚角 θ_r 的最小二乘解：

$$\begin{bmatrix} \hat{\theta}_y \\ \hat{\theta}_p \\ \hat{\theta}_r \end{bmatrix} = \begin{bmatrix} \theta_{y,0} \\ \theta_{p,0} \\ \theta_{r,0} \end{bmatrix} + \begin{bmatrix} \delta\hat{\theta}_y \\ \delta\hat{\theta}_p \\ \delta\hat{\theta}_r \end{bmatrix} \tag{3.45}$$

三参数最小二乘法能充分利用 GNSS 天线阵列所包含的全部位置信息，姿态参数估值是最优的，可以减小噪声和多路径效应的影响，但它通常需要迭代计算，运算量较大。

3.3.5　短基线的观测量模型及主要误差源

1. 观测量模型

仔细观察线性化后的单差和双差观测量模型(2.135)和(2.136)，包含卫星与接收机之间几何距离的一项是

$$-(u_{r_2}^s)^{\mathrm{T}} \Delta r_{12} - (u_{r_{12}}^s)^{\mathrm{T}} \Delta r_1 + (u_{r_{12}}^s)^{\mathrm{T}} \Delta r^s \tag{3.46}$$

式中，$(u_{r_{12}}^s)^{\mathrm{T}} \Delta r_1$、$(u_{r_{12}}^s)^{\mathrm{T}} \Delta r^s$ 分别表示基准站接收机定位误差 Δr_1 和卫星轨道误

差 Δr^s 对差分几何观测方程的影响。卫星与接收机之间的几何距离一般在 20000km 左右(对于 MEO 卫星)，因而这两项误差已被证实量级相当小。

$$\left|(u_{r_{12}}^s)^{\mathrm{T}}\Delta r_{r_1}\right| \leqslant \frac{\left\|r_{r_{12}}\right\|}{\left\|r_{r_{12}}^s\right\|}\left\|\Delta r_{r_1}\right\| \tag{3.47}$$

$$\left|(u_{r_{12}}^s)^{\mathrm{T}}\Delta r^s\right| \leqslant \frac{\left\|r_{r_{12}}\right\|}{\left\|r_{r_{12}}^s\right\|}\left\|\Delta r^s\right\| \tag{3.48}$$

上述两个不等式证实了在差分定位的情形下，基准站接收机定位误差和卫星轨道误差对基线估计的影响被大大削弱。

对于两个相距不远的测站接收机组成的短基线(几米到几百米以内)，至少两三种误差可以忽略不计。它们接收到的卫星信号几乎经过大体相同的传播路线，可以认为它们的大气层折射延迟是完全相同的，因此电离层和大气层折射延迟是空间强相关的，通过差分运算可以消除大部分的电离层和对流层延迟误差，剩余的误差可以忽略不计。

此外，在姿态测量过程中，假设两台接收机天线放置在同一固定载体上，载体是刚性的，则两台接收机之间的相对位置是固定不变的。结合短基线的单差线性化观测量模型可以表示为

$$\begin{cases} P_{r_{12},f}^s(t) = \rho_{r_{12},0}^s - (u_{r_2}^s)^{\mathrm{T}}\Delta r_{r_{12}} + c\mathrm{d}t_{r_{12}} + \mathrm{d}m_{r_{12},f}^s + \varepsilon_{P,r_{12},f}^s \\ \varPhi_{r_{12},f}^s(t) = \rho_{r_{12},0}^s - (u_{r_2}^s)^{\mathrm{T}}\Delta r_{r_{12}} + c\mathrm{d}t_{r_{12}} + \lambda_f N_{r_{12},f}^s + \delta m_{r_{12},f}^s + \varepsilon_{\varPhi,r_{12},f}^s \end{cases} \tag{3.49}$$

结合短基线的双差线性化观测量模型可以表示为

$$\begin{cases} P_{r_{12},f}^{s_{12}} = \rho_{r_{12},0}^{s_{12}} - (u_{r_2}^{s_{12}})^{\mathrm{T}}\Delta r_{r_{12}} + \mathrm{d}m_{r_{12},f}^{s_{12}} + \varepsilon_{P,r_{12},f}^{s_{12}} \\ \varPhi_{r_{12},f}^{s_{12}} = \rho_{r_{12},0}^{s_{12}} - (u_{r_2}^{s_{12}})^{\mathrm{T}}\Delta r_{r_{12}} + \lambda_f N_{r_{12},f}^{s_{12}} + \delta m_{r_{12},f}^{s_{12}} + \varepsilon_{\varPhi,r_{12},f}^{s_{12}} \end{cases} \tag{3.50}$$

由式(3.50)可以看出，短基线差分方程中，未知参数的个数减少到只剩接收机之间的相对坐标以及所有频点的双差整周模糊度。因此，只要能够确定双差整周模糊度，就可以解算出接收机之间的三维相对坐标，进而求解姿态参数。这也符合在基于 GNSS 的姿态测量过程中更关注接收机之间相对位置的需求，因而本书的姿态测量算法就是基于双差线性化观测量模型的。

多路径效应是由接收机之间、卫星之间乃至环境之间特殊相对几何关系的复杂作用造成的，不能通过简单的做差消除。因此，经过双差运算后，多路径误差和观测噪声成为主要误差项。

2. 主要误差源

利用北斗观测量进行定位定姿解算，整个观测过程中无线电波需要从卫星传播到接收机端，因而不可避免地受到各种误差的影响。这些误差源主要分为以下三类：

(1) 与卫星有关的误差，如卫星钟差、星历误差等。

(2) 与信号传播路径有关的误差，如对流层折射延迟、电离层折射延迟、多路径效应等。

(3) 与接收机相关的误差，如接收机钟差、天线相位中心变化等。

基于北斗的姿态测量，基线长度较短，在双差观测方程中，钟差、卫星位置误差和大气延迟误差的影响大大减小，多路径效应成为主要误差源。本节仅对短基线差分观测量模型中主要的误差源进行简要介绍与分析。

1) 相位缠绕效应

由于北斗卫星导航系统采用右旋圆极化(right hand circularly polarized，RHCP)天线发射信号，当卫星发射端天线和接收机接收端天线之间的指向发生变化时，载波相位观测量就会产生相位缠绕效应。相位缠绕效应部分体现在接收机钟差中，但它最终会累积以致引起周跳现象，即整周模糊度跳变。

对于静态系统，当接收机天线静止不动时，相位缠绕误差只由卫星的运动和地球的自转产生，误差相对较小且变化缓慢。对于动态系统，接收机天线的运动越剧烈，相位缠绕误差的影响越大。对于短基线，这一误差是可以忽略的，而当两台接收机之间的距离很远时，相位缠绕误差就需注意。通常，卫星端的相位缠绕误差可以通过已知卫星的指向信息来改正，而在接收机端，相位缠绕误差包含接收机天线的指向和运动状态信息，很难估计和消除。

然而，当所有接收机天线都是安装在同一固定平台上，并且之间的相对距离很短时，所有接收机天线有着相同的姿态变化，因而大大减弱了其相位缠绕效应。而且通过天线之间的双差组合，严格安装在固定平台上的天线的相位缠绕误差已经完全消除。

2) 多路径效应

在短基线双差观测量模型中，多路径误差是主要的误差源。如图 3.7 所示，卫星信号经过大气层传播到接收机天线的过程中，往往会经过不少于两条路径的传播。除了大气层对卫星信号会形成弯曲和反射形成多余信号外，接收机周围的环境如水体、岩层、山丘、建筑物等也会反射卫星信号，使卫星发射的直达信号受到干扰叠加，从而形成观测量多路径误差。多路径误差与反射信号的强弱以及与卫星信号直达路径所受到的延迟程度密切相关。

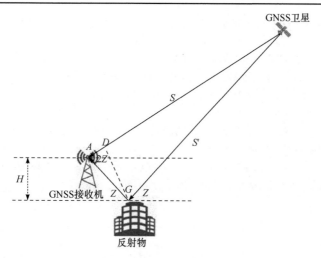

图 3.7 多路径效应示意图

研究表明，伪距观测量的多路径误差一般为 1～5m，而载波相位观测量的多路径误差通常在厘米量级。值得注意的是，载波相位观测量的多路径误差最大不能超过其波长的 1/4，否则将会影响整周模糊度的正确解算。

多路径误差与很多因素有关，包括接收机天线之间的几何关系，GNSS 卫星、接收机及其周围环境，接收机的运动状态等，因此多路径误差很难被消除或减弱。目前，主要的研究集中在静态定位应用中多路径效应的建模或减弱。对于动态定位应用，如何削弱多路径效应的影响始终是一项挑战。在 GNSS 测量过程中，多路径效应是不能忽视的一个误差因素。

目前，主要的多路径消除或减弱的有效方法有以下几种：

(1) 改进接收机内的跟踪回路。

(2) 选择性能良好的天线，如具有抑径板的天线或者选择扼流圈天线。

(3) 选择高性能的可抑制多路径误差的接收机，如选择窄相关技术和多路径削弱技术的接收机。

(4) 设置较高的卫星高度角、截止角。

也可以通过数据后处理的方式来处理，常用的方法主要有随机模型法、环境建模法、SNR 加权法等。

参 考 文 献

陈向东，郑瑞锋，陈洪卿，等. 2016. 北斗授时终端及其监测技术[M]. 北京: 电子工业出版社.

丛佃伟. 2015. 北斗卫星导航系统高动态定位性能检定理论及关键技术研究[D]. 郑州: 中国人民解放军信息工程大学.

郝金明，吕志伟. 2015. 卫星定位理论与方法[M]. 北京: 解放军出版社.

何海波. 2002. 高精度 GPS 动态测量及质量控制[D]. 郑州: 中国人民解放军信息工程大学.

李天文. 2003. GPS 原理及应用[M]. 北京: 科学出版社.

李征航, 黄劲松. 2016. GPS 测量与数据处理[M]. 3 版. 武汉: 武汉大学出版社.

杨俊, 单庆晓. 2002. 卫星授时原理与应用[M]. 北京: 国防工业出版社.

谢建涛, 郝金明, 吕志伟, 等. 2019. GNSS 多系统多频实时精密相对定位理论与方法[M]. 北京: 测绘出版社.

赵琳, 丁继成, 马雪飞. 2011. 卫星导航原理及应用[M]. 西安: 西北工业大学出版社.

Schildknecht T, Beutler G, Gurtner W,et al. 1990. Towards subnanosecond GPS time transfer using geodetic processing technique[C]. Proceedings of the 3rd International Technical Meeting of the Satellite Division of The Institute of Navigation, Colorado Spring.

第4章 北斗卫星导航应用基础

卫星导航系统的基本作用是向各类用户和运动平台实时提供准确、连续的位置信息、速度信息和时间信息。卫星导航用户接收机通常与其他设备或平台结合起来进行数据交换，才能充分发挥其作用。卫星导航用户接收机可以看作一种导航信息采集器件，为了更好地应用卫星导航技术，本章介绍卫星导航应用基础知识，主要包括导航电文、接收机通用数据接口和接收机差分数据格式等内容。

4.1 导 航 电 文

卫星导航系统国际标准包括三大类：①卫星导航系统 ICD 由管理机构制定并发布；②卫星导航接收设备数据格式标准由行业协会制定和发布；③国际民航、国际海事、3GPP 等行业应用标准由国际组织制定。中国卫星导航系统管理办公室负责北斗卫星导航系统的 ICD 的编制、修订、发布和维护等工作。北斗 ICD 规定了卫星导航信号的载波频率、测距码、导航电文格式和内容、星历和历书等参数。2021 年 5 月，中国卫星导航系统管理办公室发布了《北斗卫星导航系统公开服务性能规范 3.0 版》，明确规范了北斗提供的多种服务，包括定位导航授时服务、精密单点定位服务、区域短报文通信服务、国际搜救服务及地基增强服务，每种服务都有相应的卫星信号及电文结构，例如，定位导航授时服务(RNSS)包含 5 个空间信号，分别为 B1C、B2a、B2b、B1I、B3I，采用的导航电文各不相同，具体如表 4.1 所示。

表 4.1　卫星类型、播发信号及导航电文类型的对应关系

信号类型	中心频率	导航电文类型	卫星类型
B1C	1575.42MHz	B-CNAV1	BDS-3I BDS-3M
B2a	1176.45MHz	B-CNAV2	
B2b	1207.14MHz	B-CNAV3	
B1I、B3I	B1I: 1561.098MHz	D1	BDS-2I、BDS-2M BDS-3I、BDS-3M
	B3I: 1268.52MHz	D2	BDS-2G、BDS-3G

注：BDS-3I、BDS-3M、BDS-3G 分别表示北斗三号 IGSO、MEO、GEO 三种类型的卫星，BDS-2I、BDS-2M、BDS-2G 分别表示北斗二号 IGSO、MEO、GEO 三种类型的卫星。

所有 MEO/IGSO 卫星的 B1I 和 B3I 信号播发 D1 导航电文，所有 GEO 卫星的 B1I 和 B3I 信号播发 D2 导航电文。本节以北斗卫星导航系统 ICD 公开服务信号 B1I(3.0 版本)为依据，介绍北斗卫星导航电文的组成、结构和功能。

4.1.1　导航电文的划分

北斗卫星导航电文是用户用来定位和导航的数据基础。根据速率和结构的不同，导航电文分为 D1 导航电文和 D2 导航电文。D1 导航电文的速率为 50bit/s，并调制有速率为 1kbit/s 的二次编码，内容包含基本导航信息(本卫星基本导航信息、全部卫星历书信息、与其他系统的时间同步信息)；D2 导航电文的速率为 500bit/s，内容包含基本导航信息和增强服务信息(北斗卫星导航系统差分及差分完好性信息和格网点电离层信息)。

4.1.2　导航电文信息类别及播发特点

导航电文中的基本导航信息和增强服务信息的类别及播发特点见表 4.2，其中电文的具体格式编排、详细内容及算法说明见后续章节。

表 4.2　导航电文中的基本导航信息和增强服务信息的类别及播发特点

电文信息类别		长度/bit	播发特点	
	帧同步码	11	每子帧重复一次	基本导航信息所有卫星都播发
	子帧计数	3		
	周内秒计数	20		
本卫星基本导航信息	整周计数	13	D1：在子帧 1、2、3 中播发，30s 重复周期 D2：在子帧 1 页面 1～10 的前 5 个字中播发，30s 重复周期，更新周期为 1h	
	用户距离精度指数	4		
	卫星自主健康标识	1		
	星上设备时延差	20		
	时钟数据龄期	5		
	钟差参数	74		
	星历数据龄期	5		
	星历参数	371		
	电离层延迟改正模型参数	64		

续表

电文信息类别		长度/bit	播发特点	
页面编号		7	D1：在子帧 4 和子帧 5 中播发 D2：在子帧 5 中播发	基本导航信息所有卫星都播发
全部卫星历书信息	历书信息扩展标识	2	D1：在子帧 4 页面 1～24、子帧 5 页面 1～6 中播发 D2：在子帧 5 页面 37～60、95～100 中播发	
	历书参数	178	D1：在子帧 4 页面 1～24、子帧 5 页面 1～6 中播发 1～30 号卫星；在子帧 5 页面 11～23 中分时播发 31～63 号卫星，需结合 AmEpID 和 AmID 识别 D2：在子帧 5 页面 37～60、95～100 中播发 1～30 号卫星；在子帧 5 页面 103～115 中分时播发 31～63 号卫星，需结合 AmEpID 和 AmID 识别 更新周期：小于 7 天	
	历书周计数	8	D1：在子帧 5 页面 7～8 中播发，12min 重复周期 D2：在子帧 5 页面 35～36 中播发，6min 重复周期 更新周期：小于 7 天	
	卫星健康信息	9×43	D1：在子帧 5 页面 7～8 中播发 1～30 号卫星健康信息；在子帧 5 页面 24 中分时播发 31～63 号卫星健康信息，需结合历书信息扩展标识和分时播发识别标识进行识别 D2：在子帧 5 页面 35～36 中播发 1～30 号卫星健康信息；在子帧 5 页面 116 中分时播发 31～63 号卫星健康信息，需结合 AmEpID 和 AmID 识别 更新周期：小于 7 天	
与其他系统的时间同步信息	与 UTC 时间同步参数	88	D1：在子帧 5 页面 9～10 中播发，12min 重复周期 D2：在子帧 5 页面 101～102 中播发，6min 重复周期 更新周期：小于 7 天	
	与 GPS 时间同步参数	30		
	与 Galileo 时间同步参数	30		
	与 GLONASS 时间同步参数	30		
基本导航信息页面编号		4	D2：在子帧 1 全部 10 个页面中播发	完好性、差分信息、格网点电离层信息只由 GEO 卫星播发
完好性及差分信息页面编号		4	D2：在子帧 2 全部 6 个页面中播发	
完好性及差分自主健康信息		2	D2：在子帧 2 全部 6 个页面中播发 更新周期：3s	
北斗卫星导航系统完好性及差分信息卫星标识		1×63	D2：在子帧 2 全部 6 个页面播发 1～30 号卫星；在子帧 4 全部 6 个页面播发 31～63 号卫星 更新周期：3s	
北斗卫星导航系统完好性及差分信息扩展标识		2	D2：在子帧 4 全部 6 个页面中播发	
区域用户距离精度指数		4×24	D2：在子帧 2、子帧 3 和子帧 4 全部 6 个页面播发 更新周期：18s	

	电文信息类别	长度/bit	播发特点	
北斗卫星导航系统差分及差分完好性信息	用户差分距离误差指数	4×24	D2：在子帧2、子帧4全部6个页面播发 更新周期：3s	完好性、差分信息、格网点电离层信息只由GEO卫星播发
	等效钟差改正数	13×24	D2：在子帧2、子帧3和子帧4全部6个页面播发 更新周期：18s	
格网点电离层信息	电离层格网点垂直延迟	9×320	D2：在子帧5页面1～13、61～73中播发 更新周期：6min	
	电离层格网点垂直延迟误差指数	4×320		

4.1.3　D1 导航电文

1. D1 导航电文上调制的二次编码

D1 导航电文上调制的二次编码是指在速率为 50bit/s 的 D1 导航电文上调制一个 Neumann-Hoffman 码(以下简称 NH 码)，该 NH 码的周期为 1 个导航信息位的宽度，NH 码 1bit 宽度则与扩频码周期相同。如图 4.1 所示，D1 导航电文中一个信息位宽度为 20ms，扩频码周期为 1ms，因此采用 20bit 的 NH 码(0, 0, 0, 0, 0, 1, 0, 0, 1, 1,0, 1, 0, 1, 0, 0, 1, 1, 1, 0)，码速率为 1kbit/s，码宽为 1ms，以模二加形式与导航信息码和扩频码同步调制。

2. D1 导航电文帧结构

D1 导航电文由超帧、主帧、子帧和字组成，每个超帧为 36000bit，历时 12min，由 24 个主帧组成(24 个页面)；每个主帧为 1500bit，历时 30s，由 5 个子帧组成；每个子帧为 300bit，历时 6s，由 10 个字组成；每个字为 30bit，历时 0.6s，由导航电文信息及校验码两部分组成。每个子帧第 1 个字的前 15bit 信息不进行纠错编码，后 11bit 信息采用 BCH(15,11,1)进行纠错，信息位共有 26bit；其他 9 个字均采用 BCH(15,11,1)加交织方式进行纠错编码，信息位共有 22bit。D1 导航电文帧结构如图 4.1 所示。

D1 导航电文包括本卫星基本导航信息(周内秒计数、整周计数、用户距离精度指数、卫星自主健康标识、电离层延迟模型改正参数、卫星星历参数及数据龄

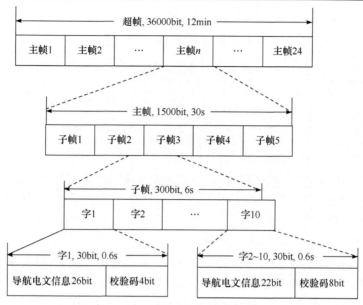

图 4.1　D1 导航电文帧结构

期、卫星钟差参数及数据龄期、星上设备时延差)、全部卫星历书及与其他系统的时间同步信息(UTC、其他卫星导航系统)。整个 D1 导航电文传送完毕需要 12min。D1 导航电文主帧结构及信息内容如图 4.2 所示。子帧 1~子帧 3 播发基本导航信息；子帧 4 和子帧 5 的信息内容由 24 个页面分时发送，其中子帧 4 的页面 1~24 和子帧 5 的页面 1~10 播发全部卫星历书信息及与其他系统的时间同步信息；子帧 5 的页面 11~24 为预留页面。

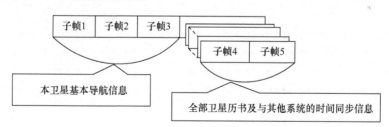

图 4.2　D1 导航电文主帧结构及信息内容

3. D1 导航电文内容与算法

1) 帧同步码(Pre)

每一子帧的第 1~11bit 为帧同步码(Pre)，由 11bit 修改巴克码组成，其值为"11100010010"，第 1bit 上升沿为秒前沿，用于时标同步。

2) 子帧计数(frame identification，FraID)

每一子帧的第 16~18bit 为子帧计数(FraID)，共 3bit，具体定义如表 4.3 所示。

表 4.3　子帧计数编码定义

编码	001	010	011	100	101	110	111
子帧序列号	1	2	3	4	5	保留	保留

3) 周内秒计数(seconds of week，SOW)

每一子帧的第 19~26bit 和第 31~42bit 为周内秒计数，共 20bit，每周日北斗时 0 点 0 分 0 秒从零开始计数。周内秒计数对应的秒时刻是指本子帧同步头的第一个脉冲上升沿对应的时刻。

4) 整周计数(week number，WN)

整周计数共 13bit，为北斗时的整周计数，其值为 0~8191，以北斗时 2006 年 1 月 1 日 0 点 0 分 0 秒为起点，从零开始计数。

5) 用户距离精度指数(user range accuracy index，URAI)

用户距离精度(user range accuracy，URA)用来描述卫星空间信号的精度，单位是 m，用 URAI 表征，URAI 为 4bit，范围为 0~15，其与 URA 范围对应关系见表 4.4。

表 4.4　URAI 值与 URA 范围对应关系

编码	URAI 值	URA 范围(m，1σ)
0000	0	$0.00 < \text{URA} \leqslant 2.40$
0001	1	$2.40 < \text{URA} \leqslant 3.40$
0010	2	$3.40 < \text{URA} \leqslant 4.85$
0011	3	$4.85 < \text{URA} \leqslant 6.85$
0100	4	$6.85 < \text{URA} \leqslant 9.65$
0101	5	$9.65 < \text{URA} \leqslant 13.65$
0110	6	$13.65 < \text{URA} \leqslant 24.00$
0111	7	$24.00 < \text{URA} \leqslant 48.00$
1000	8	$48.00 < \text{URA} \leqslant 96.00$
1001	9	$96.00 < \text{URA} \leqslant 192.00$
1010	10	$192.00 < \text{URA} \leqslant 384.00$
1011	11	$384.00 < \text{URA} \leqslant 768.00$
1100	12	$768.00 < \text{URA} \leqslant 1536.00$
1101	13	$1536.00 < \text{URA} \leqslant 3072.00$
1110	14	$3072.00 < \text{URA} \leqslant 6144.00$
1111	15	$\text{URA} > 6144.00$

用户收到任意一个 URAI(用 N 表示)，可根据公式计算出相应的 URA 值(用 X 表示)，其计算公式如下：

(1) 当 $0 \leqslant N < 6$ 时，$X = 2N/2+1$。

(2) 当 $6 \leqslant N < 15$ 时，$X = 2N-2$。

(3) 当 $N = 15$ 时，表示卫星轨道机动或者没有精度预报。

(4) 如果 N 为 1、3、5 时，X 经四舍五入后分别为 2.8、5.7、11.3。

6) 卫星自主健康标识(satellite autonomous health identification，SatH1)

卫星自主健康标识(SatH1)共 1bit，其中"0"表示卫星可用，"1"表示卫星不可用。

7) 电离层延迟改正模型参数(α_n, β_n)

电离层延迟改正模型包含 8 个参数，共 64bit，8 个参数都是二进制补码，见表 4.5。

表 4.5　电离层延迟改正模型参数

参数	比特数/bit	比例因子(LSB)	单位
α_0	8*	2^{-30}	S
α_1	8*	2^{-27}	s/π
α_2	8*	2^{-24}	s/π²
α_3	8*	2^{-24}	s/π³
β_0	8*	2^{11}	S
β_1	8*	2^{14}	s/π
β_2	8*	2^{16}	s/π²
β_3	8*	2^{16}	s/π³

注：*为二进制补码，最高有效位(most significant bit, MSB)是符号位(+或−)，LSB 为最低有效位(least significant bit)。

用户利用这 8 个参数和 Klobuchar 模型可计算 B1I 信号的电离层垂直延迟改正 $I'_z(t)$，单位为 s，具体公式为

$$I'_z(t) = \begin{cases} 5 \times 10^{-9} + A_2 \cos\left[\dfrac{2\pi(t-50400)}{A_4}\right], & |t_l - 50400| < A_4/4 \\ 5 \times 10^{-9}, & |t_l - 50400| \geqslant A_4/4 \end{cases} \tag{4.1}$$

式中，t_l 为接收机至卫星连线与电离层交点(穿刺点 M)处的地方时(取值范围为 0～86400)，单位为 s。其计算公式为

$$t_l = (t_E + \lambda_M \times 43200 / \pi)[\text{模}86400] \tag{4.2}$$

式中，t_E 为用户测量时刻的 BDT，取周内秒计数部分；λ_M 为电离层穿刺点的地理经度，单位为 rad。

A_2 为白天电离层延迟余弦曲线的幅度，利用 α_n 系数求得

$$A_2 = \begin{cases} \sum_{n=0}^{3} \alpha_n |\phi_M|^n, & A_2 \geqslant 0 \\ 0, & A_2 < 0 \end{cases} \tag{4.3}$$

A_4 为余弦曲线的周期，单位为 s，利用 β_n 系数求得

$$A_4 = \begin{cases} 172800, & A_4 \geqslant 172800 \\ \sum_{n=0}^{3} \beta_n |\phi_M|^n, & 172800 > A_4 \geqslant 72000 \\ 72000, & A_4 < 72000 \end{cases} \tag{4.4}$$

式(4.3)、式(4.4)中的 ϕ_M 为电离层穿刺点的地理纬度，单位为半周(π)，穿刺点 M 的地理纬度 ϕ_M、地理经度 λ_M 的计算公式分别为

$$\begin{cases} \phi_M = \arcsin(\sin\phi_u \cdot \cos\psi + \cos\phi_u \sin\psi \cdot \cos A) \\ \lambda_M = \lambda_u + \arcsin\left(\dfrac{\sin\psi \cdot \sin A}{\cos\phi_M}\right) \end{cases} \tag{4.5}$$

式中，ϕ_u 为用户地理纬度，单位为 rad；λ_u 为用户地理经度，单位为 rad；A 为卫星方位角，单位为 rad；ψ 为用户和穿刺点的地心张角，单位为 rad，其计算公式为

$$\psi = \frac{\pi}{2} - E - \arcsin\left(\frac{R_e}{R_e + h} \cdot \cos E\right) \tag{4.6}$$

式中，R_e 为地球半径，取值为 6378km；E 为卫星高度角，单位为 rad；h 为电离层单层高度，取值为 375km。

通过公式 $I_{\text{B1I}}(t) = \dfrac{1}{\sqrt{1 - \left(\dfrac{R_e}{R_e + h} \middle/ \cos E\right)^2}} \cdot I'_z(t)$，可将 $I'_z(t)$ 变换为 B1I 信号传播

路径上的电离层延迟 $I_{\text{B1I}}(t)$，单位为 s。

对于 B2I 信号，其传播路径上的电离层延迟 $I_{\text{B2I}}(t)$ 需在 $I_{\text{B1I}}(t)$ 的基础上乘以一个与频率有关的因子 $k(f)$，其值为

$$k(f) = \frac{f_1^2}{f_2^2} = \left(\frac{1561.098}{1207.140}\right)^2 \tag{4.7}$$

式中，f_1 为 B1I 信号的标称载波频率，单位为 MHz；f_2 为 B2I 信号的标称载波频率，单位为 MHz。

对于 B1I 和 B2I 双频用户，采用 B1I/B2I 双频消电离层组合伪距公式来修正电离层效应引起的群延迟，具体计算公式为

$$PR = \frac{PR_{B2I} - k(f) \cdot PR_{B1I}}{1 - k(f)} - \frac{c \cdot (T_{GD2} - K(f) \cdot T_{GD1})}{1 - k(f)} \tag{4.8}$$

式中，PR 为经过电离层修正后的伪距；PR_{B1I} 为 B1I 信号的观测伪距(经卫星钟差及 TGD1 修正)；PR_{B2I} 为 B2I 信号的观测伪距(经卫星钟差及 TGD2 修正)；T_{GD1} 为 B1I 信号的星上设备时延差；T_{GD2} 为 B2I 信号的星上设备时延差；c 为光速，值为 2.99792458×10^8 m/s。

注：位于南半球的用户使用上述模型，电离层延迟改正精度比位于北半球的用户略有降低。

8) 星上设备时延差

星上设备时延差(T_{GD1}、T_{GD2})各 10bit，为二进制补码，最高位为符号位，"0"表示为正、"1"表示为负，比例因子为 0.1，单位为 ns。

9) 时钟数据龄期(age of data clock，AODC)

时钟数据龄期共 5bit，是钟差参数的外推时间间隔，为本时段钟差参数参考时刻与计算钟差参数所进行测量的最后观测时刻之差，在 BDT 整点更新，具体定义如表 4.6 所示。

表 4.6　时钟数据龄期值及定义

时钟数据龄期值	定义
<25	单位为 h，其值为卫星钟差参数数据龄期的小时数
25	表示卫星钟差参数数据龄期为 2 天
26	表示卫星钟差参数数据龄期为 3 天
27	表示卫星钟差参数数据龄期为 4 天
28	表示卫星钟差参数数据龄期为 5 天
29	表示卫星钟差参数数据龄期为 6 天
30	表示卫星钟差参数数据龄期为 7 天
31	表示卫星钟差参数数据龄期大于 7 天

10) 钟差参数(t_{oc}, α_0, α_1, α_2)

钟差参数包括 t_{oc}、α_0、α_1 和 α_2，共占用 74bit。t_{oc} 是本时段钟差参数参考时间，单位为 s，有效范围是 0~604792。其他 3 个参数为二进制补码。钟差参数定义见表 4.7。

表 4.7　钟差参数定义

参数	长度/bit	比例因子(LSB)	有效范围	单位
t_{oc}	17	2^3	0~604792	s
α_0	24	2^{-33}	—	s
α_1	22	2^{-50}	—	s/s
α_2	11	2^{-66}	—	s/s²

注：α_0 为钟差，α_1 为钟速，α_2 为钟漂。

用户可通过式(4.9)计算出信号发射时刻的北斗时，即

$$t = t_{sv} - \Delta t_{sv} \tag{4.9}$$

式中，t 为信号发射时刻的北斗时，单位为 s；t_{sv} 为信号发射时刻的卫星测距码相位时间，单位为 s；Δt_{sv} 为卫星测距码相位时间偏移，单位为 s，其表达式为

$$\Delta t_{sv} = \alpha_0 + \alpha_1(t - t_{oc}) + \alpha_2(t - t_{oc})^2 + \Delta t_r \tag{4.10}$$

式中，t 可忽略精度，用 t_{sv} 替代；Δt_r 为相对论校正项，单位为 s，其表达式为

$$\Delta t_r = F \cdot e \cdot \sqrt{A} \cdot \sin E_k \tag{4.11}$$

式中，e 为卫星轨道偏心率，由本卫星星历参数得到；$\sqrt{A}$ 为卫星轨道长半轴的开方，由本卫星星历参数得到；E_k 为卫星轨道偏近点角，由本卫星星历参数计算得到；$F = -2\mu^{1/2}/c^2$，c=2.99792458×10⁸m/s 为光速，μ=3.986004418×10¹⁴ m³/s² 为地球引力常数。

对于使用 B1I 信号的用户，需进行修正，即

$$(\Delta t_{sv})_{\text{B1I}} = \Delta t_{sv} - T_{\text{GD2}} \tag{4.12}$$

对于使用 B2I 信号的用户，需进行修正，即

$$(\Delta t_{sv})_{\text{B2I}} = \Delta t_{sv} - T_{\text{GD2}} \tag{4.13}$$

11) 星历数据龄期(age of data ephemeris，AODE)

星历数据龄期共 5bit，是星历参数的外推时间间隔，为本时段星历参数参考时刻与计算星历参数所作测量的最后观测时刻之差，在 BDT 整点更新，具体定义如表 4.8 所示。

表 4.8　星历数据龄期值及定义

星历数据龄期值	定义
<25	单位为 h，其值为星历数据龄期的小时数
25	表示星历数据龄期为 2 天

续表

星历数据龄期值	定义
26	表示星历数据龄期为 3 天
27	表示星历数据龄期为 4 天
28	表示星历数据龄期为 5 天
29	表示星历数据龄期为 6 天
30	表示星历数据龄期为 7 天
31	表示星历数据龄期大于 7 天

12) 星历参数(t_{oe} , $\sqrt{A}$, e , ω , Δn , M_0 , Ω_0 , $\dot{\Omega}$, i_0 , IDOT , C_{uc} , C_{us} , C_{rc} , C_{rs} , C_{ic} , C_{is})

星历参数描述了在一定拟合间隔下得出的卫星轨道，包括 15 个轨道参数、1 个星历参考时间。星历参数更新周期为 1h。星历参数定义见表 4.9。

表 4.9　星历参数定义

参数	定义
t_{oe}	星历参考时间
$\sqrt{A}$	长半轴的平方根
e	偏心率
ω	近地点幅角
Δn	卫星平均运动速率与计算值之差
M_0	参考时间的平近点角
Ω_0	按参考时间计算的升交点经度
$\dot{\Omega}$	升交点赤经变化率
i_0	参考时间的轨道倾角
IDOT	轨道倾角变化率
C_{uc}	纬度幅角的余弦调和改正项的振幅
C_{us}	纬度幅角的正弦调和改正项的振幅
C_{rc}	轨道半径的余弦调和改正项的振幅
C_{rs}	轨道半径的正弦调和改正项的振幅
C_{ic}	轨道倾角的余弦调和改正项的振幅
C_{is}	轨道倾角的正弦调和改正项的振幅

星历参数说明见表4.10。

表 4.10　星历参数说明

参数	长度/bit	比例因子(LSB)	有效范围	单位
t_{oe}	17	2^3	$0\sim604792$	s
$\sqrt{A}$	32	2^{-19}	$0\sim8192$	$m^{1/2}$
e	32	2^{-33}	$0\sim0.5$	—
ω	32*	2^{-31}	±1	π
Δn	16*	2^{-43}	$\pm3.73\times10^{-9}$	π/s
M_0	32*	2^{-31}	±1	π
Ω_0	32*	2^{-31}	±1	π
$\dot{\Omega}$	24*	2^{-43}	9.54×10^{-7}	π/s
i_0	32*	2^{-31}	±1	π
IDOT	14*	2^{-43}	9.31×10^{-10}	π/s
C_{uc}	18*	2^{-31}	6.10×10^{-5}	rad
C_{us}	18*	2^{-31}	6.10×10^{-5}	rad
C_{rc}	18*	2^{-6}	±2048	m
C_{rs}	18*	2^{-6}	±2048	m
C_{ic}	18*	2^{-31}	6.10×10^{-5}	rad
C_{is}	18*	2^{-31}	6.10×10^{-5}	rad

注：*为二进制补码，最高有效位(MSB)是符号位(+或−)。

用户机根据接收到的星历参数可以计算卫星在 BDCS 中的坐标，算法见表4.11。

表 4.11　星历参数用户算法

计算公式	描述
$\mu=3.986004418\times10^{14}m^3/s^2$	已知 BDCS 下的地球引力常数
$\dot{\Omega}_e=7.2921150\times10^{-5}\,rad\,/\,s$	已知 BDCS 下的地球旋转速率
$A=(\sqrt{A})^2$	计算半长轴
$n_0=\sqrt{\dfrac{\mu}{A^3}}$	计算卫星平均角速度
$t_k=t-t_{oe}$	计算观测历元到参考历元的时间差

续表

计算公式	描述
$n = n_0 + \Delta n$	改正平均角速度
$M_k = M_0 + n t_k$	计算平近点角
$M_k = E_k + e \sin E_k$	迭代计算偏近点角
$\begin{cases} \sin v_k = \dfrac{\sqrt{1-e^2}\sin E_k}{1 - e\cos E_k} \\[2mm] \cos v_k = \dfrac{\cos E_k - e}{1 - e\cos E_k} \end{cases}$	计算真近点角
$\phi_k = v_k + \omega$	计算纬度幅角参数
$\begin{cases} \delta u_k = C_{us}\sin(2\phi_k) + C_{us}\cos(2\phi_k) \\ \delta r_k = C_{rs}\sin(2\phi_k) + C_{us}\cos(2\phi_k) \\ \delta i_k = C_{is}\sin(2\phi_k) + C_{us}\cos(2\phi_k) \end{cases}$	纬度幅角改正项 径向改正项 轨道倾角改正项
$u_k = \phi_k + \delta u_k$	计算改正后的纬度幅角
$r_k = A(1 - e\cos E_k) + \delta r_k$	计算改正后的径向
$i_k = i_0 + \mathrm{IDOT}\cdot t_k + \delta i_k$	计算改正后的轨道倾角
$\begin{cases} x_k = r_k \cos u_k \\ y_k = r_k \sin u_k \end{cases}$	计算卫星在轨道平面内的坐标
$\Omega_k = \Omega_0 + (\dot\Omega - \dot\Omega_e)t_k - \dot\Omega_e t_{oe}$ $\begin{cases} X_k = x_k \cos\Omega_k - y_k \cos i_k \sin\Omega_k \\ Y_k = x_k \sin\Omega_k + y_k \cos i_k \cos\Omega_k \\ Z_k = y_k \sin i_k \end{cases}$	计算历元升交点经度(地固坐标系) 计算 MEO/IGSO 卫星在 BDCS 中的坐标
$\Omega_k = \Omega_0 + \dot\Omega t_k - \dot\Omega_e t_{oe}$ $\begin{cases} X_{GK} = x_k \cos\Omega_k - y_k \cos i_k \sin\Omega_k \\ Y_{GK} = x_k \sin\Omega_k + y_k \cos i_k \cos\Omega_k \\ Z_{GK} = y_k \sin i_k \end{cases}$ $\begin{bmatrix} X_k \\ Y_k \\ Z_k \end{bmatrix} = R_Z(\dot\Omega_e t_k) R_X(-5°) \begin{bmatrix} X_{GK} \\ Y_{GK} \\ Z_{GK} \end{bmatrix}$ 其中 $R_X(\chi) = \begin{bmatrix} 1 & 0 & 0 \\ 0 & +\cos\chi & +\sin\chi \\ 0 & -\sin\chi & +\cos\chi \end{bmatrix}$ $R_Z(\chi) = \begin{bmatrix} +\cos\chi & +\sin\chi & 0 \\ -\sin\chi & +\cos\chi & 0 \\ 0 & 0 & 1 \end{bmatrix}$	计算历元升交点经度(惯性坐标系) 计算 GEO 卫星在自定义坐标系中的坐标 计算 GEO 卫星在 BDCS 中的坐标

注：t 是信号发射时刻的北斗时，t_k 是 t 和 t_{oe} 之间的总时间差，必须考虑周变换的开始或结束，即若 t_k 大于 302400，则将 t_k 减去 604800；若 t_k 小于 302400，则将 t_k 加上 604800。

13) 页面编号(page number，Pnum)

子帧 4 和子帧 5 的第 44～50bit 为页面编号(Pnum)，用于标识子帧的页面编号，共 7bit。子帧 4 和子帧 5 的信息都分 24 个页面分时播发，其中子帧 4 的第 1～24 页面编排 1～24 号卫星的历书信息，子帧 5 的第 1～6 页面编排 25～30 号卫星的历书信息，页面编号与卫星编号一一对应。

14) 历书参数(t_{oa}，$\sqrt{A}$，e，ω，M_0，Ω_0，$\dot{\Omega}$，δ_i，α_0，α_1)

历书参数更新周期小于 7 天，历书参数的定义、说明、用户算法分别见表 4.12～表 4.14。

表 4.12　历书参数定义

参数	定义
t_{oa}	历书参考时间
$\sqrt{A}$	长半轴的平方根
e	偏心率
ω	近地点幅角
M_0	参考时间的平近点角
Ω_0	按参考时间计算的升交点经度
$\dot{\Omega}$	升交点赤经变化率
δ_i	参考时间的轨道参考倾角的改正量
α_0	卫星钟差
α_1	卫星钟速

表 4.13　历书参数说明

参数	比特数	比例因子(LSB)	有效范围	单位
t_{oa}	8	2^{12}	602112	S
$\sqrt{A}$	24	2^{-11}	8192	m$^{1/2}$
e	17	2^{-21}	0.0625	—
ω	24*	2^{-23}	1	π
M_0	24*	2^{-23}	1	π
Ω_0	24*	2^{-23}	1	π
$\dot{\Omega}$	17*	2^{-38}	—	π/s
δ_i	16*	2^{-19}	—	π
α_0	11*	2^{-20}	—	s
α_1	11*	2^{-38}	—	s/s

注：*为二进制补码，最高有效位(MSB)是符号位(+或–)。

表 4.14　历书参数用户算法

计算公式	描述
$\mu = 3.986004418 \times 10^{14} \mathrm{m^3/s^2}$	已知 BDCS 下的地球引力常数
$\dot{\Omega}_e = 7.2921150 \times 10^{-5}\,\mathrm{rad/s}$	已知 BDCS 下的地球旋转速率
$A = (\sqrt{A})^2$	计算半长轴
$n_0 = \sqrt{\dfrac{\mu}{A^3}}$	计算卫星平均角速度
$t_k = t - t_{oa}$	计算观测历元到参考历元的时间差
$M_k = M_0 + n_0 t_k$	计算平近点角
$M_k = E_k - e\sin E_k$	迭代计算偏近点角
$\begin{cases} \sin v_k = \dfrac{\sqrt{1-e^2}\sin E_k}{1-e\cos E_k} \\ \cos v_k = \dfrac{\cos E_k - e}{1-e\cos E_k} \end{cases}$	计算真近点角
$\phi_k = v_k + \omega$	计算纬度幅角
$r_k = A(1 - e\cos E_k)$	计算径向
$\begin{cases} x_k = r_k \cos\phi_k \\ y_k = r_k \sin\phi_k \end{cases}$	计算卫星在轨道平面内的坐标
$\Omega_k = \Omega_0 + (\dot{\Omega} - \dot{\Omega}_e)t_k - \dot{\Omega}_e t_{oa}$	计算升交点经度
$i = i_0 + \delta_i$	计算参考时间的轨道倾角
$\begin{cases} X_k = x_k \cos\Omega_k - y_k \cos i \sin\Omega_k \\ Y_k = x_k \sin\Omega_k + y_k \cos i \cos\Omega_k \\ Z_k = y_k \sin i \end{cases}$	计算 GEO/MEO/IGSO 卫星在 BDCS 中的坐标

注：t 是信号发射时刻的北斗时，t_k 是 t 和 t_{oa} 之间的总时间差，必须考虑周变换的开始或结束，即若 t_k 大于 302400，则将 t_k 减去 604800；若 t_k 小于 302400，则将 t_k 加上 604800。

对于 MEO/IGSO 卫星，$i_0 = 0.30\pi$；对于 GEO 卫星，$i_0 = 0.00$。

历书时间计算公式为

$$t = t_{sv} - \Delta t_{sv} \tag{4.14}$$

式中，t 为信号发射时刻的北斗时，单位为 s；t_{sv} 为信号发射时刻的卫星测距码相位时间，单位为 s；Δt_{sv} 为卫星测距码相位时间偏移，单位为 s，其表达式为

$$\Delta t_{sv} = \alpha_0 + \alpha_1(t - t_{oa}) \tag{4.15}$$

式中，历书参考时间 t_{oa} 是以历书周计数的起始时刻为基准的。

15) 历书周计数(week number almanac，WNa)

历书周计数(WNa)为北斗时整周计数(week number，WN)模 256，为 8bit，取值范围为 0～255。

16) 卫星健康信息(Health$_i$，i=1～30)

卫星健康信息为 9bit，第 9 位为卫星钟健康信息，第 8 位为 B1I 信号健康状况，第 7 位为 B2I 信号健康状况，第 2 位为信息健康状况，其定义见表 4.15。

表 4.15　卫星健康信息定义

信息位	信息编码	健康状况标识
第 9 位 (MSB)	0	卫星钟可用
	1	卫星钟不可用*
第 8 位	0	B1I 信号正常
	1	B1I 信号不正常**
第 7 位	0	B2I 信号正常
	1	B2I 信号不正常**
第 6～3 位	0	保留
	1	保留
第 2 位	0	导航信息可用
	1	导航信息不可用(龄期超限)
第 1 位 (LSB)	0	保留
	1	保留

注：* 后 8 位均为"0"，表示卫星钟不可用；后 8 位均为"1"，表示卫星钟故障或永久关闭；后 8 位为其他值时，保留。

** 信号不正常是指信号功率比额定值低 10dB 及以上。

17) 与 UTC 时间同步参数(A_{0UTC}，A_{1UTC}，Δt_{LS}，WN_{LSF}，DN，Δt_{LSF})

与 UTC 时间同步参数反映了北斗时(BDT)与协调世界时(UTC)之间的关系，各参数的说明见表 4.16。

表 4.16　与 UTC 时间同步参数说明

参数	比特数/bit	比例因子	有效范围	单位
A_{0UTC}	32*	2^{-30}	—	s
A_{1UTC}	24*	2^{-50}	—	s/s
Δt_{LS}	8*	1	—	s
WN_{LSF}	8	1	—	周
DN	8	1	6	天
Δt_{LSF}	8*	1	—	s

注：*为二进制补码，最高有效位(MSB)是符号位(+或−)。

表 4.16 中，$A_{0\text{UTC}}$ 为 BDT 相对于 UTC 的钟差；$A_{1\text{UTC}}$ 为 BDT 相对于 UTC 的钟速；Δt_{LS} 为新的闰秒生效前 BDT 相对于 UTC 的累积闰秒改正数；WN_{LSF} 为新的闰秒生效的周计数；DN 为新的闰秒生效的周内日计数；Δt_{LSF} 为新的闰秒生效后 BDT 相对于 UTC 的累积闰秒改正数。

由 BDT 推算 UTC 的方法如下：

系统向用户广播 UTC 参数及新的闰秒生效的周计数 WN_{LSF} 和新的闰秒生效的周内日计数，使用户可以获得误差不大于1μs 的 UTC。考虑到闰秒生效时间和用户当前系统时间之间的关系，若是当前，则 BDT 与 UTC 之间存在如下三种变换关系。

(1) 当指示闰秒生效的周计数 WN_{LSF} 和周内日计数 DN 还没到来，而且用户当前时刻 t_E 处在 DN+2/3 之前时，UTC 与 BDT 之间的变换关系为

$$t_{\text{UTC}}=(t_E - \Delta t_{\text{UTC}})[\text{模 } 86400],\ \text{s} \tag{4.16}$$

式中

$$\Delta t_{\text{UTC}}=\Delta t_{\text{LS}} + A_{0\text{UTC}} + A_{1\text{UTC}} \cdot t_E,\ \text{s} \tag{4.17}$$

式中，t_E 为用户计算的 BDT，取周内秒计数部分。

(2) 若用户当前的系统时刻 t_E 处在指示闰秒生效的周计数 WN_{LSF} 和周内天计数 DN+2/3～DN+5/4，则 UTC 与 BDT 之间的变换关系为

$$t_{\text{UTC}} = W[\text{模}(86400+\Delta t_{\text{LSF}} - \Delta t_{\text{LS}})],\ \text{s} \tag{4.18}$$

式中

$$W = (t_E - \Delta t_{\text{UTC}} - 43200)[\text{模}86400]+43200,\ \text{s} \tag{4.19}$$

$$\Delta t_{\text{UTC}} = \Delta t_{\text{LS}} + A_{0\text{UTC}} + A_{1\text{UTC}} \cdot t_E,\ \text{s} \tag{4.20}$$

(3) 若指示闰秒生效的周计数 WN_{LSF} 和周内天计数 DN 已经过去，且用户当前的系统时刻 t_E 处在 DN+5/4 之后，则 UTC 与 BDT 之间的变换关系为

$$t_{\text{UTC}} = (t_E - \Delta t_{\text{UTC}})[\text{模}86400],\ \text{s} \tag{4.21}$$

式中

$$\Delta t_{\text{UTC}} = \Delta t_{\text{LSF}} + A_{0\text{UTC}} + A_{1\text{UTC}} \cdot t_E,\ \text{s} \tag{4.22}$$

式(4.22)中各参数的定义与(1)中的情况相同。

18) 与 GPS 时间同步参数($A_{0\text{GPS}}$, $A_{1\text{GPS}}$)

BDT 与 GPS 系统时间之间的同步参数说明见表 4.17，电文中相应的内容暂未播发。

表 4.17　BDT 与 GPS 时间同步参数说明

参数	比特数/bit	比例因子	单位
A_{0GPS}	14*	0.1	ns
A_{1GPS}	16*	0.1	ns/s

注：*为二进制补码，最高有效位(MSB)是符号位(+或–)。

表 4.17 中，A_{0GPS} 为 BDT 相对于 GPS 系统时间的钟差；A_{1GPS} 为 BDT 相对于 GPS 系统时间的钟速；BDT 与 GPS 系统时间之间的换算公式为

$$t_{GPS} = t_E - \Delta t_{GPS} \tag{4.23}$$

式中，$\Delta t_{GPS} = A_{0GPS} + A_{1GPS} \cdot t_E$，$t_E$ 指用户计算的 BDT，取周内秒计数部分。

19) 与 Galileo 时间同步参数(A_{0Gal}, A_{1Gal})

BDT 与 Galileo 系统之间的时间同步参数说明见表 4.18，电文中相应的内容暂未播发。

表 4.18　BDT 与 Galileo 时间同步参数说明

参数	比特数	比例因子	单位
A_{0Gal}	14*	0.1	ns
A_{1Gal}	16*	0.1	ns/s

注：*为二进制补码，最高有效位(MSB)是符号位(+或–)。

表 4.18 中，A_{0Gal} 为 BDT 相对于 Galileo 系统时间的钟差；A_{1Gal} 为 BDT 相对于 Galileo 系统时间的钟速；BDT 与 Galileo 系统时间之间的换算公式为

$$t_{Gal} = t_E - \Delta t_{Gal} \tag{4.24}$$

式中，$\Delta t_{Gal} = A_{0Gal} + A_{1Gal} \cdot t_E$，$t_E$ 指用户计算的 BDT，取周内秒计数部分。

20) 与 GLONASS 时间同步参数(A_{0GLO}, A_{1GLO})

BDT 与 GLONASS 系统之间的时间同步参数说明见表 4.19，电文中相应的内容暂未播发。

表 4.19　BDT 与 GLONASS 时间同步参数说明

参数	比特数	比例因子	单位
A_{0GLO}	14*	0.1	ns
A_{1GLO}	16*	0.1	ns/s

注：*为二进制补码，最高有效位(MSB)是符号位(+或–)。

表 4.19 中，A_{0GLO} 为 BDT 相对于 GLONASS 系统时间的钟差；A_{1GLO} 为 BDT 相对于 GLONASS 系统时间的钟速；BDT 与 GLONASS 系统时间之间的换算公式为

$$t_{\mathrm{GLO}} = t_E - \Delta t_{\mathrm{GLO}} \tag{4.25}$$

式中，$\Delta t_{\mathrm{GLO}} = A_{0\mathrm{GLO}} + A_{1\mathrm{GLO}} \cdot t_E$，$t_E$ 指用户计算的 BDT，取周内秒计数部分。

4.1.4　D2 导航电文

1. D2 导航电文帧结构

D2 导航电文由超帧、主帧、子帧和字组成。每个超帧为 180000bit，历时 6min，由 120 个主帧组成；每个主帧为 1500bit，历时 3s，由 5 个子帧组成；每个子帧为 300bit，历时 0.6s，由 10 个字组成；每个字为 30bit，历时 0.06s，由导航电文信息及校验码两部分组成。每个子帧第 1 个字的前 15bit 信息不进行纠错编码，后 11bit 信息采用 BCH(15,11,1)进行纠错，信息位共有 26bit；其他 9 个字均采用 BCH(15,11,1)加交织方式进行纠错编码，信息位共有 22bit。详细帧结构如图 4.3 所示。

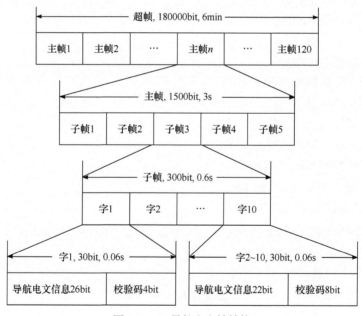

图 4.3　D2 导航电文帧结构

2. D2 导航电文内容和算法

D2 导航电文包括本卫星基本导航信息、北斗卫星导航系统完好性及差分信息、全部卫星历书格网点电离层信息、与其他系统时间同步信息，主帧结构及信息内容如图 4.4 所示。子帧 1 播发本卫星基本导航信息，由 10 个页面分时发送，子帧 2~子帧 4 中的信息由 6 个页面分时发送，子帧 5 中的信息由 120 个页面分时发送。

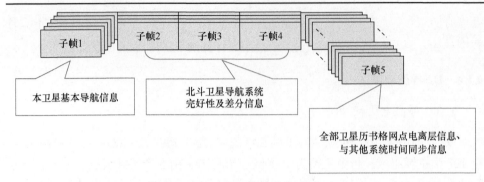

图 4.4　D2 导航电文信息内容

1) 基本导航信息

D2 导航电文中包含所有基本导航信息，内容如下。

(1) 帧同步码(Pre)。

(2) 子帧计数(FraID)。

(3) 周内秒计数(SOW)。

(4) 整周计数(WN)。

(5) 用户距离精度指数(URAI)。

(6) 卫星自主健康标识(SatH1)。

(7) 电离层延迟改正模型参数(α_n, β_n, n=0, 1, 2, 3)。

(8) 星上设备时延差(T_{GD1}、T_{GD2})。

(9) 时钟数据龄期(AODC)。

(10) 钟差参数(t_{oc}, α_0, α_1, α_2)。

(11) 星历数据龄期(AODE)。

(12) 星历参数(t_{oe}, $\sqrt{A}$, e, ω, Δn, M_0, Ω_0, $\dot{\Omega}$, i_0, IDOT, C_{uc}, C_{us}, C_{rc}, C_{rs}, C_{ic}, C_{is})。

(13) 页面编号(Pnum)。

(14) 历书信息，包含以下两部分：

① 历书参数(t_{oa}, A, e, ω, M_0, Ω_0, $\dot{\Omega}$, δ_i, α_0, α_1)。

② 历书周计数(WNa)。

(15) 卫星健康信息(Health_i, i=1, 2,···,30)。

(16) 与其他系统时间同步信息，包含以下四部分：

① 与 UTC 时间同步参数(A_{0UTC}, A_{1UTC}, Δt_{LS}, WN_{LSF}, DN, Δt_{LSF})。

② 与 GPS 时间同步参数(A_{0GPS}, A_{1GPS})。

③ 与 Galileo 时间同步参数(A_{0Gal}, A_{1Gal})。

④ 与 GLONASS 时间同步参数(A_{0GLO}, A_{1GLO})。

除了页面编号(Pnum)、周内秒计数(SOW)与 D1 导航电文中有区别外，其他基本导航信息与 D1 导航电文中的含义相同。本节只给出 D2 导航电文中页面编号、周内秒计数的含义。

(1) 页面编号(Pnum)。

在 D2 导航电文中，子帧 5 信息分 120 个页面播发，由页面编号(Pnum)标识。

(2) 周内秒计数(SOW)。

在 D2 导航电文中，每一子帧的第 19～26 位和第 31～42 位为周内秒计数，共 20bit，每周日北斗时 0 点 0 分 0 秒从零开始计数。对于 D2 导航电文，周内秒计数对应的秒时刻是指当前主帧中子帧 1 同步头的第一个脉冲上升沿对应的时刻。

2) 基本导航信息页面编号

子帧 1 第 43～46bit 为基本导航信息页面编号(Pnum1)，共 4bit，在子帧 1 的 1～10 页面中播发，用于标识本卫星基本导航信息的页面编号。

3) 完好性及差分信息页面编号

子帧 2 第 44～47bit 为完好性及差分信息页面编号(Pnum2)，共 4bit，在子帧 2 的 1～6 页面中播发，用于标识完好性及差分信息的页面编号。

4) 完好性及差分信息健康标识

完好性及差分信息健康标识(SatH2)为 2bit，高位标识卫星接收上行注入的区域用户距离精度(RURA)、用户差分距离误差(UDRE)及等效钟差改正数(Δt)信息校验是否正确，低位标识卫星接收上行注入的格网点电离层信息校验是否正确，具体定义见表 4.20。

表 4.20　完好性及差分信息健康标识含义

信息位	信息编码	SatH2 信息含义
高位(MSB)	0	RURA、UDRE 及 Δt 信息校验正确
	1	RURA、UDRE 及 Δt 信息存在错误
低位(LSB)	0	格网点电离层信息校验正确
	1	格网点电离层信息存在错误

5) 北斗卫星导航系统完好性及差分信息卫星标识

北斗卫星导航系统完好性及差分信息卫星标识(BDID$_i$，i 取 1～30)为 30bit，用来标识系统是否播发该卫星的完好性及差分信息。每个比特位标识一颗卫星，当取值为"1"时，表示播发该卫星的完好性及差分信息，当取值为"0"时，表示没有播发该卫星的完好性及差分信息。系统一次最多可连续播发 18 颗北斗卫星的完好性及差分信息，顺序为以完好性及差分信息卫星标识所对应的卫星序号从小到大排列。

6) 区域用户距离精度指数(regional user range accuracy index，RURAI)

北斗卫星导航系统卫星信号完好性即区域用户距离精度，用来描述卫星的伪距误差，单位为 m，以区域用户距离精度指数表征。每颗卫星占 4bit，范围为 0～15，更新周期为 18s。RURAI 定义表如表 4.21 所示。

表 4.21　RURAI 定义表

RURAI 编码	RURA(m, 99.9%)
0	0.75
1	1.0
2	1.25
3	1.75
4	2.25
5	3.0
6	3.75
7	4.5
8	5.25
9	6.0
10	7.5
11	15.0
12	50.0
13	150.0
14	300.0
15	>300.0

7) 北斗卫星导航系统差分及差分完好性信息

(1) 等效钟差改正数(Δt)。

北斗卫星导航系统差分信息以等效钟差改正数(Δt)表示，每颗卫星占 13bit，比例因子为 0.1，单位为 m，用二进制补码表示，最高位为符号位，更新周期为 18s。等效钟差改正数(Δt)是对卫星钟差和星历残余误差的进一步修正，用户将 Δt 加到对该卫星的观测伪距上，以改正上述残余误差对伪距测量的影响。B1I 信号和 B2I 信号播发的等效钟差改正数 Δt 与载波频率分别对应，即每个信号所播发的卫星信号等效钟差改正数 Δt 只代表各自载波频率的等效钟差改正数，数值不完全相同，当值为–4096 时，表示不可用。

(2) 用户差分距离误差指数。

北斗卫星导航系统差分完好性即用户差分距离误差，用来描述等效钟差改正误差，单位是 m，以用户差分距离误差指数表征，每颗卫星占 4bit，范围为 0～15，更新周期为 3s。

　　每一个 UDREI 对应一颗卫星，B1I 信号上播发的 UDREI 代表 B1I 信号的差分完好性，UDREI 与 UDRE 的对应关系见表 4.22。

表 4.22　UDREI 与 UDRE 的对应关系

UDREI 编码	UDRE(m, 99.9%)
0	1.0
1	1.5
2	2.0
3	3.0
4	4.0
5	5.0
6	6.0
7	8.0
8	10.0
9	15.0
10	20.0
11	50.0
12	100.0
13	150.0
14	未被监测
15	不可用

8) 格网点电离层信息(ionosphere，Ion)

　　每个格网点电离层信息(Ion)包括格网点垂直延迟($d\tau$)和格网点电离层垂直延迟改正数误差指数(grid point ionospheric vertical delay error index，GIVEI)，共占用 13bit。Ion 信息定义如表 4.23 所示。

表 4.23　Ion 信息定义

参数	$d\tau$	GIVEI
比特数/bit	9	4

　　电离层格网覆盖范围为东经 70°～145°、北纬 7.5°～55°，按经纬度 5°×2.5°进行划分，形成 320 个格网点。

4.2　接收机通用数据接口

NMEA 0183 是美国国家海洋电子协会为海用电子设备制定的标准格式，是目前 GNSS 接收机上使用最广泛的协议，常见的 GNSS 接收机、GNSS 数据处理软件、导航软件都遵守或者至少兼容该协议。全国北斗卫星导航标准化技术委员会于 2015 年制定了《北斗/全球卫星导航系统接收机导航定位数据输出格式》、《北斗用户终端 RDSS 单元性能要求及测试方法》，于 2019 年制定了《北斗/全球卫星导航系统 RTK 接收机通用规范》，于 2022 年制定了《北斗三号区域短报文通信用户终端接口规范》，与 NMEA0183 格式兼容。上述标准是本节内容的主要依据。

4.2.1　数据传输

数据以串行异步方式传送，第一位为起始位，其后是数据位，数据遵循最低有效位优先的规则，所用参数如下。

(1) 波特率：4800～115200bit/s，可根据需要设定，默认值为 115200bit/s。

(2) 数据位：8bit(d7=0)。

(3) 停止位：1bit。

(4) 校验位：无。

4.2.2　数据格式协议

1. 字符

1) 预留字符

预留字符集由表 4.24 所示预留字符的 ASCII 字符组成。这些字符用于语句和字段定界，不应把它们用在数据段中。

表 4.24　预留字符

字符	十六进制	十进制	含义
\<CR>	0D	13	回车-语句定界符结束
\<LF>	0A	10	换行
$	24	36	参数语句定界符开始
*	2A	42	和校验字段定界符
,	2C	44	字段定界符
\	5C	92	预留
^	5E	94	用十六进制表示的编码定界符
~	7E	126	预留

2) 有效字符

有效字符集包括所有可印刷的 ASCII 字符(HEX20 到 HEX7F),但定义为预留字符者除外。

3) 非定义字符

非定义字符是指没有定义成预留字符和有效字符的 ASCII 字符,任何时候都不应该发送。

4) 字符符号

当用个别字符定义测量单位、说明数据字段类型和语句类型等内容时,应依据注释解释这些字符。

2. 字段

字段由位于两个适当的定界字符之间的一串有效字符或空字段组成。

1) 地址段

地址段是一条语句中的第一个字段,跟在定界符"$"或"!"之后,用于定义该语句。定界符"$"用于识别符合常规参数和定界字段组成规则的语句,"!"用于识别符合专用压缩和非定界字段组成规则的语句。地址字段中的字符限于数字和大写字母。地址段不应是空字段,带有地址字段和询问地址段这两种地址字段的语句才能被传送。

(1) 地址字段。

地址字段由 5 个数字或大写字母组成,前面两个字符为发送器的标识符助记码,见表 4.25。

表 4.25　发送器标识符助记码

标识符	发送器(信源)数据类型
BD	北斗卫星导航定位系统
GP	全球定位系统
GN	全球卫星导航系统
GL	GLONASS 系统
GA	Galileo 系统
CC	计算机系统

发送器标识符用于定义所传输数据的特性,对于能传输多个来源数据的装置,应当传送适当的标识符。

地址字段的后三个标识符为通用语句标识符,用于定义传输数据的格式和类型,见表 4.26。

表 4.26　通用语句标识符

语句标识符	语句内容
AAM	航路点到达报警
ALM	卫星历书数据
APL	完好性保护门限
COM	设置串口参数
DHV	速度类型导航信息
GBS	故障卫星信息输出
GGA	位置信息
GLL	大地坐标位置信息
GLS	设置初始化信息
GSA	精度因子和有效卫星号
GST	输出伪距误差统计
GSV	可视的卫星状态
IHI	输入的惯性导航辅助信息
IHO	向惯性导航输出辅助导航信息
LPM	设置省电模式
MSS	设置用户设备定位方式
RMC	推荐最简导航传输数据
TXT	文本信息
VTG	航塔和地速信息
ZBS	输入坐标参数
ZDA	UTC、日期和本地时区等信息
ZTI	用户设备状态信息
BSI	接收波束状态信息
BSS	设置响应波束与时差波束
CXA	设置查询申请
DSA	设置定时申请
DWA	设置单位申请
DWR	定位信息

续表

语句标识符	语句内容
FKI	用户设备反馈信息
GXM	管理信息设置、查询
ICZ	指挥管理型终端下属用户信息
KLS	指挥管理型终端发送口令识别指令
KLT	口令识别应答
LZM	用户设备零值管理
HZR	回执信息
TXA	设置通信申请
TXR	通信信息
WAA	设置或接收位置报告的位置数据
ZHS	设置自毁
ECS	设置输出原始导航信息
ECT	原始导航信息
TCS	接收通道强制跟踪设置或输出
IDV	干扰检测信息
PRD	设置用户设备输出伪距观测值和载波相位
PRO	原始伪距观测值和载波相位数据
RIS	设备复位
RMO	输出激活
SCS	RDSS 双通道时差数据
SBX	用户设备相关信息

(2) 询问地址段。

询问地址段由 5 个字符组成，用于在分离的总线上向认定的发送器请求传送的语句。

询问地址段前两个字符是询问装置的发送器标识符，接着两个字符是被询问装置的发送器标识符，最后一个字符是询问字符“Q”。

2) 数据字段

语句中的数据字段跟在定界符“，”和一定的有效字符(和编码定界符“^”)之后。专有语句中的数据字段只包含有效字符和定界符“，”与“^”。

　　由于存在变长数据字段和空字段，只有通过观察字段定界符"，"才能确定特殊数据字段在一条语句中的位置。因此，对接收器来说，要通过定界符的计数来确定字段位置，而不应该从语句的开始对接收到的总个数进行计数。

　　对于固定长度的数字字段，若有效数据位长度不够，则应在前面补上足够数量的 ASCII 字符"0"，以满足长度要求。

　　(1) 数据字段的类型。

　　数据字段可以是字母型、数据型、字母数据型、可变长度、固定长度和固定/可变长度。有些字段是常量，其值由专门的语句规定。允许使用的字段类型见表 4.27。

表 4.27　允许使用的字段类型

数据类型	符号	定义
变长数字	x.x	可变长度数字字段：字段的整数部分和小数部分长度都是可变的，小数点和小数部分可选，可以用来表示整数(如 71.1=0071.1=71.100=00071.1000=71)
定长数字	xx…x	固定长度数字字段：长度固定的数字字段，字段长度等于 x 的个数。如果数值为负，字段的首字符就是符号"–"(HEX2D)，字段长度在原有长度的基础上加 1；如果数值为正，那么符号省略，字段长度不变
变长字符	c--c	可变长度字符字段：长度可变的字符字段
定长字符	aa…a	固定长度字符字段：长度固定的字符字段，字段长度等于 a 的个数，字符区分大小写
纬度	1111.11	固定/可变长度字段：小数点左边的数据长度固定为 4 位，其中前 2 位数表示"度"，后 2 位数表示"分"。小数点后面的位数可变，单位为"分"。当纬度"度"或"分"数据位数不足时，在前面补零；当经度值位数为整数时，小数点及小数部分可以省略
经度	yyyyy.yy	固定/可变长度字段：小数点左边的数据长度固定为 5 位，其中前 3 位数表示"度"，后 2 位数表示"分"。小数点后部分长度可变，单位为"分"。当纬度"度"或"分"数据位数不足时，在前面补零；当经度值位数为整数时，小数点及小数部分可以省略
时间	hhmmss.ss	固定/可变长度字段：小数点左边的数据长度固定为 6 位，其中前 2 位数表示"时"，中间 2 位数表示"分"，后 2 位数表示"秒"。小数点后部分表示"秒"，长度可变。当"时""分""秒"部分数据位数不足时，在前面补零；当时间为整秒时，小数点部分可以省略
状态	A/V	固定长度字段：A-肯定、存在、准确等；V-否定、不存在、错误等
单位	U	固定长度字段：长度为一个字符，用于表示数值的单位，取值为大写英文字母。常用单位对应关系为：米表示为 m，米/秒表示为 m/s，千米表示为 km，千米/小时表示为 km/h

　　(2) 空字段。

　　空字段是指长度为零的字段(没有传递任何字符)，当数据不可靠或不可得时，应该使用空字段。带有定界符的空字段有以下形态："，，""，"，不应该把 ASCII 零字符(HEX00)作为空字段。

(3) 可变长字段。

字段的长度可变，以适应各装置的能力或要求，传递信息和提供不同精度的数据。

可变长字段可以是字母数据字段，也可以是数字字段。可变的数据字段可包含一个小数点，开头和结尾可以是几个"0"。

3) 和校验字段

和校验字段是语句中的最后一个字段，在定界符"*"之后。

和校验是对语句中所有字符的 8 位(不包括起始位和结束位)执行 OR(异或)运算。所有字符指在定界符"$"或"！"与"*"之间(但不包括这些定界符)的全部字符，其中包括"，"和"^"在内。发送时将十六进制的高 4 位和低 4 位转换成两个 ASCII 字符(0~9，A~F)，最高有效位首先发送。

3. 语句

语句以语句起始定界符"$"或"！"开始，以语句终止符<CR><LF>结束。一条语句中的字段数最多为 300 个，在一条语句中，字段数最少为 1 个。第一个字段应该是地址字段，其中包含发送器的标识符和语句格式符，语句格式符规定语句中数据字段的个数、所含数据的类型以及数据段的传送顺序。语句的其余部分可以是零个或多个数据段。在语句中可以出现空字段，如果某字段的数据不可靠或不可得，就应该用空字段。

1) 通用语句

通用语句是为一般用途而设计的，一条通用语句包含下列要素(按出现的顺序)：$<语句类型标识>，<数据字段>，<数据字段>，…，<数据字段>*<校验和><CR><LF>。

(1) 参数语句。

参数语句是数据接口最常用的语句，其基本格式为

$$\text{\$IDsss,d1,d2,\cdots,d}n\text{*hh<CR><LF>}$$

参数语句的类型标识(IDsss)由两部分组成，前 2 个字符(ID)为语句标识符，后 3 个字符(sss)为语句格式符。类型标识符字段之后为数据体，由若干数据字段(d1，d2，…，dn)组成。

(2) 询问语句。

询问语句用于发送器请求接收器向己方发送一条特定的标准语句。使用询问语句意味着接收器有能力用自己的总线成为一个发送器。询问语句的基本格式为

$$\text{\$ttllQ，ccc*hh<CR><LF>}$$

字符"$"之后的字符(ttllQ)为地址字段。其中，前两个字符(tt)为请求者的发送器标识符，中间两个字符(ll)为被请求者的发送器标识符，最后一个字符(Q)作为

询问语句的标识符。数据字段(ccc)为被请求发送的语句。

用语句对询问语句进行应答。询问语句需要相互连接装置之间的配合，对询问语句的应答不是强制性的，对一条询问语句最多应答一次，示例为

$$\$CCBDQ，GGA*hh<CR><LF>$$

注：此句表示请求者"CC"(计算机)请求 BD-2 用户设备输出 GGA 语句。

(3) 专用语句。

用户可通过专用语句对接口协议进行扩展，用于设备测试或传输专用数据。专用语句格式为

$$\$Psaaa, d1, d2, \cdots, dn*hh<CR><LF>$$

在类型标识(Psaaa)中，字符"P"为专用语句标识符，"s"为制造商自定义标识符，长度为一个字符，取值范围为 A～Z；后 3 个字符(aaa)为制造商定义的专用语句格式符。

专用语句应包括校验和、字段分隔符、校验和定界符，且符合语句长度限制。专用数据字段的其他要求由设备制造商制定。

2) 有效语句

通用语句和专用语句都是有效语句，其他任何形式的语句都不是有效语句，不得在总线上进行传输。

3) 多语句信息

当一条数据信息超过了单条语句的可用字符空间时，可以传送多语句信息。支持多语句信息能力的关键字段应该始终包含在内。这些必要的字段是：语句的总个数、语句号数以及顺序信息的标识符字段。只有语句包含了这些字段才能形成信息。

接收器必须检验多语句是相邻连续的，当一条多语句信息被高优先级的语句打断时，原信息不完整，接收器应予以放弃，等待重新发送。

如果多语句信息中任意一条语句出现错误，那么接收器应放弃整条信息，接收下一次发送的信息。

4) 语句传送定时

定时的语句传送频度应符合通用语句的定义。除另有规定的，该速率应与基本的测量或计算周期一致。

语句应以最小字符间距传送，间距最好接近连续脉冲，完整传送一条语句的时间不应长于 1s。

5) 通用语句的补充

当修改现有语句时，可在最后字段后面、校验定界符"*"与和校验字段之前，增加新数据字段来修改现有的语句。接收器应该通过识别<CR><LF>和"*"来确定语句的结束。无论接收器是否识别了所有字段，均应该依据在"$"和"*"之

间所接收到的全部中间字段符(但不包括"$"或"*")来计算和校验数值。

4. 错误检测和处理

接收器应能检测数据传送中的差错，包括：

(1) 和校验错误。

(2) 无效字符。

(3) 不正确的发送器标识符长度、语句格式符和数据字段。

(4) 语句传送超时。

(5) 接收器只使用与本标准相符合的准确语句。

4.2.3　数据内容

1. RNSS 语句格式

1) AAM

功能描述：双向语句，航路点到达报警。当用户设备达到航路点 c--c 的报警区域(进入到达圈或通过航线的垂线)时，使用本语句，见表 4.28。其格式为

$$\text{\$--AAM,A,Ax.x,u,c--c*hh<CR><LF>}$$

表 4.28　AAM 语句格式说明

编号	含义	取值范围	单位	备注
1	状态	A/V	—	A：进入到达圈 V：未进入到达圈
2	状态	A/V	—	A：通过航路点的垂线 V：未通过航路点的垂线
3	到达圈半径	—	—	与目标航路点的距离
4	半径单位	K/M	—	—
5	航路点标识符	—	—	长度不大于 20B

注：(1) "—"表示本项内容不做表述或规定。

(2) 双向语句指用户设备可以接收或发送的语句。

(3) 为方便对格式各字段含义进行说明，从格式中类型标识后的第一个字段开始进行依次编号，至校验和前一个字段结束。

(4) 本字段可以传输汉字，在传输汉字时，该字段传输内容为计算机内码，每个汉字为 16bit，高位在前。

2) ALM

功能描述：双向语句，描述卫星历书数据。在用户设备收到本语句后，以本语句内容设置初始化卫星历书数据；用户设备输出本语句，用于描述用户设备接

收的卫星历书数据。本语句包含了卫星星期计数、卫星健康状态和一颗卫星的完整历书数据,每颗卫星传送一条。如果传送 BD、GPS、Galileo 等卫星历书数据分别使用 ALM 语句,那么用标识符 BD 表示传送 BD 卫星历书数据,用 GP 表示传送 GPS 卫星历书数据,用 GA 表示传送 Galileo 卫星历书数据等,见表 4.29。GN 标识符不应当与本语句一起使用。其格式为

$--ALF,x.x,x.x,cc,xxx,hh,hhh,hhhhh,hh,hhhh,hhhhh,hhhhhh,hhhhhh,hhhhhh,hhhhh hh,hhh,hhh*hhh<CR><LF>

表 4.29 ALM 语句格式说明

编号	含义	取值范围	单位	备注
1	语句总数	—	—	—
2	语句号	—	—	—
3	卫星类别	BD/GP	—	BD-BD-2 卫星,GP-GPS 卫星
4	卫星 PRN 号	—	—	—
5	星期计数	—	—	—
6	卫星健康状态	—	—	—
7	偏心率 e	—	—	—
8	星历基准时间 t_{oa}	—	s	—
9	轨道倾角改正量 $\&i$	—	π	—
10	升交点经度变化率 Ω	—	π/s	—
11	半长轴平方根 $\sqrt{A}$	—	$m^{1/2}$	—
12	近地点角 ω	—	π	—
13	升交点经度 Ω_0	—	π	—
14	平近点角 M_0	—	π	—
15	时钟参数 a_{f0}	—	s	—
16	时钟参数 a_{f1}	—	s	—

注:表中星期计数等历书参数以十六进制的 ASCII 码符号表示。对于 BD-2 历书数据,取值范围及比例因子参见《卫星系统与应用系统(RNSS)接口控制文件(2.0 版)》。具体表示方法:若接口控制文件中规定偏心率 e 长度为 17bit,则在本要求中以 5 个 ASCII 码表示;若时钟参数 α_0 长 11bit(补码),则在本要求中以 3 个 ASCII 码表示。

3) ALF

功能描述:注入卫星历书数据。本语句适用于向 BD-2 用户设备注入 BD-2 卫星和 GPS 卫星历书。注入多颗卫星数据使用多条语句传输,每一颗卫星对应一条注入语句,见表 4.30。其格式为

$--ALF,x.x,x.x,cc,xxx,hh,hhh,hhhhh,hh,hhhh,hhhhh,hhhhhh,hhhhhh,hhhhhh,hhhh
hh,hhh,hhh*hh<CR><LF>

表 4.30　ALF 语句格式说明

编号	含义	数据类型	取值范围	单位	备注
1	语句总数	变长数字	—	—	—
2	语句号	变长数字	—	—	—
3	卫星类别	定长字符	BD/GP	—	BD-BD-2 卫星, GP-GPS 卫星
4	卫星号	定长数字	—	—	—
5	星期计数	定长 ASCII 码表示	—	—	—
6	卫星健康状态	定长 ASCII 码表示	—	—	—
7	偏心率 e	定长 ASCII 码表示	—	—	—
8	星历基准时间 t_{oa}	定长 ASCII 码表示	—	s	—
9	轨道倾角改正量 $\&i$	定长 ASCII 码表示	—	π	—
10	升交点经度变化率 Ω	定长 ASCII 码表示	—	π/s	—
11	半长轴平方根 $\sqrt{A}$	定长 ASCII 码表示	—	$m^{1/2}$	—
12	近地点幅角 ω	定长 ASCII 码表示	—	π	—
13	升交点经度 Ω_0	定长 ASCII 码表示	—	π	—
14	平近点角 M_0	定长 ASCII 码表示	—	π	—
15	时钟参数 α_0	定长 ASCII 码表示	—	s	—
16	时钟参数 α_1	定长 ASCII 码表示	—	s/s	—
17	校验和	校验和	00～FF	—	—

注：表中星期计数等历书参数以十六进制的 ASCII 码符号表示。对于 BD-2 历书数据，取值范围及比例因子参见《卫星系统与应用系统(RNSS)接口控制文件(2.0 版)》。具体表示方法为：若接口控制文件中规定偏心率 e 长度为 17bit，则在本要求中以 5 个 ASCII 码表示；若时钟参数 α_0 长 11bit(补码)，则在本要求中以 3 个 ASCII 码表示。

4) APL

功能描述：双向语句，描述完好性保护门限。用户设备收到本语句后，以本语句内容设置本机完好性保护门限；输出本语句，用于描述本机当前完好性保护门限，见表 4.31。其格式为

$--APL,hhmmss.ss,x.x,u,x.x,u,x.x,U*hh<CR><LF>

表 4.31 APL 语句格式说明

编号	含义	取值范围	单位	备注
1	UTC	—	时/分/秒	—
2	水平保护门限	—	—	—
3	垂直保护门限	—	—	—
4	空间保护门限	—	—	—

5) COM

功能描述：输入语句，设置用户设备串口参数，见表4.32。其格式为

$--COM,x.x,x.x,x*hh<CR><LF>

表 4.32 COM 语句格式说明

编号	含义	取值范围	单位	备注
1	波特率	—	—	取值范围为 4800、9600、38400、115200
2	数据位	8	—	—
3	停止位	1	—	—
4	奇偶校验位	0	—	0-无

6) DHV

功能描述：速度类导航信息，见表4.33。其格式为

$--DHV,hhmmss.ss,x.x,x.x,x.x,x.x,x.x,x.x,x.x,x.x,U*hh<CR><LF>

表 4.33 DHV 语句格式说明

编号	含义	取值范围	单位	备注
1	定位时间(UTC)	—	时/分/秒	—
2	速度	—	—	—
3	X轴速度	—	—	—
4	Y轴速度	—	—	—
5	Z轴速度	—	—	—
6	地速	—	—	—
7	最大速度	—	—	—
8	平均速度	—	—	—
9	全程平均速度	—	—	—

续表

编号	含义	取值范围	单位	备注
10	有效速度	—	—	—
11	速度单位	—	—	km/h, 推荐使用

7) GBS

功能描述：输出语句，描述 GNSS 卫星故障检测。本语句用于支持接收机自主完好性监测。若只将 BD、GPS、GLONASS、Galileo 等卫星用于位置解算，则传送的标识符为 BD、GP、GL、GA 等，误差只与这个系统有关。若使用多个系统的卫星取得位置解算，则传送标识符为 GN，误差与组合解算有关，见表 4.34。其格式为

$$\text{\$--GBS,hhmmss.ss,x.x,x.x,x.x,xxx,x.x,x.x,x.x*hh<CR><LF>}$$

表 4.34　GBS 语句格式说明

编号	含义	取值范围	单位	备注
1	定位时间(UTC)	—	—	定位时刻是与这条语句有关的 GGA 定位的 UTC
2	纬度值的预计误差	—	m	
3	经度值的预计误差	—	m	偏差引起的预计误差(m)，噪声为零
4	高度值的预计误差	—	m	
5	最可能的故障卫星 PRN 号	—	—	卫星 PRN 号，当使用多个卫星系统时，为避免卫星标识符重复引起的误解，采取以下规定：北斗卫星导航系统卫星由其 PRN 号标识，范围为 1～40；41～78 供 GPS 卫星使用，将 GPS 原 PRN 号+40 得到卫星标识符编号
6	对最可能的故障卫星漏检的概率	—	—	—
7	对最可能的故障卫星估计的偏差	—	m	—
8	偏执估算的标准偏差	—	—	—

8) GGA

功能描述：输出语句，描述定位数据。本语句包含与接收机定位、测时相关的数据。若只将 BD、GPS、GLONASS、Galileo 等卫星用于位置解算，则传送标识符为 BD、GP、GL、GA 等，若使用多个系统的卫星取得位置解算，则传送标识符为 GN，见表 4.35。其格式为

$$\text{\$--GGA,hhmmss.ss,llll.ll,a,yyyy.yy,a,x,xx,x.x,x.x,U,x.x,U,xxxx,x.x,x.x*hh<CR><LF>}$$

表 4.35　GGA 语句格式说明

编号	含义	取值范围	单位	备注
1	定位时间(UTC)	—	—	—
2	纬度	—	—	—
3	纬度方向	N/S	—	N-北纬；S-南纬
4	经度	—	—	—
5	经度方向	E/W	—	E-东经；W-西经
6	状态指示	0~8	—	—
7	视野内的卫星数	—	—	—
8	HDOP	—	—	—
9	天线大地高	—	—	—
10	天线大地高单位	—	m	—
11	高程异常	—	—	—
12	高程异常单位	—	m	—
13	差分数据	—	—	—
14	差分站台 ID 号	—	—	—
15	VDOP	—	—	—

注：状态指示(该数据字段不能为空)表示如下。

(1) 当该语句标识符为 GP 时，状态指示：0-定位模式不可用或无效；1-GPS SPS 模式，定位有效；2-差分 GPS(different GPS, DGPS) SPS 模式，定位有效；3-GPS PPS 模式，定位有效；4-实时动态(RTK)模式，有固定的整周数；5-浮动的 RTK 模式，整周数是浮动的；6-估算模式(航位推算)；7-手动输入模式；8-模拟器模式。

(2) 当该语句标识符为 BD 时，状态指示：0-定位不可用或无效；1-无差分定位，定位有效；2-差分定位，定位有效；3-双频定位，定位有效。

(3) 当该语句标识符为 GN 时，状态指示：0-定位不可用或无效；1-兼容定位，定位有效。

(4) 当无定位结果时，定位信息字段为空。

9) GLL

功能描述：输出语句，大地坐标定位信息，载体的纬度、经度、定位时间与状态。若只将 BD、GPS、GLONASS、Galileo 等卫星用于位置解算，则传送标识符为 BD、GP、GL、GA 等，若使用了多个系统的卫星取得位置解算，则传送标识符为 GN，见表 4.36。其格式为

$$\text{\$--GLL,llll.ll,a,yyyyy.yy,a,hhmmss.ss,A,x*hh<CR><LF>}$$

表 4.36　GLL 语句格式说明

编号	含义	取值范围	单位	备注
1	纬度	—	度/分	—
2	纬度方向	N/S	—	N-北纬；S-南纬
3	经度	—	度/分	—
4	经度方向	E/W	—	E-东经；W-西经
5	UTC	—	时/分/秒	—
6	数据状态	—	—	A-数据有效；V-数据无效
7	模式指示	0~5		0-自动模式；1-差分模式；2-估算(航位推算)模式；3-手动输入模式；4-模拟器模式

10) GLS

功能描述：输入语句，设置用户设备位置等初始化信息，见表 4.37。其格式为

$--GLS,llll.ll,a,yyyyy.yy,a,x.x,U,A,ddmmyy,hhmmss,x*hh<CR><LF>

表 4.37　GLS 语句格式说明

编号	含义	取值范围	单位	备注
1	纬度	—	度/分	—
2	纬度方向	N/S	—	N-北纬；S-南纬
3	经度	—	度/分	—
4	经度方向	E/W	—	E-东经；W-西经
5	高程			参考大地水准面
6	高程单位	M	—	
7	精度指示	A/P	定长字符	A-概略位置；P-精确位置
8	当前 UTC 日期	—	日/月/年	
9	当前 UTC 时间	—	时/分/秒	—
10	初始化类别	0~2	—	应和 MSS 设置保持一致：0-数据有效，设置为温/热启动；1-清除星历，设置为温启动；2-清除存储器，设置为冷启动

注：表中精度指示用于说明本语句描述的位置精度，精度位置的空间误差小于 1m，概略位置的空间误差为 1~100km。

11) GSA

功能描述：输入语句，本语句包含用户设备工作模式、GGA 语句报告的导航解算中用到的卫星以及精度因子值。当只用 BD、GPS、GLONASS、Galileo 等卫星系统解算位置时，分别用标识符 BD 表示传送 BD 卫星精度因子和有效卫星号，用 GP 表示传送 GPS 卫星精度因子和有效卫星号，用 GL 表示传送 GLONASS 卫星精度因子和有效卫星号,用 GA 表示传送 Galileo 卫星精度因子和有效卫星号等。当综合运用 BD、GPS、GLONASS、Galileo 等卫星系统来获得位置解算时，会产生多条 GSA 语句，每一条 GSA 语句应用 GN 作为标识符，以表示综合位置解算中用到的卫星，且每条 GSA 语句都有用于位置解算的组合卫星系统的 PDOP、HDOP、VDOP，见表 4.38。其格式为

$$\$\text{--GSA},a,x,xx,\cdots\cdots,xx,x.x,x.x,x.x*hh<CR><LF>$$

表 4.38   GSA 语句格式说明

编号	含义	取值范围	单位	备注
1	模式指示	M/A	—	M-手动，强制用于二维或三维模式；A-自动，允许二维/三维自动变换
2	选用模式	1~3	—	1-定位不可用或无效；2-二维；3-三维
3	第 1 颗卫星 PRN 号	定长数字	—	—
⋮	⋮	—	—	—
14	第 12 颗卫星 PRN 号	定长数字	—	—
15	PDOP	—	—	—
16	HDOP	—	—	—
17	VDOP	—	—	—

注：卫星标识号范围为 1~99。GPS 卫星标识号为 1~32，33~64 为 SBAS，65~99 未定义。GLONASS 卫星标识号为 65~99。目前 GLONASS 星座有 24 颗在轨卫星，使用标识号 65~88。为了适应未来的新导航系统，添加了 GNSS 系统标识符字段，由系统标识符和卫星标识号共同确定使用的卫星，从而不必为新系统定义新的语句。目前，上述对 GPS 和 GLOASS 的编号仍继续使用，GNSS 系统标识符字段同时需要指示相应的系统。当发送设备标识符为 GN 时，仅能使用 GNSS 系统标识符来确定 SVID 的含义。GNSS 系统标识符的值为 3 或以上时，SVID 指代卫星编号，GNSS 系统 ID 不应为空。

12) GST

功能描述：输出语句，描述伪距误差统计数据。本语句用于支持用户设备自主完好性监测，为了给出位置解质量的统计度量，可以将伪距测量误差统计值转化为位置误差统计值。若只有 BD、GPS、GLONASS、Galileo 系统用于位置的解算，则用标识符 BD、GP、GL、GA 等，而且误差数据与个别系统有关；若用多个系统的卫星来获得位置解算，则标识符为 GN，而且误差与组合系统的解算相关联，见表 4.39。其格式为

$$\$\text{--GST},hhmmss.ss,x.x,x,x.x,x.x,x.x,x.x,x.x,x.x*hh<CR><LF>$$

表 4.39　GST 语句格式说明

编号	含义	取值范围	单位	备注
1	UTC	—	—	与本语句有关的 GGA 定位的 UTC
2	距离标准偏差的均方根	—	—	在导航处理输入值时的距离标准偏差的均方根值，输入的距离包括伪距和 GNSS 修正值
3	误差椭圆的半长轴标准偏差	—	m	—
4	误差椭圆的半短轴标准偏差	—	m	—
5	误差椭圆的半长轴方向	—	—	与真北夹角
6	纬度误差的标准偏差	—	m	—
7	经度误差的标准偏差	—	m	—
8	高度误差的标准偏差	—	m	—

13) GSV

功能描述：输出语句。本语句包含可视的卫星数、卫星标识号、俯仰角、方位角及信噪比值，每次最多传送 4 颗卫星，传送的语句总数和传送的语句号在前两个字段中显示。若可以看到多颗 BD、GPS、GLONASS、Galileo 等卫星，则分别使用 GSV 语句，用标识符 BD 标识看到的 BD 卫星，用标识符 GP 标识看到的 GPS 卫星，用标识符 GL 标识看到的 GLONASS 卫星，用标识符 GA 标识看到的 Galileo 卫星等。GN 标识符不应与本语句在一起使用，见表 4.40。其格式为

$--GSV,x,x,xx,xx,xx,xxx,x.x,……*hh<CR><LF>

表 4.40　GSV 语句格式说明

编号	含义	取值范围	单位	备注
1	GSV 语句总数	1~9	—	在传送一条完整的信息时，卫星信息可用多条语句传送，所有的语句都含有相同的字段格式。第一个字段规定语句的总数，最小值为 1
2	当前 GSV 语句序号	1~9	—	规定语句的顺序号(语句号)，最小值为 1。当后续语句的数据相对于第一条语句没有变化时，为提高效率，建议在后续语句中使用空字段
3	可视卫星总数	—	—	—
4	卫星号	—	—	—
5	卫星俯仰角	—	(°)	90(最大)
6	卫星方位角	0~359	(°)	—
7	信噪比	0~99	dB-Hz	未跟踪时为空字段
	重复4~7字段	—	—	其他卫星信息

14) IHI

功能描述:输入语句,本语句包含惯性导航系统(inertial navigation system, INS)设备输出的速度、加速度等信息, 见表4.41。其格式为

$--IHI,hhmmsss.ss,x.x,x.x,x.x,x.x,x.x,x.x*hh<CR><LF>

表 4.41　IHI 语句格式说明

编号	含义	取值范围	单位	备注
1	UTC	—	—	—
2	北方向速度-N	—	m/s	—
3	东方向速度-E	—	m/s	—
4	天方向速度-U	—	m/s	—
5	北方向加速度-N	—	m/s^2	—
6	东方向加速度-E	—	m/s^2	—
7	天方向加速度-U	—	m/s^2	—

15) IHO

功能描述: 输出语句。本语句包含用户设备给 INS 设备输出的辅助导航信息, 见表4.42。其格式为

$--IHO,x.x,x.x,hhmmsss.ss,xxx,x.x,x.x,x.x,x.xx.x,x.x,x.x,x.x,x.x*hh<CR><LF>

表 4.42　IHO 语句格式说明

编号	含义	取值范围	单位	备注
1	语句总数	—	—	—
2	语句序号	—	—	—
3	时间(UTC)	—	时/分/秒	—
4	卫星 PRN 号	—	—	—
5	卫星的位置-X	—	m	—
6	卫星的位置-Y	—	m	—
7	卫星的位置-Z	—	m	—
8	卫星的速度-X	—	m/s	—
9	卫星的速度-Y	—	m/s	—
10	卫星的速度-Z	—	m/s	—
11	伪距测量值	—	m	—
12	伪距速率测量值	—	m/s	—
13	伪距偏移	—	m	—
14	伪距速率偏移	—	m/s	—

注: 惯性导航与用户设备首要实现时间同步, 该 UTC 为用户设备伪距测量时刻对应的时间。

16) LPM

功能描述：输入语句。设置用户设备工作在省电模式，见表 4.43。其格式为

$$\text{\$--LPM,x*hh<CR><LF>}$$

表 4.43　LPM 语句格式说明

编号	含义	取值范围	单位	备注
1	模式指示	0,1	—	0-省电模式；1-正常模式

17) MSS

功能描述：输入语句。设置用户设备当前的定位方式。用户设备在收到下一条改变工作模式的指令前，应自动保持上一次的设置，见表 4.44。其格式为

$$\text{\$--MSS,a,x,c--c,a,c--c,a,c--c,a*hh<CR><LF>}$$

表 4.44　MSS 语句格式说明

编号	含义	取值范围	单位	备注
1	工作模式	C/Z	—	C-测试模式；Z-正常工作模式
2	定位模式/测试项目	0～9	—	
3	频率 1	—	—	
4	支路	C	—	
5	频率 1	—	—	
6	支路	C	—	
7	频率 1	—	—	
8	支路	C	—	

注：当工作模式取"C"时，此项表示对应的测试项目。具体如下：
0-误码率；1-定位；2-冷启动；3-温启动；4-热启动；5-测距；6-定时；7-重捕；8-raim；9-位置报告。
当工作模式取"Z"时，此项表示定位方式，具体如下：
1-BD RNSS 单频定位；2-BD RNSS 双频定位；3-BD RDSS 定位；4-GPS 定位；5-兼容定位。

18) RMC

功能描述：输出语句。推荐最简导航传输数据，见表 4.45。其格式为

$$\text{\$--RMC,hhmmsss.ss,A,llll.a,yyyyy.yy,a,x.x,x.x,ddmmyy,x.x,a,a*hh<CR><LF>}$$

表 4.45　RMC 语句格式说明

编号	含义	取值范围	单位	备注
1	时间(UTC)	—	时/分/秒	—
2	定位状态	A/V	—	A-有效定位；V-无效定位

编号	含义	取值范围	单位	备注
3	纬度	—	—	
4	纬度方向	N/S	—	N-北纬；S-南纬
5	经度	—	—	
6	经度方向	E/W	—	E-东经；W-西经
7	地面速度	—	kn	—
8	地面航向	—	(°)	以真北为参考基准，沿顺时针方向至航向的角度
9	日期	—	日月年	
10	磁偏角	—	(°)	—
11	磁偏角方向	E/W	—	E(东)或 W(西)
12	模式指示	A/D E/N	—	A-自主定位；D-差分；E-估算；N-数据无效

19) TXT

功能描述：输出语句。本语句用于短文本信息的传送，较长的文本信息可用多语句传送，见表 4.46。其格式为

$$\$--TXT,xx,xx,xx,c--c*hh<CR><LF>$$

表 4.46　TXT 语句格式说明

编号	含义	取值范围	单位	备注
1	语句总数	—	—	—
2	语句号	—	—	—
3	文本标识符	—	—	文本标识符范围是 01～99，用于标识不同的文本信息
4	文本信息	—	—	ASCII 字符，需要时可有编码定界符，可达到语句允许的最大长度

20) VTG

功能描述：输出语句，描述航向和地速，见表 4.47。其格式为

$$\$--VTG,x.x,T,x.x,M,x.x,N,x.x,K,a*hh<CR><LF>$$

表 4.47　VTG 语句格式说明

编号	含义	取值范围	单位	备注
1	对地航向	000～359	(°)	—
2	真北	—	—	—
3	对地航向	000～359	(°)	—
4	磁北	—	—	—
5	对地速度		kn	—
6	对地速度	—	km/h	—
7	模式指示器	A/D/E/S/M/N	—	定位系统模式指示器字母含义：A-自主模式；D-差分模式；E-估算(航位推算)模式；S-模拟器模式；M-手动输入模式；N-数据无效

21) ZBS

功能描述：坐标转换类型设置与转换结果输出，见表 4.48。其格式为

$$\text{\$--ZBS,a,x,x.x,x.x,x.x*hh<CR><LF>}$$

表 4.48　ZBS 语句格式说明

编号	含义	取值范围	单位	备注
1	语句类型	S/Z	—	S-设置坐标转换的类型输入语句；Z-坐标转换的结果，输出语句
2	转换类型	1～3	—	1-大地坐标转为空间直角坐标；2-大地坐标转为高斯平面直角坐标；3-大地坐标转为墨卡托平面直角坐标
3	X	—	—	当语句类型为"S"时，表示该语句是设置坐标转换的类型，其 X、Y、Z 的值为空
4	Y	—	—	当语句类型为"S"时，表示该语句是设置坐标转换的类型，其 X、Y、Z 的值为空
5	Z	—	—	当语句类型为"S"时，表示该语句是设置坐标转换的类型，其 X、Y、Z 的值为空

22) ZDA

功能描述：双向语句，描述 UTC、日期和本地时区。若用户设备通过 BD-2 获得时间信息，则标识符使用 BD；若用户设备通过 GPS 获得时间信息，则标识符使用 GP；若用户设备同时利用 BD-2 和 GPS 等其他系统获得时间信息，则标识符使用 GN。对于定时型用户机，时间起点为$的第一比特的上升沿，见表 4.49。其格式为

$--ZDA,x,hhmmss.ss,xx,xx,xxxx,xx,xx,hhmmss.ss,x.x,x,a*hh<CR><LF>

表 4.49　ZDA 语句格式说明

编号	含义	取值范围	单位	备注
1	模式指示	1～9	—	1-RDSS 定时结果；2-RNSS 定时结果
2	UTC	—	—	—
3	日	—	—	—
4	月	—	—	—
5	年	—	—	—
6	本地时区	00～±13	—	本地时区(小时加分钟，以及表示本地区的符号)加上本地时间，得到 UTC。通常以负值表示东经，靠近国际日期变更线的地区除外
7	本地时区分钟差	00～59	—	
8	定时修正值时刻	—	—	定时修正值时刻：以中心控制系统向双向定时用户提供定时修正值的时刻
9	修正值	—	—	为中心控制系统经卫星至定时用户的正向传输时延(含路径上设备零值)
10	精度指示	0～3	—	0-未检测；1-0～10ns；2-10～20ns；3-大于 20ns
11	卫星信号锁定状态	Y/N	—	Y-信号锁定；N-信号失锁

23) ZTI

功能描述：输出语句。用户设备当前工作状态信息，见表 4.50。其格式为

$--ZTI,,,x,x,x,x,x.x,hhmm*hh<CR><LF>

表 4.50　ZTI 语句格式说明

编号	含义	取值范围	单位	备注
1	空字段	—	—	—
2	空字段	—	—	—
3	天线状态	0～1	—	0-正常；1-异常
4	通道状态	0～1	—	0-正常；1-异常
5	内外电指示	0～1	—	0-使用内置电池；1-使用外置电源
6	充电指示	0～1	—	0-充电状态；1-非充电状态
7	剩余电量百分比	—	—	—
8	剩余电量可用时间	—	—	剩余电量在当前工作状态的可用时间

2. RDSS 语句格式

1) BSI

功能描述：输出语句。用户设备捕获跟踪 BD-2GEO 卫星信号后，通过数据接口输出捕获跟踪波束的状态，见表4.51。其格式为

$$--BSI,xx,xx,x.x,x.x,······x.xm*hh<CR><LF>$$

表 4.51　BSI 语句格式说明

编号	含义	取值范围	单位	备注
1	响应波束号	1~10	—	—
2	时差波束号	1~10	—	—
3	1号波束信号功率	—	—	未锁定，功率为0
4	⋮	⋮	⋮	⋮
5	10号波束信号功率			

2) BSS

功能描述：输入语句，用于设置用户设备的响应波束和时差波束，见表4.52。其格式为

$$--BSS,xx,xx*hh<CR><LF>$$

表 4.52　BSS 语句格式说明

编号	含义	取值范围	单位	备注
1	响应波束	1~10	—	用于产生发送信号的用户接收波束
2	时差波束	1~10	—	指用户设备双通道接收工作卫星进行时差测量的非响应波束，若响应、时差波束为空或者时差波束为空，则为用户机自动波束

3) CXA

功能描述：输入语句。外设向用户设备发送的查询申请指令，用于设置用户设备发送查询本机通信信息的申请，或具备指挥功能的用户设备发送查询下属用户定位信息的申请，见表4.53。其格式为

$$--CXA,x,xxxxxxx*hh<CR><LF>$$

表 4.53　CXA 语句格式说明

编号	含义	取值范围	单位	备注
1	查询类别	0~1	—	0-定位查询；1-通信查询
2	查询方式	1~3	—	当查询类别为 0 时，查询方式如下：1-1 次定位查询，2-2 次定位查询，3-3 次定位查询，用户地址为被查用户的地址。当查询类别为 1 时，查询方式如下：1-按最新存入电文查询，用户地址为空；2-按发信地址查询，用户地址为发信方地址；3-回执查询，用户地址为收信方地址
3	用户地址(ID 号)	—	—	—

4) DSA

功能描述：输入语句，用于设置用户设备发送定时申请，见表 4.54。其格式为

$$\text{\$--DSA,xxxxxxx,x,A,llll.ll,yyyyy.yy,x.x,x.x,x.x*hh<CR><LF>}$$

表 4.54　DSA 语句格式说明

编号	含义	取值范围	单位	备注
1	用户地址(ID 号)	—	—	—
2	定时方式	1/2	—	1-单项定时申请；2-双向定时申请
3	有无位置信息指示	A/V	—	A-有概略位置；V-无概略位置，此时纬度和经度为空
4	纬度	—	—	—
5	经度	—	—	—
6	申请频度	—	s	0-单次申请
7	单项零值	—	—	单向零值是本机实测单向时延零值和中心控制系统设备零值(固定值 193576ns)之和。当双向定时申请时，该参数填全"0"
8	附加零值	—	ns	指外加电缆等对定时/授时造成的附加零值。当进行双向定时申请时，若本机单向或双向零值出现漂移，将漂移量记入附加零值

5) DWA

功能描述：输入语句，用于设置用户设备发送定位申请，见表 4.55。其格式为

$$\text{\$--DWA,xxxxxxx,A,x,a,x.x,x.x,x.x,x.x,xxx*hh<CR><LF>}$$

表 4.55　DWA 语句格式说明

编号	含义	取值范围	单位	备注
1	用户地址(ID 号)	—	—	—
2	紧急定位	A/V	—	A-紧急定位；V-普通定位
3	测高方式	0~3	—	0-有高程；1-无高程；2-测高1；3-测高2
4	高程指示	H/L	—	H-高空；L-普通
5	高程数据	—	m	—
6	天线高	—	m	—
7	气压数据	—	Pa	—
8	温度数据	—	(°)	—
9	申请频度	—	s	0-单次定位

测高方式：当测高方式为 0 时，气压数据和温度数据为空，高程指示为普通，天线高为空，高程指示为高空，高程数据为空；当测高方式为 1 时，高程数据、气压数据和温度数据为空；当测高方式为 2 时，高程数据为空；当测高方式为 3 时，高程指示为普通，高程数据为用户设备中气压仪所处位置的概略正常高，天线高为用户设备天线距离气压仪的高度，高程指示为高空，高程数据为空，天线高为用户设备中气压仪所处位置的概略正常高。

高程指示：高空，表示用户所在位置的大地高程数据大于等于 16300m 或天线高大于等于 400m；普通，表示用户所在位置的大地高程数据小于 16300m 或天线高小于 400m。

6) DWR

功能描述：输出语句。用户设备接收到定位信息，或具备指挥功能的用户设备发送查询下属用户定位信息后接收到的定位信息，或用户设备接收到的位置报告信息，见表 4.56。其格式为

$--DWR,x,xxxxxxx,hhmmss.ss,llll.ll,a,yyyyy.yy,a,x.x,U,x.x,U,x,A,A,a*hh<CR><LF>

表 4.56　DWR 语句格式说明

编号	含义	取值范围	单位	备注
1	定位信息类型	1~3	—	①本用户设备进行定位申请返回的定位信息；②具备指挥功能的用户设备进行定位查询返回的下属用户位置信息；③接收到位置报告的定位信息
2	用户地址(ID 号)	—	—	当定位信息类型为 1 时，用户地址为本设备用户地址；当定位信息类型为 2 时，用户地址为被查询用户地址；当定位信息类型为 3 时，用户地址为发送位置报告方的用户地址
3	定位时刻(UTC)	—	—	—
4	纬度	—	—	—

续表

编号	含义	取值范围	单位	备注
5	纬度方向	N/S	—	—
6	经度	—	—	—
7	经度方向	E/W	—	—
8	大地高			
9	大地高单位	—	M	—
10	高程异常			
11	高程异常单位	—	M	—
12	精度指示	0～1	—	0-一档定位精度为20m；1-二档定位精度为100m
13	紧急定位指示	A/V	—	A-紧急定位；V-非紧急定位
14	多值解指示	A/V	—	A-多值解；V-非多值解
15	高程类型指示	H/L	—	H-高空；L-普通

7) FKI

功能描述：输出语句。用户设备输出的反馈信息，见表4.57。其格式为

$--FKI,ccc,a,a,x,hhss*hh<CR><LF>

表 4.57　FKI 语句格式说明

编号	含义	取值范围	单位	备注
1	指令名称	—	—	表示对应的指令名称，如"DWT"等，若RM0指令为全开或请关闭输出，则指令名称为RM0
2	指令执行情况	Y/N	—	Y-指令执行成功；N-指令执行失败
3	频度设置指示	Y/N	—	N-频度设置错误，当填入的频度小于本用户设备的服务频度时，给出频度设置错误的提示
4	发射抑制指示	—	—	0-发射抑制解除；1-接收到系统的抑制指令，发射被抑制；2-电量不足，发射被抑制；3-设置为无线电静默，发射被抑制
5	等待时间	—	—	当用户设备发送入站申请时，若距离上一次入站申请的时间间隔小于服务频度，则给出等待时间提示

8) ICZ

功能描述：输出语句。指挥型用户设备输出下属用户信息，除最后一条语句外，其余每条必须传满40个用户信息，见表4.58。其格式为

$--ICZ,xx,xxxxxxx,xxxxxxx,……,xxxxxxx*hh<CR><LF>

表 4.58　ICZ 语句格式说明

编号	含义	取值范围	单位	备注
1	总下属用户数	—	—	—
2	下属用户 ID 号	—	—	—

9) JMS

功能描述：输入语句，用于设置用户设备实现无线电静默，即用户设备仅可以接收信息，但不能发送任何入站申请或回执，见表 4.59。其格式为

$$\$--JMS,a*hh<CR><LF>$$

表 4.59　JMS 语句格式说明

编号	含义	取值范围	单位	备注
1	无线电静默设置指示	E/N	—	E-设置无线电静默；N-解除

10) KLS

功能描述：输入语句。外部设备向指挥型用户设备发送口令识别指令，见表 4.60。其格式为

$$\$--KLS,xxxxxxx,a*hh<CR><LF>$$

表 4.60　KLS 语句格式说明

编号	含义	取值范围	单位	备注
1	用户地址(ID 号)	—	—	为接收口令识别指令的下属用户地址
2	应答标志	Y/N	—	Y-应答；N-不应答

11) KLT

功能描述：双向语句。指挥型用户设备输出下属用户发送的口令识别内容，或者普通型用户设备响应指挥型用户设备口令识别指令的信息，见表 4.61。其格式为

$$\$--KLT,a,xxxxxxx,x,a--a*hh<CR><LF>$$

表 4.61　KLT 语句格式说明

编号	含义	取值范围	单位	备注
1	标识	P/Z	—	P-普通型用户设备响应指挥型用户设备口令识别指令的信息；Z-指挥型用户设备输出下属用户发送的口令识别内容
2	用户地址(ID 号)	—	—	当标识取"P"时，用户地址为接收口令识别的上级指挥型用户地址；当标识取"Z"时，用户地址为下属用户地址

编号	含义	取值范围	单位	备注
3	电文类型	0~2	—	0-汉字通信；1-代码通信；2-混合通信
4	电文内容	—	—	当电文类型为 0 时，该字段传输内容为计算机内码，每一个汉字 16bit，高位在前。当电文类型为 1 时，该字段传输内容为 ASCII 码字符，每个代码以一个 ASCII 码字符表示，例如，代码"8"以 ASCII 码字符"8"(HEX38)表示

12) LZM

功能描述：双向语句。外设向用户设备设置零值或读取设备零值申请，用户设备向外设输出设备零值，见表 4.62。其格式为

$$--LZM,x,x.x*hh<CR><LF>$$

表 4.62　LZM 语句格式说明

编号	含义	取值范围	单位	备注
1	管理模式	1~3	—	1-读取设备零值；2-设置设备零值；3-返回设备零值
2	设备零值	—	ns	当管理模式为 1 时，设备零值为空

13) HZR

功能描述：输出语句。用户设备进行通信回执查询后获得的回执信息，见表 4.63。其格式为

$$--HZR,xxxxxxxx,x,hhmm,hhmm,……,hhmm,hhmm*hh<CR><LF>$$

表 4.63　HZR 语句格式说明

编号	含义	取值范围	单位	备注
1	用户地址(ID 号)	—	—	—
2	回执数	0~5	—	0-无回执；1~5-对应每条回执信息
3	回执一发信时间	—	时/分	—
4	回执一回执时间	—	时/分	—
⋮	⋮	⋮	⋮	⋮
11	回执五发信时间	—	时/分	—
12	回执五回执时间	—	时/分	—

14) TXA

功能描述：输入语句，用于设置用户设备发送通信申请，见表4.64。其格式为

$--TXA,xxxxxxxx,x,x,c--c*hh<CR><LF>

表 4.64　TXA 语句格式说明

编号	含义	取值范围	单位	备注
1	用户地址(ID 号)	—	—	此次通信的收信方地址
2	通信类别	0～1		0-特快通信；1-普通通信
3	传输方式	0～2	—	0-汉字；1-代码；2-混合传输
4	通信电文内容	—	—	当报文传输方式字段为 0 时，报文通信内容的每个汉字以 16bit 表示，占用两个 ASCII 码长，以计算机内码传输。当报文传输方式字段为 1 时，报文通信内容的每个代码以一个 ASCII 码表示。当报文传输方式字段为 2 时，报文通信内容的首字母固定为 "A4"，按先后顺序每 4bit 截取一次，转换成 16 进制数，每个 16 进制数以 ASCII 码的形式表示。若数据长度不是 4bit 的整数倍，则高位补 0，凑成整数倍

15) TXR

功能描述：输出语句。用户设备进行通信申请后获得的通信信息，见表4.65。其格式为

$--TXR,xxxxxxxx,x,hhmm,c--c*hh<CR><LF>

表 4.65　TXR 语句格式说明

编号	含义	取值范围	单位	备注
1	信息类别	1～5	—	1-普通通信；2-特快通信；3-通播通信；4-按最新存入电文查询获得的通信；5-按发信方地址查询获得的通信
2	用户地址(ID 号)	—	—	发信方地址
3	电文形式	0～2	—	0-汉字；1-代码；2-混合传输
4	发信时间	—	—	当信息类别为 "1" 或 "2" 或 "3" 时，发信时间为空；当信息类别为 "4" 或 "5" 时，发信时间为被查询的通信电文在中心控制系统注记的发送时间
5	通信电文内容	—	—	当电文形式为 "0" 时，每个汉字以 16bit 表示，占用两个 ASCII 码长，以计算机内码传输

16) WAA

功能描述：双向语句。用于设置用户设备发送位置报告 1 申请(即用户设备通过 RNSS 获得自身位置后，通过 RDSS 链路向指定用户发送位置数据)，或用户设

备接收到的位置报告信息。本语句不适用于指挥型用户设备接收的位置信息.输出，见表4.66。其格式为

$--WAA,x,x.x,xxxxxxxx,hhmmss.ss,llll.ll,a,yyyyy.yy,a.x.x,U*hh<CR><LF>

表4.66　WAA语句格式说明

编号	含义	取值范围	单位	备注
1	信息类型	0~1	—	0-该位置信息为用户设备接收的位置报告信息，此时"报告频度"为空，"用户地址"为发送位置报告信息的用户地址；1-该位置信息为用户设备发送的位置报告信息，此时"用户地址"为接收位置报告信息的用户地址
2	报告频度	0	s	0-单次位置报告
3	用户地址(ID号)	—	—	—
4	位置报告时间	—	—	—
5	纬度	—	—	—
6	纬度方向	N/S	—	—
7	经度	—	—	—
8	经度方向	E/W	—	—
9	高程值	—	—	—
10	高程单位	—	m	—

17) WBA

功能描述：输入语句。用于设置用户设备发送位置报告2申请(即为用户设备按无高程、有天线高的方式定位入站，定位结果向收信地址对应用户发送，不向申请入站用户发送)。输入语句对应的输出语句为DWR，见表4.67。其格式为

$--WBA,xxxxxxxx,a,x.x,x.x*hh<CR><LF>

表4.67　WBA语句格式说明

编号	含义	取值范围	单位	备注
1	用户地址(ID号)	—	—	接收位置报告信息的用户地址
2	高程指示	H/L	—	H-高空用户，表示用户所在位置的大地高程数据大于等于16300m或天线高大于等于400m；L-普通用户，表示用户所在位置的大地高程数据小于16300m或天线高小于400m
3	天线高	—	m	—
4	报告频度	0	s	0-单次位置报告

18) ZHS

功能描述：输入语句。外设向用户设备发送自毁指令，用于设置用户设备进行自毁，见表 4.68。其格式为

$$\text{\$--ZHS,xxxxxxxx*hh<CR><LF>}$$

表 4.68　ZHS 语句格式说明

编号	含义	取值范围	单位	备注
1	自毁指令	AA5555AA	—	—

3. 专用语句

1) ECS

功能描述：输入语句。设置用户设备输出原始导航信息，见表 4.69。其格式为

$$\text{\$--ECS,c—c,xx,I*hh<CR><LF>}$$

表 4.69　ECS 语句格式说明

编号	含义	取值范围	单位	备注
1	频点号	对于 BD-2，频点号取值为 B1、B2、B3、S；对于 GPS，频点号取值为 L1；A 表示全部频点	—	—
2	通道号/波束号	—	—	通道号取值按频点划分，若 B1、B2 频点各有 12 个通道，则在本语句中通道号的取值范围对应的各频点均为 01～12；当频点取值为 S 时，表示波束号，取值为 1～10；若此位为 00，则删除全部通道接收到的原始导航数据
3	支路	I/Q/A	—	I-I 支路；Q-Q 支路；A-全部支路

2) ECT

功能描述：输出语句。输出接收到的原始导航信息(从卫星接收的 RNSS 导航信号经 BCH 译码的原始导航信息，或从 GEO 卫星接收的 S 信号原始导航信息)。用户设备接收到 ECT 指令后，接口应停止其他数据输出。对于 RNSS 业务信息，在收到第一个 RNSS 业务完整子帧后，通过 ECT 立刻输出原始导航信息；对于 GEO 卫星的 S 信号，在收到第一个完整子帧后，通过 ECT 立刻输出原始导航信息，见表 4.70。其格式为

$$\text{\$--ECT,xx,c-c,xx,a,aa,……,a*hh<CR><LF>}$$

表 4.70　ECT 语句格式说明

编号	含义	取值范围	单位	备注
1	卫星号	—	—	—
2	频点号	见"ECS"	—	—
3	通道号/波束号	—	—	—
4	支路	I/Q	—	I-I 支路, Q-Q 支路
5	原始导航信息	—	—	对于 RNDD 业务,接收的原始数据为卫星导航信号格式的一个子帧。导航信号一个子帧长,按先后顺序每截取一次,可以分成一个进制数,每个进制数以码表示,将一个子帧转化为一个连续的码字符 对于 GEO 卫星的 S 业务,接收的原始数据为卫星导航信号格式的一个分帧。S 导航信号一个分帧长 250bit。前面 7bit 不参加,因此应为 250−7=243,在分帧的最前端加 1bit,凑成 244bit 数据,按先后顺序每 4bit 截取一次,可以分为 61 个十六进制数,每个十六进制数以 ASCII 码将一个子帧转化为 61 个连续的 ASCII 码字符

3) TCS

功能描述：双向语句。接收通道强制跟踪设置或输出,见表 4.71。其格式为

$--TCS,c—c,a,x,xx,xx,xx,xx,xx,xx,xx,xx,xx,xx,xx,xx*hh<CR><LF>

表 4.71　TCS 语句格式说明

编号	含义	取值范围	单位	备注
1	频点号	见"ECS"	—	—
2	支路号	I/Q	—	—
3	信息类型	1~3	—	1-各通道强制锁定指定为卫星号,未指定卫星号的通道根据实际情况自行锁定;2-撤销强制锁定,各通道根据实际情况锁定卫星信号;3-表示输出各通道锁定的卫星信号。该语句被查询语句或 RMO 语句要求输出,输出的信息类型为 3
4	卫星号	—	—	一条语句最多可以指定 12 个通道,未指定锁定卫星号的通道,其数据位为空
5	卫星号	—	—	—
6	卫星号	—	—	—
7	卫星号	—	—	—
8	卫星号	—	—	—
9	卫星号	—	—	—
10	卫星号	—	—	—

续表

编号	含义	取值范围	单位	备注
11	卫星号	—	—	—
12	卫星号	—	—	—
13	卫星号	—	—	—
14	卫星号	—	—	—
15	卫星号	—	—	—

4) IDV

功能描述：输出语句。设干扰检测指示包括干扰数目、类型、中心频率、带宽及功率，见表 4.72。其格式为

$$\text{\$--IDV,x.x,x.x,xx,cc,x.x,x.x,xx,x.x,}\cdots\cdots\text{*hh<CR><LF>}$$

表 4.72　IDV 语句格式说明

编号	含义	取值范围	单位	备注
1	IDV 语句总数	—	—	整数
2	当前 IDV 语句序号	—	—	整数
3	干扰数目	—	—	每次最多传输 4 个干扰信息，数据字段数目不固定，可能数目为 8、12、16 或 20
4	干扰类型	WD/NA	—	WD-宽带；NA-窄带
5	干扰中心频率	—	GHz	—
6	干扰带宽	—	kHz	—
7	干扰功率	—	dBW	—
8	重复 4～7 字段	—	—	其他干扰信息

5) PRD

功能描述：输入语句。设置用户设备输出或停止输出伪距观测值和载波相位，见表 4.73。其格式为

$$\text{\$--PRD,c—c,a, a, a, a, a, a, a, a, a, a, a, a,xx.x*hh<CR><LF>}$$

表 4.73　PRD 语句格式说明

编号	含义	取值范围	单位	备注
1	频点号	见 "ECS"	—	—
2	测距类型	C/S/Z	—	C-C 码测距；S-GEO 卫星 S 信号；Z-载波相位观测值

编号	含义	取值范围	单位	备注
3	通道 1 指示	E/S	—	E-停止输出；S-开始输出
4	通道 2 指示	E/S	—	E-停止输出；S-开始输出
5	通道 3 指示	E/S	—	E-停止输出；S-开始输出
6	通道 4 指示	E/S	—	E-停止输出；S-开始输出
7	通道 5 指示	E/S	—	E-停止输出；S-开始输出
8	通道 6 指示	E/S	—	E-停止输出；S-开始输出
9	通道 7 指示	E/S	—	E-停止输出；S-开始输出
10	通道 8 指示	E/S	—	E-停止输出；S-开始输出
11	通道 9 指示	E/S	—	E-停止输出；S-开始输出
12	通道 10 指示	E/S	—	E-停止输出；S-开始输出
13	通道 11 指示	E/S	—	E-停止输出；S-开始输出
14	通道 12 指示	E/S	—	E-停止输出；S-开始输出
15	输出频度	—	s	当通道指示全部停止输出时，此位为空字段或无效

6) PRO

功能描述：输出语句。原始伪距观测值和载波相位数据输出，见表 4.74。其格式为

$$\text{\$--PRO,xx,c—c,xx,a,xxxx,x.x,x.x,x.x,x.x*hh<CR><LF>}$$

表 4.74　PRO 语句格式说明

编号	含义	取值范围	单位	备注
1	卫星号	—	—	—
2	频点号	见 "ECS"	—	—
3	通道号		—	—
4	测距类型	C/S/Z	—	C-C 码测距；S-GEO 卫星 S 信号；Z-载波相位观测值
5	帧号			对于 RNSS 信号，帧号指子帧号，取值范围为 1～5；对于 GEO 的 S 信号，帧号指分帧号，取值范围为 1～1920
6	周内秒计数			BD-2 范围：604800
7	伪距观测值	—	m	—
8	载波相位观测值	—	mm	—
9	钟差	—	s	—

7) RIS

功能描述：输入语句。用户设备复位。其格式为

$$\text{\$--RIS,*hh<CR><LF>}$$

8) RMO

功能描述：输出语句。设定向己方输出或停止输出参数语句，见表 4.75。其格式为

$$\text{\$--RMO,ccc,x,x.x*hh<CR><LF>}$$

表 4.75　RMO 语句格式说明

编号	含义	取值范围	单位	备注
1	目标语句	合法的参数语句标识符	—	如 GGA
2	模式	1～4	—	1-关闭指定语句；2-打开指定语句；3-关闭全部语句；4-打开全部语句；若模式为 3 和 4，则目标语句数据保留区为空
3	目标语句输出频度	—	s	若打开模式为 4，则此位为空

9) SCS

功能描述：输出语句。用户设备输出 RDSS 双通道时差数据，见表 4.76。其格式为

$$\text{\$--SCS,b-b*hh<CR><LF>}$$

表 4.76　SCS 语句格式说明

编号	含义	取值范围	单位	备注
1	时差数据	32bit	ns	时差值

10) SBX

功能描述：输入用户设备相关信息，见表 4.77。其格式为

$$\text{\$--SBX,c—c,c—c,x.x,x.x,x.x,x.x,x.x*hh<CR><LF>}$$

表 4.77　SBX 语句格式说明

编号	含义	取值范围	单位	备注
1	设备供货商名称	—	—	—
2	设备类型	—	—	—
3	程序版本号	—	—	—
4	串口协议版本号	—	—	—

编号	含义	取值范围	单位	备注
5	ICD 协议版本号	—	—	—
6	设备序列号	—	—	—
7	ID 号	—	—	双模型或指挥型用户机的 RDSS 入站 ID 号，若为无 ID 号的用户机，则此项为空

4. 特殊语句格式

本标准规定的特殊语句格式使用二进制数据传输，没有同步和间隔数据段用的格式符。

1) 用户设备接收惯性导航辅助信息

用户设备接收惯性导航辅助信息见表 4.78。

表 4.78　用户设备接收惯性导航辅助信息

编号	描述
1	语句同步字符 1，S1，固定为 0X55
2	语句同步字符 2，S2，固定为 0XAA
3	语句类型 T，unit 型，固定为 0X01
4	从本字节的后一个字节开始，至循环冗余校验码(cyclic redundancy check,CRC)校验的前一个字节止的有效数据长度 L，单位为 Byte，unit 型
5	X 轴方向位置分量[1]的第 1 字节(最高位字节)，sint 型
6	X 轴方向位置分量的第 2 字节，unit 型
7	X 轴方向位置分量的第 3 字节，unit 型
8	X 轴方向位置分量的第 4 字节(最低位字节)，unit 型
9	Y 轴方向位置分量的第 1 字节(最高位字节)，sint 型
10	Y 轴方向位置分量的第 2 字节，unit 型
11	Y 轴方向位置分量的第 3 字节，unit 型
12	Y 轴方向位置分量的第 4 字节(最低位字节)，unit 型
13	Z 轴方向位置分量的第 1 字节(最高位字节)，sint 型
14	Z 轴方向位置分量的第 2 字节，unit 型
15	Z 轴方向位置分量的第 3 字节，unit 型
16	Z 轴方向位置分量的第 4 字节(最低位字节)，unit 型
17	X 轴方向速度分量的第 1 字节(最高位字节)，sint 型
18	X 轴方向速度分量的第 2 字节，unit 型
19	X 轴方向速度分量的第 3 字节，unit 型

续表

编号	描述
20	X 轴方向速度分量的第 4 字节(最低位字节)，unit 型
21	Y 轴方向速度分量[1]的第 1 字节(最高位字节)，sint 型
22	Y 轴方向速度分量的第 2 字节，unit 型
23	Y 轴方向速度分量的第 3 字节，unit 型
24	Y 轴方向速度分量的第 4 字节(最低位字节)，unit 型
25	Z 轴方向速度分量的第 1 字节(最高位字节)，sint 型
26	Z 轴方向速度分量的第 2 字节，unit 型
27	Z 轴方向速度分量的第 3 字节，unit 型
28	Z 轴方向速度分量的第 4 字节(最低位字节)，unit 型
29	X 轴方向加速度分量[1]的第 1 字节(最高位字节)，sint 型
30	X 轴方向加速度分量的第 2 字节，unit 型
31	X 轴方向加速度分量的第 3 字节，unit 型
32	X 轴方向加速度分量的第 4 字节(最低位字节)，unit 型
33	Y 轴方向加速度分量的第 1 字节(最高位字节)，sint 型
34	Y 轴方向加速度分量的第 2 字节，unit 型
35	Y 轴方向加速度分量的第 3 字节，unit 型
36	Y 轴方向加速度分量的第 4 字节(最低位字节)，unit 型
37	Z 轴方向加速度分量的第 1 字节(最高位字节)，sint 型
38	Z 轴方向加速度分量的第 2 字节，unit 型
39	Z 轴方向加速度分量的第 3 字节，unit 型
40	Z 轴方向加速度分量的第 4 字节(最低位字节)，unit 型
41	相对于北斗 pps 时间的第 1 字节(最高位字节)[2]，unit 型
42	相对于北斗 pps 时间的第 2 字节，unit 型
43	相对于北斗 pps 时间的第 3 字节，unit 型
44	相对于北斗 pps 时间的第 4 字节(最低位字节)，unit 型
45	pps 计数[3]
46	校验和

注：1-关于位置、速度、加速度分量的比例因子，位置为 0.01m；速度为 10^{-2}m/s；加速度为 10^{-3}m/s²。

2-相对于北斗 pps 的时间表示当前数据采样时刻相对于字节 45 中的"pps 计数"时间间隔。采样时钟为 10MHz，因此计数的比例因子为 10^{-7}，单位为 s。在无 pps 输入的情况下，相对于北斗 pps 的时间在约 429s 后归零($2^{32}×10^{-7}$)。

3-惯性导航输入的 pps 信号的上升沿为 pps 计数对应的北斗时，本字节数值为北斗时的周内秒计数模 256 后的值。

2) 输出下属用户定位信息

功能描述：输出语句。指挥型用户设备向外部设备传输接收的下属用户定位信息、信息类别说明和数据格式说明，分别见表 4.79～表 4.81。

表 4.79　下属用户定位信息

内容	长度	下属用户地址	信息内容						校验和
			信息类别 8bit	位置数据					8bit
				T 32bit	L 32bit	B 32bit	H 16bit	ξ_H 16bit	
$BSXSD	16bit	24bit							

注："长度"表示从"指令或内容"起始符"$"开始到"校验和"(含校验和)为止的数据总字节数。

"下属用户地址"表示指挥型北斗 RDSS 单元兼收到的定位结果的用户 ID 号，长度为 3Byte，其中有效位为低 21bit，高 3bit 填"0"。

"信息内容"用二进制原码表示，各参数项按格式要求的长度填充，不满长度要求时，高位补"0"。信息按整字节传输，多字节信息先传高位字节，后传低位字节。

"校验和"是指从"指令或内容"起始符"$"起到"校验和"前一字节，按字节异或的结果。对于有符号参数，第 1 位符号位统一规定为"0"表示"+"，"1"表示"–"，其后位数为参数值，用原码表示。

表 4.80　信息类别说明

精度指示 1bit	紧急定位指示	多值解指示 1bit	高程指示 1bit	余量 4bit
0-一档 1-二档	0-否 1-是	0-否 1-是	0-普通用户 1-高空用户	固定填 0

表 4.81　数据格式说明

T 32bit				L 32bit				B 32bit				H 16bit		ξ_H 16bit	
h	min	s	0.01s	(°)	(′)	(″)	0.1″	(°)	(′)	(″)	0.1″	±	m	±	m
8	8	8	8	8	8	8	8	8	8	8	8	2	14	8	8

注：当高程指示为"1"时，H参数变为24bit无符号数，ξ_H参数自动取消。

T(h)-定位时刻的小时位数据，起始值为 0，单位为 h。

T(min)-定位时刻的分位数据，起始值为 0，单位为 min。

T(s)-定位时刻的秒位数据，起始值为 0，单位为 1s。

T(0.01s)-定位时刻的秒小数数据，起始值为 0，单位为 0.01s。

L(°)-用户位置的大地经度数据，单位为(°)。

L(′)-用户位置的大地经度数据，单位为(′)。

L(″)-用户位置的大地经度数据，单位为(″)。

L(0.1″)-用户位置的大地经度数据，单位为 0.1″。

B(°)-用户位置的大地纬度数据，单位为(°)。

B(′)-用户位置的大地纬度数据，单位为(′)。

B(″)-用户位置的大地纬度数据，单位为(″)。

B(0.1″)-用户位置的大地纬度数据，单位为 0.1″。

H(±)-用户位置的大地高程数据符号位，"00"为正(+)，"01"为负(–)。

H(m)-用户位置的大地高程数据，单位为 m。

ξ_H(±)-用户位置的高程异常值的符号位，"00H"为正(+)，"01H"为负(–)。

ξ_H(m)-用户位置的高程异常值，单位为 m。

3) 输出下属用户通信信息

功能描述：输出语句。指挥型用户设备向外部设备传输接收的下属用户通信信息，见表 4.82。

表 4.82　指挥型用户设备向外部设备传输接收的下属用户通信信息格式

内容	长度	收信方地址	信息内容						校验和
通信信息 $BSXSD	16 bit	24 bit	信息类别 8bit	发信方地址 24bit	发信时间 (UTC)	电文长度 16bit	电文内容最长 1680bit	CRC 标识 8bit	8bit

注："长度"表示从"指令或内容"起始符"$"开始到"校验和"(含校验和)为止的数据总字节数。

"收信方地址"表示此次通信的收信方地址，长度为 3Byte，其中有效位为低 21bit，高 3bit 填"0"。

"发信方地址"表示此次通信的发信方地址，长度为 3Byte，其中有效位为低 21bit，高 3bit 填"0"。

"校验和"是指从"指令或内容"起始符"$"起到"校验和"前一字节，按字节异或的结果。

"信息类别"当电文形式取值为"1"时，电文内容中第一组二进制数值为"A4"，电文内容为"混传"，其后为汉字代码混合信息内容，长度可变。

"发信时间(UTC)"是指小时位起始值为 0(单位 1h)，分钟位起始值为 0(单位为 min)。

"电文长度"是指传输的汉字电文(以计算机内码编码传输)或代码电文(即 BCD 码)的有效长度，单位为 bit。

"电文内容"是指"传输方式"为代码且"电文内容"不满整字节，传输时在电文最后补"0"。

4.3　接收机差分数据格式

随着卫星导航技术的发展，GNSS 的服务性能得到不断改善，GNSS 接收机的应用范围也越来越广。为了实现不同接收机差分数据格式的统一化，以方便差分数据的交换和处理，国际海事无线电技术委员会制定了差分全球导航系统服务标准，按照发展年代分为第 2 版本和第 3 版本两个阶段，每个阶段都由一系列电文结构、电文内容近似的标准组成，可简称为 RTCM 10402.X 系列和 RTCM 10403.X 系列，已在卫星导航领域得到广泛应用。

20 世纪 90 年代推出 RTCM 10402.X 以来，RTCM 格式已被广泛用于测绘、施工、运输、规划等多个领域，以传输差分 GNSS 数据。在使用中发现，RTCM 10402.X 在一些结构的设计上存在明显缺陷，例如，在检验位的设置上对带宽造成了很大浪费，并且检校码之间不独立，给解码造成了一定困难。为了克服这些缺陷，国际海事无线电技术委员会自 2006 相继推出了 RTCM 10403.0。同时，为了满足日益增多的卫星导航系统以及多频的需求，2013 年又推出了 RTCM 10403.2。

RTCM 10403.2 的制定和修正不仅弥补了之前版本中的缺陷，还增加和扩展了多种网络 RTK 信息，定义了包含 GPS、GLONASS、Galileo 和 BDS 的多信号信息组(multiple signal message，MSM)，拓宽了 RTCM 的应用领域。尤其值得强调的是，MSM 电文组可以对北斗卫星导航系统提供支持，这对北斗的高精度差分定位服务具有重要意义。表 4.83 为 RTCM SC-104 差分 GNSS 标准发展情况。

表 4.83　RTCM SC-104 差分 GNSS 标准发展情况

版本	发布日期	主要内容
V1.0	1985 年 11 月	草稿，仅针对 GPS 差分使用
V2.0	1990 年 1 月	仅支持伪距差分
V2.1	1994 年 1 月	在 V2.0 基础上增加了载波相位差分
V2.2	1998 年 1 月	在 V2.1 基础上增加了对 GLONASS 差分
V2.3	2001 年 8 月	在 V2.2 基础上增加了 23 和 24 语句(天线参考类型)
V2.4	2013 年 7 月	为适应多系统低速率通信条件下的差分应用，在 V2.3 基础上删除了不用或少用的部分 GPS/GLONASS 伪距差分和载波相位差分电文，增加了 3 条通用电文，以支持多星座多频率的伪距差分和载波相位差分电文
V3.0	2006~2009 年	新协议，与 2.X 不再兼容，对网络 RTK 提供支持
V3.1	2010 年	强化了对状态空间差分的支持
V3.2	2013 年 7 月	提出了多信号电文组，包含 Galileo 电文，增加了少量 BDS 电文的定义

　　为适应 BDS 的发展需要，中国卫星导航系统管理办公室于 2015 年 11 月发布了《北斗/全球卫星导航系统(GNSS)接收机差分数据格式(一)》(以下简称《差分数据格式(一)》)、《北斗/全球卫星导航系统(GNSS)接收机差分数据格式(二)》(以下简称《差分数据格式(二)》)。

　　其中，《差分数据格式(一)》是根据我国在沿海差分台站、陆地车辆导航等卫星导航应用的实际需求，针对伪距差分和载波相位差分应用，在 RTCM 10402.4 的基础上对部分语句或字段进行扩充，以支持北斗卫星导航系统，该标准兼容了 RTCM 10402.4，可适用于陆地及水上差分应用中 GNSS 接收机的设计、研制和使用。《差分数据格式(二)》根据我国在高精度定位、海洋工程等卫星导航应用的实际需求，针对载波相位差分等应用，在 RTCM 10403.2 的基础上对部分语句或字段进行了扩充，以支持北斗卫星导航系统，该标准兼容了 RTCM 10403.2，可适用于陆地、水上等高精度差分应用中的 GNSS 接收机的设计、研制和使用。

4.3.1　《差分数据格式(一)》

　　《差分数据格式(一)》规定了用于改正差分参考站和流动站(用户)各种误差的数据格式和内容。误差包括以下方面：

(1) 卫星星历预报误差。

(2) 卫星钟预报误差。

(3) 电离层延迟误差。

(4) 参考站的对流层延迟误差。

(5) 由 SA 技术人为引起的误差(仅对于 GPS)。

(6) 差分对流层延迟误差。

(7) 参考站钟差。

在用户距离参考站较近的条件下，第(1)～(6)项是用户和参考站的公共误差；当距离增加时，第(1)、(3)、(4)、(5)、(6)项的公共部分将减少；第(7)项影响用户绝对时间的确定。

《差分数据格式(一)》还规定了历书和卫星健康数据的数据格式和内容，用于 DGNSS 的数据统称为差分数据。差分数据被编码为多种类型的电文，统称为差分电文，每种类型的电文具有唯一的识别符，标识符范围为 1～64。

《差分数据格式(一)》规定的电文编码和校验方法与 GPS 卫星导航电文的字长度、字格式、校验算法等相近，差异在于，GPS 导航电文子帧长度固定，差分电文帧长度可变。在 SA 关闭的情况下，最小数据率主要由电离层变化率、数据链可靠性和捕获 DGNSS 服务的时间共同确定。在通信信道许可的条件下，可提高电文的数据率和重复率。

1. 通用电文格式

差分电文由若干帧电文组成，每帧电文包含 2 个字的标准电文头，N 个字的数据(N 的取值范围为 0～31)，总长度为 $N+2$。每个电文字长度均为 30bit，电文字的最后 6bit 是校验区，校验算法与 GPS 卫星导航电文的校验算法相同，见附录 A。每帧电文中最多可包含 31 个 30bit 字的数据，全长共 33 个电文字。不同类型的电文 N 值不同，同类电文的 N 值也有可能不同。电文类型 6 或 34 等在没有数据时为补空电文，仅由 2 个 30bit 字的电文头组成，其中 $N=0$。

2. 标准电文头

1) 电文头格式

每帧电文的第 1 个和第 2 个字包含的信息有前缀、电文类型等建立帧同步所需的信息，以及参考站信息、参考时间和健康状态等信息，电文头格式见图 4.5，说明见表 4.84。

图 4.5　电文头格式

2) 前缀

每帧电文均以二进制的"01100110"为前缀，后面紧跟 6bits 的电文类型(帧 ID)和 10bit 的参考站 ID。电文帧同步应由用户按类似 GPS 卫星导航电文帧同步的方法完成。

3) 电文类型(帧 ID)

电文类型(帧 ID)表示本帧电文的电文类型号，范围为 1～64，见表 4.84。

表 4.84　每帧电文第 1 个和第 2 个字的内容

字	内容	比特数/bit	比例因子及单位	范围及说明
1	前缀	8	—	—
	电文类型(帧 ID)	6	1	1～64[①]
	参考站(ID)	10	1	0～1023
	校验	6	—	—
2	改进 Z 计数	13	0.6s	0～3599.4s
	顺序号	3	1	0～7
	数据字数(N)	5	1 个字	0～31 个字
	参考站健康状态标志	3	—	8 种状态，见表 4.85
	校验	6	—	—

注：①-二进制 000000 表示 64。

4) 参考站(ID)

参考站(ID)是由参考站设置的 0～1023 数字，用于识别参考站。

5) 改进 Z 计数

改进 Z 计数的比例因子是 0.6s, 取值范围为 0~3599.4s, 且以 GPS、GLONASS 或 BDS 时间为参考, 而非 UTC。对于非伪卫星电文, 改进 Z 计数表示电文参数的参考时刻。对于伪卫星电文, 改进 Z 计数不仅表示电文参数的参考时刻, 也是下一帧电文(以前缀开始)的开始时刻, 在无伪卫星传输时, 改进 Z 计数仅作为电文参数的参考时间。

6) 顺序号

顺序号是一个递增的数字, 范围为 0~7, 每帧电文的顺序数递增, 到达最大数字(7)后归零。

7) 数据字数(N)

电文中包含的 30bit 数据字数(即 N 值), 电文帧长度比此数值 N 大 2。若 $N=0$, 则说明电文头字后无内容。

8) 参考站健康状态标志

参考站健康状态标志由 3bit 组成, 定义见表 4.85。参考站健康状态标志为"111"表示参考站未工作或工作不正常, "110"表示未监控参考站的广播, 从"101"到"000"的 6 种状态代表用户差分距离误差的比例因子, 用于计算电文类型 1、2、9、31、34 中的 UDRE 值。在计算电文类型 1、2、9、31、34 的 UDRE 值时, 应使用表 4.85 给出的数值上限, 并乘以 UDRE 比例因子。

表 4.85　参考站健康状态标志

代码	说明
111_2	参考站未工作或工作不正常
110_2	未监控参考站的广播
101_2	UDRE 比例因子为 0.10
100_2	UDRE 比例因子为 0.20
011_2	UDRE 比例因子为 0.30
010_2	UDRE 比例因子为 0.50
001_2	UDRE 比例因子为 0.75
000_2	UDRE 比例因子为 1.00

注: 仅指参考站的 GPS、GLONASS 或 BDS 部分, GPS/GLONASS、GPS/BDS 联合参考站的健康状态可能与本表不一致。

9) 校验

差分电文每条 30bit 电文字的最后 6bit 是校验区, 由参考站对差分数据编码后生成, 用户在解码时应根据校验算法对差分电文进行错误探测, 并使用通过错误探测的差分电文。

3. 电文类型

差分电文可分为四种状态：固定、暂定、保留和未定义。最多可有 63 种类型的电文，目前共定义了 33 种，说明见表 4.86。表 4.86 中标注为停用、即将停用的电文是由于 GNSS 接收机制造技术的发展。

(1) 最终定义的，且在今后不会改变的电文称为固定类电文(fixed)。

(2) 具有试验性质，格式暂不固定的电文称为暂定类电文(tentative)。

(3) 预留的，用于特定用途的电文称为保留类电文(reserve)。

(4) 未定义用途、内容及格式的电文称为未定义类电文(undefined)。

表 4.86　差分电文类型说明

电文类型(帧 ID)	说明	状态
1	DGPS 改正数	固定
2[a]	DELTA 差分 GPS 改正数	固定
3	GNSS 参考站参数	固定
4	参考站坐标基准	固定
5	GPS 星座健康状态	固定
6	GNSS 空帧	固定
7[a]	DGPS 信标台信息	固定
8[a]	伪卫星参数	暂定
9	GPS 部分改正数	固定
10[a]	P 码差分改正数	保留
11[a]	L1 与 L2 C/A 码差值	保留
12[a]	伪卫星参考站参数	保留
13[a]	地面发射台参数	暂定
14	GPS 周时	固定
15	电离层延迟参数	固定
16	GPS 特殊信息	固定
17	GPS 星历	固定
18	RTK 未改正的载波相位观测值	固定
19	RTK 未改正的伪距观测值	固定
20[a]	RTK 载波相位改正数	固定

续表

电文类型(帧 ID)	说明	状态
21[a]	RTK 高精度伪距改正数	固定
22[a]	参考站附加信息	固定
23	参考站天线类型信息	固定
24	参考站天线参考点参数	固定
25~26	未定义	未定义
27	DGNSS 信标台扩充信息	固定
28~30	未定义	未定义
31[a]	差分 GLONASS 改正数	暂定
32[a]	GLONASS 参考站参数	暂定
33[a]	GLONASS 星座健康状态	暂定
34[a]	GLONASS 局部改正数或空帧	暂定
35[a]	GLONASS 信标台信息	暂定
36	GLONASS 特殊信息	固定
37	GNSS 时间偏差	固定
38~40	未定义	未定义
41	通用 GNSS 差分改正数	暂定
42	通用 GNSS 部分改正数	暂定
43	通用 GNSS 卫星信号健康状态	暂定
44	通用 GNSS 信息	保留
45	Galileo 完整性数据	保留
46	BDS 卫星星历	保留
47	BDS 特殊信息	保留
48~57	未定义	未定义
58	紧急报警信息	保留
59	专用电文	固定
60~63	多用途电文	保留

注：a 表示这些电文在后续标准中即将停止使用或被其他电文取代，不建议再使用。

下面重点介绍与北斗有关的电文类型 46-BDS 星历及电文类型 47-BDS 特殊信息。

1) 电文类型 46-BDS 星历

电文类型 46 包含 BDS 卫星星历信息，见表 4.87。

表 4.87　电文类型 46 的内容

参数	30bit 字位置	比特数/bit	比例因子及单位	范围和备注
周数	3	13	1 周	$0 \sim 8191$
IDOT	3/4	14	$2^{-43}\pi/\text{s}$	$-9.31\times10^{-10} \sim 9.31\times10^{-10}\pi/\text{s}$
ADOE	4	5	—	见 BDS-SIS-ICD-2.0
t_{oc}	4/5	17	2^3s	$0 \sim 604792\text{s}$
a_{f1}	5	22	2^{-50}s/s	—
a_{f2}	5/6	11	2^{-66}s/s^2	—
C_{rs}	6/7	18	2^{-6}m	$-2048 \sim 2048\text{m}$
Δn	7	16	$2^{Q43}\pi/\text{s}$	$-3.73\times10^{-9} \sim 3.73\times10^{-9}\pi/\text{s}$
FILL	7	4	—	"1010"
C_{uc}	8	18	2^{-31}rad	$\pm6.10\times10^{-5}\text{rad}$
e	8/9/10	32	2^{-33}	$0 \sim 0.5$
C_{us}	10	18	2^{-31}rad	$-6.10\times10^{-5} \sim 6.10\times10^{-5}\text{ rad}$
$\sqrt{A}$	10/11/12	32	$2^{-19}\text{m}^{1/2}$	$0 \sim 8192\text{m}^{1/2}$
t_{oe}	12	17	2^3s	$0 \sim 604792\text{s}$
FILL	12	3	—	"101"
Ω_0	13/14	32	$2^{-31}\pi$	$-\pi \sim \pi$
C_{ic}	14/15	18	2^{-31} rad	$-6.10\times10^{-5} \sim 6.10\times10^{-5}\text{rad}$
i_0	15/16	32	$2^{-31}\pi$	$-\pi \sim \pi$
C_{is}	16/17	18	2^{-31} rad	$-6.10\times10^{-5} \sim 6.10\times10^{-5}\text{rad}$
ω	17/18	32	$2^{-31}\pi$	$\pm1\pi$
C_{rc}	18/19	18	2^{-6}m	$-2048 \sim 2048\text{m}$
$\dot{\Omega}$	19/20	24	$2^{-43}\pi/\text{s}$	$-9.54\times10^{-5} \sim 9.54\times10^{-5}\pi/\text{s}$
M_0	20/21	32	$2^{-31}\pi$	$-\pi \sim \pi$
AODC	21	5	—	—
a_{f0}	21/22	24	2^{-33}s	—
卫星 ID	22/23	6	1	$1 \sim 37$：SV ID；$38 \sim 63$：保留
T_{GD1}	23	10	0.1ns	—
T_{GD2}	23	10	0.1ns	—

续表

参数	30bit 字位置	比特数/bit	比例因子及单位	范围和备注
Reserved	23/24	4	—	—
SV URAI	24	4	—	—
卫星健康信息	24	9	—	—
卫星自主健康标识 (SatH1)	24	1	0～1	—
总共	—	519	—	—
填充	—	9	—	1 和 0 交替
校验位	—	126	—	—

2) 电文类型 47-BDS 特殊信息

电文类型 47 应使用可打印的 ASCII 码，长度可达 90 个字符，发送方式为 MSB 在前、LSB 在后。若最后电文字未用完，则应用 0 填充电文字剩余部分。采用 8bit 的 ASCII 码，应将 MSB 置 0。电文类型 47 的格式如图 4.6 所示，图中显示广播 "BEIDOU" 字符的方法。

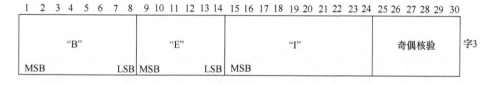

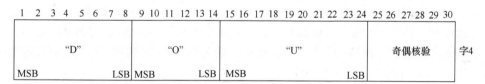

图 4.6　电文类型 47 的格式

4.3.2　《差分数据格式(二)》

《差分数据格式(二)》采用分层式结构设计，划分为应用层、表示层、传输层、数据链路层和物理层五个层次[参考开放系统互连(open system interconnection，OSI)]参考模型。

(1) 应用层：定义差分数据格式所支持的应用方式。

(2) 表示层：定义差分数据格式所采用的数据类型、数据字段、电文组、电文内容和格式等内容，是本标准的主体。

(3) 传输层：定义发送端或接收端差分电文的帧结构。

(4) 数据链路层: 定义差分电文数据流在物理层的编码方式。

(5) 物理层: 定义差分电文数据在电子和机械层面的传输方式。

1. 应用层

应用层支持高带宽、广播式和点对点的通信方式，支持下述海陆空高精度应用:

(1) 单频、双频及多频 RTK 应用，可获得优于亚米级的实时定位精度。

(2) 单 GNSS 模式或多 GNSS 模式下的 RTK 应用，可获得优于亚米级的实时定位精度。

(3) 单 GNSS 模式或多 GNSS 模式下的网络 RTK 应用，可获得优于亚米级的定位精度。

(4) 单 GNSS 模式或多 GNSS 模式下的状态空间表述应用，可获得亚米级的实时定位精度。

2. 表示层

1) 电文类型

每条差分电文都具有唯一标识号，称为电文类型号。《差分数据格式(二)》共允许定义 4096 条电文。

2) 天线相位中心偏差和天线相位中心变化的处理

精密 RTK 作业设计的天线会存在厘米量级的 PCO 和 PCV，精密 RTK 设备可使用校正信息校正这些偏差和变化值，这些校正信息可通过 IGS、NGS 等网站进行下载。有时，高精度应用会使用独立的天线校正方法，在参考站网络中越来越多地使用天线单独校正。正确地对不同天线进行校正是网络 RTK 数据处理的一个关键点。因此，在网络 RTK 作业过程中，需要对主参考站的原始观测值(如电文类型 1004)进行 PCO 和 PCV 改正。

参考站和流动站最好使用同一组织公布的天线 PCO 和 PCV 数值，且不应将不同组织测定的 PCO 和 PCV 数值混用。当精密网络 RTK 作业中需要切换主参考站时，流动站会由使用不一致的相位中心改正数(如来自不同改正源)产生定位偏差。因此，为了达到天线相位中心改正的一致性，参考站网络应存储主参考站天线相位中心改正数据。建议通过下述方法实现用户设备操作的一致性: 即相同网络主参考站的观测值电文(如电文类型 1004)应以同一个天线为参考，并用天线描述电文(如电文类型 1008)播发相应天线的 PCV 信息，用以进行观测值修正，此时天线描述字段中必须声明天线的描述符。

3) 电文组

　　差分电文根据用途或内容可以划分为若干差分电文组(电文组),见表 4.88。服务提供者应根据服务内容,同时向用户发送若干电文组中的差分电文。例如,为提供 RTK 服务,需要向用户同时提供观测值、参考站坐标和天线说明电文组中至少一种电文。电文组中较短的电文包含必备信息,发送频率较高。较长的电文可包含提高服务性能的附加信息,由于附加信息不经常变更,所以发送频率可酌情降低。

表 4.88　电文组

电文组名称	次组名	电文类型号
试验电文	—	1～100
观测值	GPS L1	1001
		1002
	GPS L1/L2	1003
		1004
	GLONASS L1	1009
		1010
	GLONASS L1/L2	1011
		1012
	GPS MSMs	1071～1077
	GLONASS MSMs	1081～1087
	Galileo MSMs	1091～1097
	QZSS MSMs	1111～1117
	BDS MSMs	1121～1127
参考站坐标	—	1005
		1006
		1032
天线说明	—	1007
		1008
接收机与天线说明	—	1033
网络 RTK 改正	网络辅助站数据	1014
	GPS 电离层改正值单差	1015
	GPS 几何差分改正值单差	1016
	GPS 几何与电离层组合改正值单差	1017
	GPS 网络 RTK 残差电文	1030

续表

电文组名称	次组名	电文类型号
网络 RTK 改正	GLONASS 网络 RTK 残差电文	1031
	GPS 网络 FKP 梯度电文	1034
	GLONASS 网络 FKP 梯度电文	1035
	GLONASS 电离层改正值单差	1037
	GLONASS 几何改正值单差	1038
	GLONASS 几何与电离层组合改正值单差	1039
	BDS 电离层改正值单差	1050
	BDS 几何差分改正值单差	1051
	BDS 几何与电离层组合改正值单差	1052
	BDS 网络 RTK 残差电文	1053
	BDS 网络 FKP 梯度电文	1054
辅助操作信息	系统参数	1013
	卫星星历数据	1019
		1020
		1044
		1045
		1046
	Unicode 文本字符串	1029
	GLONASS 偏差信息	1230
转换参数信息	赫尔默特(Helmert)/莫洛金斯基(Molodenski)电文	1021
	莫洛金斯基-巴德卡斯(Molodenski-Badekas)电文	1022
	表示残差电文	1023
		1024
	投影参数电文	1025
		1026
状态空间表述	GPS SSR 轨道改正信息	1057
	GPS SSR 钟差改正信息	1058
	GPS SSR 码偏差信息	1059
	GPS SSR 轨道和钟差改正信息	1060
	GPS SSR 用户测距精度信息	1061
	GPS SSR 高频度钟差改正信息	1062

续表

电文组名称	次组名	电文类型号
状态空间表述	GLONASS 轨道改正信息	1063
	GLONASS 钟差改正信息	1064
	GLONASS 码偏差信息	1065
	GLONASS 轨道和钟差改正信息	1066
	GLONASS 用户测距精度信息	1067
	GLONASS 高速率的钟差改正信息	1068
	BDS 轨道改正信息	1235
	BDS 钟差改正信息	1236
	BDS 码偏差信息	1237
	BDS 轨道和钟差改正信息	1238
	BDS 用户测距精度信息	1239
	BDS 高频度钟差改正信息	1240
专用信息	—	4001~4095

4) RTK 服务种类

该标准支持的 RTK 服务如下：

(1) GPS RTK 服务。

(2) GLONASS RTK 服务。

(3) BDS RTK 服务。

(4) GPS 与 GLONASS 联合的 RTK 服务。

(5) GPS 与 BDS 联合的 RTK 服务。

(6) GLONASS 与 BDS 联合 RTK 服务。

5) BDS 星历电文

电文类型 1046 是 BDS 星历电文数据，其内容与格式见表 4.89。该电文帮助用户接收机快速捕获卫星。例如，用户接收机可以通过无线服务快速使用星历电文，而不需要捕获该卫星且处理完成星历数据。当应用差分电文时，参考站和用户接收设备应保证使用相同的星历信息。当条件允许时，本电文应每 2min 左右播发一次，直至卫星广播星历正确，或卫星移动到参考站覆盖范围之外。

表 4.89　电文类型 1046 内容与格式

字段名称	数据字段号	数据类型	长度/bit	说明
电文类型型号	DF002	uint12	12	1046
BDS 卫星 ID	DF460	uint6	6	—
BDS 周数	DF484	uint13	13	—
BDS URAI	DF485	bit(4)	4	—
BDS IDOT	DF487	int14	14	—
BDS AODE	DF488	uint5	5	—
BDS t_{oc}	DF489	uint17	17	—
BDS α_2	DF490	int11	11	—
BDS α_1	DF491	int12	22	—
BDS α_0	DF492	int24	24	—
BDS AODC	DF493	uint5	5	—
BDS C_{rs}	DF494	int18	18	—
BDS Δn	DF495	int16	16	—
BDS M_0	DF496	uint32	32	—
BDS C_{uc}	DF497	int18	18	—
BDS e	DF498	uint32	32	—
BDS C_{us}	DF499	int18	18	—
BDS $a^{1/2}$	DF500	uint32	32	—
BDS t_{oe}	DF501	int17	17	—
BDS C_{ic}	DF502	int18	18	—
BDS Ω_0	DF503	int32	32	—
BDS C_{is}	DF504	int18	18	—
BDS i_0	DF505	int32	32	—
BDS C_{rc}	DF506	int18	18	—
BDS ω	DF507	int32	32	—
BDS OMEGADOT	DF508	int24	24	—
BDS T_{GD1}	DF509	int10	10	—
BDS T_{GD2}	DF510	int10	10	—
BDS 卫星健康信息	DF511	bit(9)	9	—

续表

字段名称	数据字段号	数据类型	长度/bit	说明
BDS 卫星自主健康状态	DF512	bit(1)	1	—
预留	DF001	bit(17)	17	—
总计	—	—	537	预留

6) BDS 网络 RTK 改正值电文组

BDS 网络 RTK 改正值电文组由电文类型 1050～1052 组成。电文类型 1050 为 GPS 电离层改正值单差电文, 电文类型 1051 为 GPS 几何差分改正值单差电文, 电文类型 1052 为 GPS 几何与电离层组合改正值单差电文。

电文类型 1050～1052 的结构均分为电文头和若干组卫星数据体两部分, 完整的电文由一个电文头、若干组卫星数据体组成, 其个数由电文头中的 DF459 确定。电文类型 1050～1052 的电文头内容与格式相同, 见表 4.90。电文类型 1050 的卫星数据体内容和格式见表 4.91, 电文类型 1051 的卫星数据体内容和格式见表 4.92, 电文类型 1052 的卫星数据体内容和格式见表 4.93。

表 4.90　电文类型 1050～1052 的电文头内容和格式

数据字段	数据字段号	数据类型	长度/bit	说明
电文类型号	DF002	uint12	12	1050、1051、1052
网络 ID	DF059	uint8	8	—
子网 ID	DF072	uint4	4	—
BDS 历元时刻	DF475	uint23	23	—
多电文标志	DF066	bit(1)	1	—
主参考站 ID	DF060	uint12	12	—
辅助参考站 ID	DF061	uint12	12	—
BDS 卫星数	DF459	uint5	5	后接卫星数据体的数量
总计	—	—	77	—

表 4.91　电文类型 1050 的卫星数据体内容和格式

数据字段	数据字段号	数据类型	长度/bit	说明
BDS 卫星 ID	DF460	uint6	6	—
BDS 模糊度状态标志	DF482	bit(2)	2	—
BDS 非同步计数器	DF483	uint3	3	—
BDS ICPCD	DF479	int17	17	—
总计	—	—	28	—

注: ICPCD 为电离层载波相位差(ionospheric carrier phase correction difference)。

表 4.92　电文类型 1051 的卫星数据体内容和格式

数据字段	数据字段号	数据类型	长度/bit	说明
BDS 卫星 ID	DF460	uint6	6	—
BDS 模糊度状态标志	DF482	bit(2)	2	—
BDS 非同步计数器	DF483	uint3	3	—
BDS GCPCD	DF480	int17	17	—
BDS IODE	DF481	bit(8)	8	TBD
总计	—	—	36	—

表 4.93　电文类型 1052 的卫星数据体内容和格式

数据字段	数据字段号	数据类型	长度/bit	说明
BDS 卫星 ID	DF460	uint6	6	—
BDS 模糊度状态标志	DF482	bit(2)	2	—
BDS 非同步计数器	DF483	uint3	3	—
BDS GCPCD	DF480	int17	17	—
BDS IODE	DF481	bit(8)	8	—
BDS ICPCD	DF479	int17	17	—
总计	—	—	53	—

3. 传输层

1) 差分电文帧结构

差分电文帧结构由前缀符、保留字段、数据区长度、数据区、校验区等组成，如表 4.94 所示。当每帧电文产生时，应将所有保留域置 0，当差分电文长度未达到 8bit 边界时，应用“0”填充至边界。

表 4.94　差分电文帧结构

名称	长度/bit	单位	范围	说明
前缀符	8	—	—	固定引导符 11010011
保留字段	6	—	—	保留字段，置 000000
数据区长度	10	Byte	0~1023	—
数据区	—	—	—	总长度由数据区长度确定
校验区	24	1	—	CRC-24Q 检验

(1) 前缀符为固定的 8bit 序列 11010011。

(2) 前缀符后的 6bit 是保留字段，所有电文应将该字段置零，流动站接收机接收差分电文时应忽略此字段内容。

(3) 数据区长度表示差分电文数据区的总长度，以 Byte 为单位。当长度为 "0" 时，形成帧长度为 48bit 的填充电文，在没有有效数据时，可以发送填充电文，以保证数据链路中数据流的连续性。

2) 数据区

数据区的总长度可变，最大长度为 1023Byte。

3) 校验区

每帧差分电文的最后 24bit 是校验区，采用 CRC-24Q 校验算法。

4) 范例

以下是电文类型 1005(参考站 ARP 信息，无高度信息)的样本(十六进制)：

D300133ED7D30202980EDEEF34B4BD62AC0941986F33360B98

解码后，电文内容如下：

(1) 参考站 ID=2003。

(2) 服务类型：支持 GPS，不支持 GLONASS/Galileo/BDS。

$$ARP\ ECEF\text{-}X = 1114104.5999\text{m}$$
$$ARP\ ECEF\text{-}Y = -4850729.7108\text{m}$$
$$ARP\ ECEF\text{-}Z = 3975521.4643\text{m}$$

4. 数据链路层

数据链路层用于定义物理层中差分电文数据流的编码方式，具体包括流控、打包、加密或附加的错误校验方法等。数据链路层的内容应由服务提供者根据应用内容进行定义。

5. 物理层

物理层定义了差分电文在电子层和机械层的传输方式，主要包括：①MSK 信标；②特高频(ultra high frequency，UHF)调制解调器、甚高频(very high frequency，VHF)调制解调器；③数据无线信道(data radio channel，DARC)调频副载波、卫星链路、线缆等。物理层的内容应由服务提供者根据应用内容进行定义。

4.4　RINEX 格式

GNSS 数据处理时所采用的观测数据来自野外观测的 GNSS 接收机，由于卫星导航接收机型号的不同以及不同的接收机生产商设计的数据格式各不相同，为了方便后续的数据处理，国际上设计了一种与接收机无关的 RINEX(receiver independent exchange)格式，这是一种在数据处理中普遍采用的标准数据格式。RINEX 格式采用文本文件形式存储数据，数据记录格式与接收机的制造厂商和具体型号无关。为了满足各方面的要求，RINEX 格式先后经历了几次格式的变化，目前应用最为普遍的是 RINEX 2.00 版。由于欧洲 Galileo 计划的推进、美国 GPS 的现代化和俄罗斯 GLONASS 的现代化以及 SBAS 系统的使用，为了方便地采集不同卫星系统的数据，人们推出了 RINEX 3.00 版。本节针对 RINEX 3.03 版本的基本格式和内容进行阐述。

4.4.1　RINEX 发展历程

1. RINEX1.00 版

RINEX1.00 版是在 1989 年第五届以卫星定位为主题的国际大地测量座谈会上提出并通过的。

2. RINEX2.00 版

RINEX2.00 版是在 1990 年以利用全球定位系统进行精密定位的第二次座谈会议上提出并通过的，相比于 RINEX1.00 版主要增加了不同定位系统的轨道信息。RINEX2.00 版定义了几种不同类型的数据文件，分别用于存放不同类型的数据，分别是观测值文件(用于存放 GPS 观测值)、导航电文文件(用于存放 GPS 卫星导航电文)、气象数据文件(用于存放在测站处所测定的气象数据文件)。

GLONASS 导航电文文件(用于存放 GLONASS 卫星导航电文文件)、GEO 导航电文文件(用于存放在增强系统中搭载有类 GPS 信号发生器的地球同步卫星的导航电文)及卫星和接收机钟文件(用于存放卫星和接收机时钟信息)。

RINEX2.00 版还有三个次生版本，即 RINEX2.10 版、RINEX2.11 版、RINEX2.20 版，其中 RINEX2.20 版为非官方版本。

(1) RINEX2.10 版：除了在采样率方面的微小变化外，把原始信号的波长作为新的观测量。

(2) RINEX2.11 版：对 L2C 伪距的码观测量用两个字符进行定义，并对 GEO 导航文件进行了一些修正。

(3) RINEX2.20 版：非官方版本，主要用于 IGS(国际 GNSS 服务中心)LEO 试验工程中空基接收机的轨道信息的转换。

3. RINEX3.00 版

随着 Galileo 计划的推进和 GPS 的现代化，人们对观测数据编码的要求更灵活、更具体。为了更好地利用混合系统的数据文件(如文件是包含了多种卫星系统的轨道信息及每个系统都具有不同的观测数据类型的混合文件)，人们对数据的记录格式进行了较大的调整。为了满足各种需求，人们推出了 RINEX3.00 版。

由于 RINEX3.00 版中的 GPS 导航电文文件和 GLONASS 导航电文文件仍沿袭 RINEX2.10 版中的数据记录格式，而气象数据文件和 SBAS 导航电文文件与 RINEX2.11 版中的数据记录格式相同，所以相对于 RINEX2.10 版，RINEX3.00 版最大的区别主要表现在观测数据文件之中。在 Galileo 导航电文对外发布时，定义 Galileo 的导航电文文件格式。

随着 GNSS 的不断发展，RINEX3.00 版也在不断更新中，2020 年 12 月发布的 RINEX3.05 版全面支持 BDS-2 和 BDS-3 的信号。下面针对 RINEX3.00 版的主要内容及格式进行相关介绍。

4.4.2　RINEX3.00 版文件类型

RINEX 文件编码采用了 ASCII 字符，包含以下三种类型的文件：

(1) 观测数据文件。

(2) 导航电文文件。

(3) 气象数据文件。

每个文件类型由标题部分和数据部分组成。头部分包含整个文件的全局信息，并放置在文件的开头。标题部分包含标题栏中每一行的第 61～80 列的标题标签，这些标签是强制性的，必须在这些描述和示例中显示出来。该格式已经对最低空间要求进行了优化，独立于特定接收器或卫星系统的不同观测类型的数量，并在标题中指示为该接收器存储的观测类型和观测到的卫星系统。在允许可变记录长度的计算机系统中，观测记录可以尽可能地缩短。跟踪空白可以从记录中删除，对观测记录没有最大记录长度限制。

每个观测文件和每个气象数据文件基本上都包含一个站点和一个时段的数据。从 RINEX2.00 版开始，还允许包含在一个快速静态或运动应用中接收器所使用的多个站点的观测数据。尽管 RINEX2.00 版和更高版本允许将某些头记录插入数据部分，但不建议将多个接收器(或天线)的数据连接到同一个文件中，即使数据不能及时重叠。

RINEX1.00 版导航消息文件的数据记录格式与前 NGS 交换格式相同。RINEX3.00 版导航电文可能包含多个卫星系统的导航信息(GPS、GLONASS、BDS、Galileo、QZSS、IRNSS 和 SBAS)。

最初的 RINEX 文件命名约定是在微软磁盘操作系统时代实现的，当时文件名被限制为 8.3 个字符。现代操作系统通常支持 255 个字符文件名。新文件命名约定的目标是比 RINEX2.11 文件命名约定更具描述性、灵活性和可扩展性。图 4.7 列出了 RINEX3.02(以及后续版本)文件命名约定的元素。

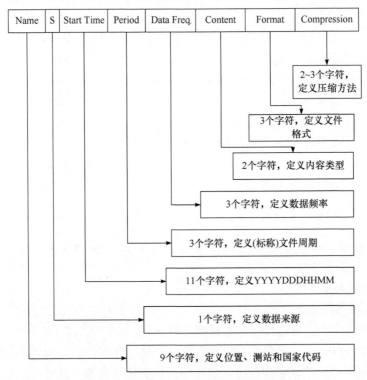

图 4.7　RINEX3.02 文件命名约定的元素

所有元素都是固定长度的，除了使用周期的文件类型和压缩字段之外，它们被一个下划线隔开，"_"作为一个分隔符。字段必须添加"0"来填充字段宽度，文件压缩字段是可选的。表 4.95 列出了 GNSS 观察和导航文件的示例文件名。

表 4.95　GNSS 观察和导航文件的示例文件名

文件名	注释
ALGO00CAN_R_20121601000_01H_01S_MO.rnx	混合 GNSS 观测文件包含 1h 的数据，采样间隔为 1s
ALGO00CAN_R_20121601000_15M_01S_GO.rnx	GPS 观测文件中包含 15min 的数据，采样间隔为 1s
ALGO00CAN_R_20121601000_01H_05Z_MO.rnx	混合 GNSS 观测文件中包含 1h 的数据，采样间隔为 0.2s
ALGO00CAN_R_20121601000_01D_30S_GO.rnx	GPS 观测文件包含 1 天的数据，采样间隔为 30s
ALGO00CAN_R_20121601000_01D_30S_MO.rnx	混合 GNSS 观测文件包含 1 天的数据，采样间隔为 30s

续表

文件名	注释
ALGO00CAN_R_20121600000_01D_GN.rrnx	GPS 导航电文文件包含 1 天的数据
ALGO00CAN_R_20121600000_01D_RN.rnx	GLONASS 导航电文文件包含 1 天的数据
ALGO00CAN_R_20121600000_01D_MN.rnx	混合 GNSS 导航电文文件包含 1 天的数据

4.4.3　观测文件

GPS、Galileo 和 BDS 的新信号结构使得基于多个通道的一个或多个组合产生代码和相位观测成为可能：双通道信号由 I 和 Q 组件组成，三通道信号由 A、B 和 C 组成。此外，还可以对 E5a + E5b Galileo 频率的组合进行宽带跟踪。为了缩短观测代码，但仍然允许对实际信号生成过程进行详细的描述，代码的长度从 2 个(版本 1 和 2)增加到 3 个，添加一个信号生成属性。代码 tna 由三个部分组成，具体含义见表 4.96。

表 4.96　RINEX3.05 观测文件组成

t：观测类型	C-伪距	L-载波相位	D-多普勒	S-信号强度	X-通道号
n：带宽/频率	1，2，…，9				
a：属性	跟踪模式或通道，如 I，Q，C，P 等				

例如，L1C：C/A 码来自 L1 载波(GPS，GLONASS)；在 E2-L1-E1 频段的载波通道来自 Galileo。

C2L：L2C 伪距源自 L 通道(GPS)。

C2X：L2C 伪距来自混合(M+L)码(GPS)。

表 4.97 为 RINEX3.05 版 BDS 观测文件。

表 4.97　RINEX3.05 版 BDS 观测文件

GNSS	频率带宽/频率	通道或代码	观测文件代码			
			伪距	载波相位	多普勒	信号增强
BDS	B1/1561.098 (BDS-2/3 信号)	I	C2I	L2I	D2I	S2I
		Q	C2Q	L2Q	D2Q	S2Q
		I+Q	C2X	L2X	D2X	S2X
	B1C/1575.42 （BDS-3 信号）	数据分量	C1D	L1D	D1D	S1D

续表

GNSS	频率带宽/频率	通道或代码	观测文件代码			
			伪距	载波相位	多普勒	信号增强
BDS	B1C/1575.42 （BDS-3 信号）	导频分量	C1P	L1P	D1P	S1P
		数据+导频	C1X	L1X	D1X	S1X
	B1A/1575.42 （BDS-3 信号）	数据分量	C1S	L1S	D1S	S1S
		导频分量	C1L	L1L	D1L	S1L
		数据+导频	C1Z	L1Z	D1Z	S1Z
	B2a/1176.45 (BDS-3 信号)	数据分量	C5D	L5D	D5D	S5D
		导频分量	C5P	L5P	D5P	S5P
		数据+导频	C5X	L5X	D5X	S5X
	B2/1207.140 （BDS-2 信号）	I	C7I	L7I	D7I	S7I
		Q	C7Q	L7Q	D7Q	S7Q
		I+Q	C7X	L7X	D7X	S7X
	B2b/1207.140	数据分量	C7D	L7D	D7D	S7D
		导频分量	C7P	L7P	D7P	S7P
		数据+导频	C7Z	L7Z	D7Z	S7Z
	B2(B2a+B2b)/ 1191.795 （BDS-3 信号）	数据分量	C8D	L8D	D8D	S8D
		导频分量	C8P	L8P	D8P	S8P
		数据+导频	C8X	L8X	D8X	S8X
	B3/1268.52 (BDS-2/3 信号)	I	C6I	L6I	D6I	S6I
		Q	C6Q	L6Q	D6Q	S6Q
		I+Q	C6X	L6X	D6X	S6X
	B3A/1268.52 (BDS-3 信号)	数据分量	C6D	L6D	D6D	S6D
		导频分量	C6P	L6P	D6P	S6P
		数据+导频	C6Z	L6Z	D6Z	S6Z

4.4.4 导航电文

GNSS 导航电文格式各个版本基本变化不大，以 RINEX3.05 版为例，表 4.98 为北斗导航电文数据记录格式，图 4.8 为北斗导航电文示例。

表 4.98　北斗导航电文数据记录格式

观测文件记录	描述	格式
SV/EPOCH/SV CLK	(1) 导航系统(C)，卫星编号(PRN) (2) 历元：Toc-年(4 位) (3) 月，天，时，分，秒 (4) 钟差 (5) 钟漂 (6) 钟漂变化率	A1,I2.2, 1X,I4 5,1X,I2.2, 3D19.12 *)
广播星历-1	(1) AODE 数据龄期：星历表和范围是 0～31 (2) C_{rs} (3) Δn (4) M_0	4X,4D19.12 **)
广播星历-2	(1) C_{uc} (2) e (3) C_{us} (4) $\sqrt{A}$	4X,4D19.12
广播星历-3	(1) T_{oe} (2) C_{ic} (3) Ω_0 (4) C_{is}	4X,4D19.12
广播星历-4	(1) i_0 (2) C_{rc} (3) ω (4) $\dot{\Omega}$	4X,4D19.12
广播星历-5	(1) IDOT (2) 备份 (3) BDT 周数 (4) 备份	4X,4D19.12 ***)
广播星历-6	(1) SV 精度定义名义值，N 取 0～6：使用 $2^{1+N/2}$(取值到小数点后 1 位，即 2.8、5.7 和 11.3)，N 取 7～15：使用 2^{N-2}，8192 指定使用风险 (2) SatH1 (3) TGD1 B1/B3(s) (4) TGD2 B2/B3(s)	4X,4D1.12
广播星历-7	(1) 传输时间　****)(BDT 周数) (2) AODC 范围为 0～31 (3) 备份 (4) 备份	4X,4D19.12

*) 为了考虑各种编译器，指数指示符允许在导航消息文件中所有浮点数的分数和指数之间的字母 E、e、D 和 d，需要用"0"填充的两位数指数。

**) 角度需要转换成弧度。

***) BDT 周数是一个连续的数字，在广播星历中占 13bit，第一周开始于 2006 年 1 月 1 日 0 时，BDT 周数范围为 0～8191 周，8191 周后重新循环。

****) 通过±604800 来调整信息的传输时间，如有需要，可在广播星历-5 中引用所报道的周，若不知道该值，则将其设置为 0.9999×10^9。

```
   3.05              NAVIGATION DATA   M (Mixed)                RINEX VERSION / TYPE
BCEmerge              montenbruck       20140517 072316 GMT  PGM / RUN BY / DATE
DLR: 0.Montenbruck;   TUM: P.Steigenberger                    COMMENT
BDUT −9. 3132257462e−10  9. 769962617e−15      14   435      TIME SYSTEM CORR
                                                             END OF HEADER
C01 2014 05 10 00 00 00  2. 969256602228e−04   2. 196998138970e−11   0. 000000000000e+00
   1. 000000000000e+00   4. 365468750000e+02   1. 318269196918e−09−  3. 118148933476e+00
   1. 447647809982e−05   2. 855051756084e−04   8. 092261850834e−06   6. 493480609894e+03
   5. 184000000000e+05−  2. 654269337654e−08   3. 076630958509e+00−  3. 864988684654e−08
   1. 103024081152e−01−  2. 506406250000e+02   2. 587808789012e+00−  3. 039412318009e−10
   2. 389385241772e−10                         4. 350000000000e+02
   2. 000000000000e+00   0. 000000000000e+00   1. 420000000000e+08−  1. 040000000000e−08
   5. 184000000000e+05   0. 000000000000e+00
```

图 4-8　北斗导航电文示例

参 考 文 献

全国北斗卫星导航标准化技术委员会. 2022. 北斗三号区域短报文通信用户终端接口规范-第 2 部分通用数据接口: BD 430077.2—2022[S]. 北京:中国卫星导航系统管理办公室.

全国北斗卫星导航标准化技术委员会. 2019. 北斗/全球卫星导航系统(GNSS)RTK 接收机通用规范: BD 420023—2019[S]. 北京: 中国卫星导航系统管理办公室.

全国北斗卫星导航标准化技术委员会. 2015. 北斗/全球卫星导航系统(GNSS)接收机导航定位数据输出格式: BD 410004—2015[S]. 北京: 中国卫星导航系统管理办公室.

全国北斗卫星导航标准化技术委员会. 2015. 北斗用户终端 RDSS 单元性能要求及测试方法: BD 420007—2015[S]. 北京:中国卫星导航系统管理办公室.

全国北斗卫星导航标准化技术委员会. 2015. 北斗/全球卫星导航系统(GNSS)接收机差分数据格式(一): BD 410002—2015[S]. 北京: 中国卫星导航系统管理办公室.

全国北斗卫星导航标准化技术委员会. 2015. 北斗/全球卫星导航系统(GNSS)接收机差分数据格式(二): BD 410003—2015[S]. 北京: 中国卫星导航系统管理办公室.

中国卫星导航系统管理办公室. 2021.北斗卫星导航系统公开服务性能规范 3.0 版[R/OL]. http://www.beidou.gov.cn/xt/gfxz[2021-05-26].

中国卫星导航系统管理办公室. 2019. 北斗卫星导航系统空间信号接口控制文件公开服务信号 B1I 3.0 版[R/OL]. http://www.beidou.gov.cn/xt/gfxz[2019-02-27].

IGS/RTCM. 2020. RINEX—The receiver independent exchange format Version 3.05[R/OL]. ftp://igs.org/pub/data/format[2020-12-01].

第5章　北斗卫星导航系统军事应用

5.1　概　　述

GNSS 能够提供定位、测速、授时功能，是现代国防和国民经济建设不可或缺的重大空间信息基础设施。纵观人类导航尤其是现代导航技术的发展历程，往往拥有先进导航技术的族群或国家会在所在区域内拥有更强的生存能力和更多的话语权。

GNSS 具备巨大的军事应用价值，是现代战争武器系统效能的"倍增器"。军事需要是现代导航技术发展的主要推动力，卫星导航系统就是因军事需要而产生、发展的。美国子午仪系统、苏联 Tsikada 两个低轨道卫星导航系统以及目前应用广泛的 GPS、GLONASS 两个中轨道卫星导航系统本身就是美苏争霸时代的产物，其在军事上的作用已在近几十年的主要区域冲突中得到了充分验证。正是因为看到了卫星导航系统在军事上的巨大作用，几个区域强国或组织为保持自身发展战略的独立性，在已有两个全球卫星导航系统可供使用的情况下，耗费大量的人力、物力、财力，建设独立自主的全球卫星导航系统或区域卫星导航系统。在这样的背景下，出现了我国的 BDS、欧盟的 Galileo 系统、印度的 IRNSS、日本的 QZSS 等，此外诸多国家和组织还推出了大量卫星导航系统的增强系统。

卫星导航的基本作用是向各类用户和运动平台实时提供准确、连续的位置、速度和时间信息，谁拥有先进的卫星导航系统，谁就在很大程度上掌握了未来战场的主动权。卫星导航系统本身既是外层空间争夺战的产物，又是一个功能强大的军事传感器，成为天战、远程作战、导航战、电子战、信息战的重要武器。卫星导航系统的出现深刻改变了美军的作战理论及作战模式，自 1991 年海湾战争到科索沃战争、阿富汗战争、伊拉克战争等，GPS 在精确武器打击、为部队提供精确的位置和时间信息等诸多方面发挥了巨大的作用。1993 年，美国通过公共法案，规定国防部所有的飞机、舰艇、装甲车辆、地面武器系统在 2000 年 9 月 30 日前全部装备 GPS 设备，否则将不能获得采购或改进资金。美军参谋长联席会议主席曾说过，如果没有了 GPS 的支持，美国甚至连一场战斗都无法取胜，更不用说打赢一场战争了。

随着高技术武器装备的研发和使用，现代战争无论是在时空规模，还是在作战形式上都发生了根本性变化。虽然卫星导航系统不是战斗实体，但其能提升战斗实体的战斗力。在现代战争中，卫星导航系统在协同作战、战术战略导弹制导、飞机航行与进场、飞机会合与空中加油、定点轰炸、伞兵空降、海上舰船航行、炮兵快速反应、地面部队调动、单兵实时定位、营救被困飞行员等军事行动中发挥了关键作用。卫星导航系统在战前部队的调动与部署，战争期间的指挥控制、部队机动、精确打击，战后评估、全空间防卫以及后勤保障中都能发挥重要作用，在战争的各阶段影响着战争的方式和效能，对现代战争的成败至关重要。

北斗一号卫星导航系统建成后，为我军各军兵种中低动态及静态用户提供了快速定位、简短数字报文通信和授时服务，改善了我军长期缺乏自主有效的高精度实时定位手段的局面，使我军可以实现看得见的指挥、胸有成竹的机动、卓有成效的协同，增强了我军快速反应、快速机动和协同作战能力，初步满足了我军在执行训练、演习、边海防巡逻、抢险救灾、反恐维稳、防暴平暴和高技术局部战争等任务中对导航定位的需求。

实现指挥自动化、作战快速精确化是信息化军队发展的基本趋势，其重要特征体现在武器装备信息化，采用先进的信息技术不断提升武器装备系统的性能。卫星导航系统的发展规划需要与国防战略和装备能力相适应，北斗一号卫星导航系统解决了我国对导航应用领域的急需问题，但受限于技术，并不适用于高动态用户且用户数量有限，难以适应我军信息化装备建设。随着军队信息化装备建设进程的不断推进，陆军、海军、空军、火箭军等对卫星导航定位技术的应用需求已变得越来越迫切。2012 年 12 月，作用范围覆盖亚太区域的北斗二号卫星导航系统正式建成并投入使用，各军兵种进行了大量北斗导航应用的典型示范项目，充分验证了卫星导航系统对提升部队作战效能的巨大作用，我军也正积极推进北斗卫星导航系统在各军兵种的装备集成改造和装备配备工作。随着覆盖全球的北斗三号卫星导航系统的全面建成，我军将能够利用自主的北斗卫星导航系统实现全球空间的导航、定位服务。

建设独立自主的卫星导航系统是实现国家战略利益拓展、和平崛起的需要，是建设信息化部队、打赢信息化战争的根本保证。数字化战场、数字化武器、数字化部队、数字化士兵等信息化作战指挥的重要基础都离不开卫星导航系统装备的支持，北斗卫星导航装备应用范围广、应用模式多样、应用环境复杂。本章将主要讲解卫星导航系统在一体化作战和各军兵种中的一些主要应用方法和应用案例，由于 GPS 和 GLONASS 建成较早，在实战中积累了大量应用案例，本书中的许多案例是基于这两个系统的。北斗卫星导航系统(北斗二号、北斗三号)的定位体制与系统功能与其他两个系统类似，因此这些应用案例同样适用于北斗卫星导航系统在我军装备建设及作战中的应用。在各军兵种中类似的卫星导航系统应用方式将合并在一个军兵种的应用中重点讲述。

5.2　在一体化作战体系建设中的应用

现代战争是多军种、多兵种的协同作战，多维战场空间融为一体，战争的时空特性发生了重大变化，具有突发、快速、机动、大纵深、全方位、立体化等特点。卫星导航定位技术是现代信息化作战的"眼睛"和传感器，是建立统一时空基准的有效方式，是一体化作战系统的重要组成部分。

5.2.1　高精度军用标准时间传递

几乎所有的信息都是以电磁波的形式在空间传播的，频率(或波长)是电磁信号的基本特征。信息获取、信息传递都与时间频率的准确性和稳定性相关，频率测量已成为空间信息获取和信息传递的基本手段，精确的空间测量实际上是时间频率测量，没有精确的时间频率测量就不可能实现高分辨率的空间信息获取。为提高现代作战的协同性和远程目标打击时的精确协调，作战指挥、信息融合、战场感知、指挥控制、精确打击、侦察预警、反卫反导都要求有统一的时间参考，高精度、高可靠的时间频率信息是诸军兵种联合作战的基础，统一、精准和可靠的时间服务是现代战争克敌制胜的基本要求，没有统一的时间，就不可能实现真正意义上的联合作战。2002 年中国香山科学会议第 181 次学术讨论会(卫星导航星载原子钟与时间同步专题)上，与会专家认为：高精度的时间频率是信息化建设的基础；在精确打击的意义上，原子钟比原子弹还要重要，高精度的时间频率已经成为当今世界武器装备系统中的核心技术之一。若作战平台内各处理设备之间的时间基准不一致，则各平台传送来的信息无法进行融合，从而无法实现战场态势共享和精确作战。例如，由于时间系统不一致，一架敌机经不同区域的雷达等系统识别传输到指挥部后可能会变为一群飞机。

战场信息具有时效性，在信息化战场中，时间是信息化战场的核心要素，电子设备的性能及其可靠性是最基本的战场保障，而高精度的频率源则是电子设备的心脏，建立并提供时间频率服务对国防具有十分重要的意义，因此各主要国家都通过若干的时间频率实验室提供独立自主的时间服务，这些时间频率实验室往往由军方控制，在兼顾民用需求的基础上，优先满足国防军事的需要。

美国国防部标准时间是美国海军天文台(United States Naval Observatory, USNO)保持的协调世界时 UTC(USNO)。美国海军天文台守时原子钟包括 73 台 HP5071 铯钟、18 台氢原子钟和 2 台铷原子喷泉钟，分布在华盛顿本部和科罗拉多斯里佛空军基地，守时钟组安放在温度控制为 0.1℃、相对湿度控制为 1%的 19

个钟房内。设在科罗拉多斯里佛空军基地(邻近 GPS 主控站)的备份时间是美国国防部时间频率保障的重要组成部分，通过卫星双向时间频率传递(two-way satellite time and frequency transfer，TWSTFT)方法保持时间同步，时间比对精度优于 1ns，播发手段主要包括 GPS、Loran、电话、网络等。

俄罗斯国家时间频率的最高协调机构是国防部、标准化与计量委员会及其他 9 个部委联合组成的部级委员会，时间统一系统由时间播发系统、时间频率标准基地、地球自转周期测量系统、计量保障系统等组成。俄罗斯国家时间标准分为 4 级：国家标准时间(一级时间)、备份时间、二级时间和用户时间。俄罗斯国家标准时间 UTC(SU)由俄罗斯国家时间频率服务中心(即俄罗斯时间计量与空间研究所)建立和保持。守时钟组包括俄罗斯生产的 15 台高性能氢原子钟和 1 台实验室铯基准钟。备份时间由均匀分布在俄罗斯境内的 4 个单位分别保存。二级时间由均匀分布在俄罗斯东南边境的新西伯利亚、伊尔库茨克、哈巴洛夫斯克、彼得洛夫斯克 4 个单位保持，二级时间保持单位的设备除铯基准钟以外，与保持国家标准时间的设备一样，只是原子钟数量略少。俄罗斯标准时间信号的播发手段有电视、无线通信系统、有线通信系统、短波无线电系统、长波无线电系统、超长波无线电导航系统和卫星导航系统(GLONASS)，播发系统基本上由国防部控制。

德国、法国、英国、意大利等欧盟国家都有自己的时间统一体系，其不但有自己的时间频率实验室，而且拥有自己的时间频率播发手段。德国的物理技术研究院(Physikalisch-Technische Bundesanstalt，PTB)保存着世界上最精确的频率基准，欧洲的一些中小国家的时间频率直接溯源于德国 PTB。世界上第一台最先进的频率基准——铯喷泉原子钟是由法国研制成功的。我国时间服务现状见表 5.1。

表 5.1　我国时间服务现状

名称	授时精度	覆盖范围	工作时间
北斗三号 卫星导航系统	20ns	全球	全天
长波授时台 BPL	地波：1μs	1000km	13:00～21:30
	天波：50μs	3000km	
短波授时系统 BPM	定时：1ms	3000km	全天
低频时码系统 BPC	定时：0.5ms	1800km	全天
电视授时	地面定时：1ms	北京地区	电视信号播发时间
	卫星定时：0.1ms	卫星覆盖	
网络授时	300ms	网络覆盖地区	全天
电话授时	10ms	电话接入地区	全天

用户通过北斗授时型用户机的单向授时和双向定时功能，建立准确、可靠、稳定的授时系统，使各个固定的和机动的作战平台与军用标准时间保持高精度同步，可广泛应用于各种武器发射、高速传输、测量控制、信息化系统平台的时间传递与同步，与统一的空间基准结合使用可实现各军兵种在统一时空坐标系下的高度协同作战。基于军用标准时间可以在作战地域内建立高精度的统一作战时间。

5.2.2　统一的战场空间基准构建与传递

信息化、多兵种与多武器协作是现代化军事技术的发展方向，数字化战场建设需要统一的空间基准，而大地测量基准是现代信息作战平台和国家侦察防卫体系构建的基本条件，是实现国家军事体系从机械化向信息化转变的重要基础，我国目前采用的 CGCS2000 坐标系属于协议地球参考系，采用 CGCS2000 参考椭球，原点为地球质量中心，X 轴为国际地球自转服务 (international Earth rotation service,IERS) 参考子午面与通过原点且同 Z 轴正交赤道面的交线，Z 轴指向 IERS 定义的参考极方向，Y 轴与 Z 轴、X 轴构成右手地心地固直角坐标系，CGCS2000 的参考历元是 2000.0。目前，GNSS 定位技术是构建大地测量基准的主要方法，我国 CGCS2000 坐标系的构建及更新就是主要利用了卫星精密测量的长期观测数据。

卫星导航系统是传递统一战场空间基准的最高效手段。战机、战舰、坦克等各类机动武器平台均需要实时确定自身位置，需要侦测、打击的目标也需要一个统一的坐标表达形式，机动靶场建设需要高精度的易于联测的地心参考基准。北斗卫星导航系统终端为分布在整个战场上的各参战单位提供准确的实时位置，再通过网络通信分别广播出来，快速实现传递坐标基准，使整个战场的信息在统一的空间基准中。北斗卫星导航系统可以与空天指挥自动化网络或全军指挥自动化网络联网，使所有参战成员了解整个战场己方单位的分布及相对位置，实时为各级指挥部门、各军兵种提供战场态势和联合作战部队的动态位置信息，可将部队和各种空天装备的机动位置实时显示在电子地图或作战屏幕上，指挥员实时监控各作战单元动态位置的变化情况，便于准确决策，进行高效、准确的指挥调度，实现高效的协同指挥和联合作战。

5.2.3　一体化作战平台集成

信息化条件下的大规模局部战争涉及面广、对抗性强，在一般意义上，依靠单一军种很难达到战争目的，诸军兵种联合作战成为必然选择。战争的胜利与部队调遣的及时性与准确性、火力支援和空中支援的效率密切相关，北斗卫星导航系统能够为部队的数据分发、战场定位以及识别提供有力的保证，有效使用各种力量，将战斗力集中在最需要的时间和空间上，准确地打击敌人，有效地保存自己。在 20 世纪 90 年代以来发生的几场较大规模的局部战争中，诸军兵种实施陆、海、空、天、电一体化联合作战，作战效能整合，形成了强大战斗力。

C⁴ISR 系统是自动化指挥系统发展的高级阶段的产物，C⁴ 分别指的是指挥 (command)、控制(control)、通信(communications)、计算机(computers)，ISR 分别指的是情报(intelligence)、监视(surveillance)和侦察 (reconnaissance)(周碧松，2015)。数据链是 C⁴ISR 系统的组成部分，在各传感器、指挥所和作战单元之间建立无缝连接，使所有的作战单位形成统一的作战体系，使作战方式从单打独斗升级为体系的对抗。美军 Link-16 数据链的通道是联合战术信息分发系统(joint tactical information distribution system，JTIDS)，该系统于 20 世纪 80 年代投入使用。20 世纪 90 年代，美国和北约的 7 个国家共同开发了新一代的多功能信息分发系统(multi-function information distribution system, MIDS)，现在美国和北约的战斗机上大量装备了 MIDS，MIDS 与 JTIDS 在功能和性能上基本没有差别，但 MIDS 属于美国和北约国家共同的系统，其设备不仅符合美国标准，也符合欧洲标准(李跃等，2008)。

JTIDS/MIDS 的基础是数字式微波通信网络，网络结构为时分多址，网络成员基于一个统一的时间基准，共用一个微波通信网络，能迅速收集来自战场的各种情报信息，实时指挥三军协同作战，以充分发挥最大的总体作战效能。数据链传来的信息汇总到一体化平台上，在一体化平台上迅速形成敌我态势图，敌我态势图包括己方参战平台的位置分布和运动矢量，以及敌方或属性不明方平台的位置和运动矢量。己方平台是合作目标，其位置和运动矢量可由平台上携带的卫星导航设备或其他导航设备给出。对于非合作目标，则只能依靠雷达等传感器产生，例如，机载雷达或舰载雷达只能探测到目标对雷达基座而言的距离、方位和俯仰角，而这些雷达是装在实时位置、航向角、俯仰角和横滚角都在不停变化的平台上，各平台除了把自身导航设备产生的位置等信息通过数据链播发出去，还将平台探测器探测到的己方平台位置播发出去。JTIDS/MIDS 是一种集成的通信、导航和识别系统。通信是播发己方成员的位置信息、敌方跟踪信息，具有危险报警和引导信息分发功能及数字语音通信功能，还具备相对导航、绝对导航和模拟塔康导航等功能，JTIDS/MIDS 的平台之间可相互交换各自位置并具有内在识别功能。目前，所有 JTIDS/MIDS 端机均与 GPS 装备组合，在 GPS 未受干扰时采用卫星导航系统的高精度时间信息、位置信息，在卫星导航系统不能工作时，采用其相对导航功能。

高技术战争已经不是单件武器之间的对抗，而是信息融为一体的体系之间的对抗，将作战体系与 C⁴ISR 系统融为一体，使得信息可融合至各个作战单元、各个作战层次，信息火力一体。依靠一体化信息网络，空中作战指挥机构能够实时获取目标数据，并对各种火力打击平台实施准实时的指挥与控制，基本实现了发现即摧毁。近年来，美国空军发展的"舒特"系统，集情报侦察、指挥控制、信息网络战和火力战等于一体，形成了基于信息网络的一体化作战体系。在科索沃战争中，从发现目标到决策打击需要 1h，在阿富汗战争中这一过程缩短至 10min，伊拉克战争则仅需要几分钟。

在现代战争中，美军导航应用装备广泛应用于指挥自动化系统，与现代信息通信网络、侦察监视等技术综合运用，从而实现对各种作战的指挥与协同，美国陆军的"21 世纪旅及旅以下部队作战指挥(force XXI battle command brigade and below，FBCB2)系统"就是 GPS 导航装备在指挥控制领域综合运用的成果。FBCB2 系统通过 GPS 确定己方和友方部队的位置，用 L 频段卫星通信装备不间断地传送数据，为各个武器、战术车辆和战术作战中心提供准实时的作战指挥信息和态势感知信息，使战场上的官兵以三维方式实时观察战场的地形和态势。在伊拉克战争中，FBCB2 系统首次投入实战，当时美军所有陆军、海军陆战队，英国陆军连级单位以及一些直升机都装备了该系统，其为作战部队提供了其他任何系统难以比拟的战场态势感知能力，对作战指挥起到了非常积极的作用。

北斗卫星导航系统具有 RDSS 和 RNSS 两种工作模式。在训练和作战过程中，可以按作战编成编配的用户机使用，实现指挥机关对所属作战单元的实时监控和指挥，为组织部队精确机动、精确打击、精确协同、精确保障创造条件，充分发挥卫星导航在作战指挥控制中的重要作用。指挥型用户机可供指挥机关用于作战指挥，指挥型用户机除具有其他类型用户机的定位、简短数字报文通信和授时功能外，还有一个重要功能，即在不增加系统信息传输量的情况下，能与所辖用户机一起同时收到中心控制系统传给所辖用户机的信息，为指挥机关对部队实施指挥提供了非常便利的条件。以指挥型用户机为基础，配以计算机、地图数据库、大屏幕监控显示设备、信息输入输出设备和大容量存储器等设备，各级指挥机关可以建立作战指挥管理系统。利用该系统，指挥机关可以收集、存储、处理和显示所辖用户机的位置和报文信息，实时掌握所属部队及重要武器装备行动的时间、路线、具体位置等有关情况，以便及时调整部署、实时指挥作战、抓住战机、运筹帷幄。

基于北斗卫星导航系统的作战指挥平台可以实现作战单元位置确定、作战标图与计算、作战态势实时监控、时间基准高精度统一时空基准、报文收发与管理、载体及武器平台轨迹跟踪与重播、危险情况自动报警、战场搜救与救援、多信源信息采集与情报整合、情报成果共享与查询、火炮射击诸元自动传输、多目标数据实时接收和分发处理等功能。近年来，我军已初步构建北斗应用服务保障体系，实现了态势监控、控制指挥、作战保障能力的综合集成。

5.3　在陆军装备及作战中的应用

5.3.1　概述

陆军是最古老的兵种，从军队存在开始就有陆军。现代陆军主要由步兵、装甲兵、炮兵、陆军防空兵、陆军航空兵、电子对抗兵、工程兵、防化兵、通信兵、侦察兵、特种部队等兵种组成，是一个多兵种、多系统和多层次有机结合的整体，具有强大的火力、突击力和高度的机动能力。

受科索沃战争的影响，陆军在战争中的地位不断受到质疑。然而近年来美国、俄罗斯、以色列等国的实践表明，必须运用足够的地面部队才能达成预期的政治和军事目的。陆军和地面武装力量不但要担负维护主权独立和领土完整，维护国内稳定和参加境外行动等多重任务，在保障国家安全和利益拓展中也将扮演越来越重要的支撑性角色，在国际局势持续动荡、热点问题不断爆发、我国安全环境日趋复杂的情况下，为我国国际市场、海外能源资源、战略通道以及海外机构、人员和资产提供有力的安全保障也成为重要内容(张新征等，2017)。陆军转型是当今世界军事转型的重点和难点，在空军争相向太空化迈进、海军继续向航母化迈进的背景下，陆军也在借助陆军航空兵的优势，构建低空作战体系。

北斗导航单兵及集成装备已经成为陆军军事训练、日常值班、跨区演习、指挥控制的重要保障手段，为部队的指挥调度、作战和训练提供了有效的导航定位手段。

5.3.2　单兵作战系统集成

在信息化条件下，作战区域更宽，纵深更大，而投入的参战兵力却大幅下降，为此世界各国都在积极研制可提高参战人员野战生存能力和战斗能力的士兵系统，在保障士兵野战生存能力的前提下，进一步提高单兵作战效能。单兵野战生存与战斗保障系统离不开卫星导航技术的支持。士兵可以利用 GNSS 定位终端实时准确了解自己所处的位置，即使在丛林、沙漠中作战也不会迷失方向。系统不仅可以为保障士兵生存提供基础，还能进行单兵之间、士兵与指挥官之间的协调，有利于提高战斗效能。在海湾战争中，美军为满足作战需求，几乎为所有的单兵配备了 GPS 设备，卫星导航终端提供的准确位置信息使美军第 24 机械化步兵师能够准确地实施夜间机动作战。美军研发了"陆上勇士"士兵系统，其由单兵计算机、电台、GNSS 导航仪、视频信号获取装置等组成。

现代战争具有成员多、范围大、时空广、瞬息万变的特点，因此作战单元位置的实时确定和报告尤其重要。美国从 20 世纪 70 年代初开始研制集通信、导航定位、识别于一体的定位报告系统，1981 年进行联合实验，1994 年全面装备部队。在海湾战争中，美国进行了实战试验，取得了成功的作战效能。定位报告系统可以将导航、通信和电子地图有机结合，在信息化战争中，每个作战单元可以结合电子地图，通过手持 GPS 用户机将自身的定位信息标绘在地图上了解位置关系，同时利用通信网络指挥控制中心也可了解下属部队的位置，有效提高对作战单元实施监控和指挥的能力。

美军典型的 GPS 接收机是国防高级 GPS 接收机(defence advanced GPS receiver, DAGR)，尺寸为 16cm×8.6cm×3.8cm，质量为 0.45～0.86kg，功率为 1W，2004 年设计定型，2008 年获得大规模推广，目前已装备 20 多万部。该接收机工作于 L1、L2 频段，采用双重密钥结构加密技术，并且增加了选择性、可用性、反欺骗模块(selective availability spoof module, SAASM)，保证接收机能有效抵御敌方对保密模块进行任何解密的企图，除具备定位、测速和授时功能外，还具备方位测定、目标位置测定、载波相位数据输出等额外功能，能够为作战人员提供态势感知、绘图以及卫星监视信息。2011 年 10 月，美国公司发布了新一代军用接收机，该型接收机采用通用 GPS 模块来处理 GPS C/A 码、P 码、M 码信号。

指挥活动的时效性是各级指挥机构在完成指挥任务过程中单位时间内表现出的工作效率，受到多种因素的影响和制约，超越层级式指挥的方式需要指挥与技术的新融合，美军全球信息网格(global information grid, GIG)提出"将军可以直接指挥单兵和单兵可以直接呼叫战机"的构想，在现代战场上，装配具备短报文通信功能的北斗用户机能够实现交叉指挥和各层级直接给单兵下命令。北斗卫星导航系统最独特的设计是把短信和导航相结合，除了让你自己知道在什么时间、什么地方，还可以将你的位置信息发送出去，使你想告知的其他人获知你的情况，解决了何人、何时、何地的问题，这种天然的定位报告系统在指挥自动化系统中具有很强的优越性。未来世界战场，将会让单兵在整个作战系统中得到显示。

在未来单兵作战系统中集成北斗导航装备，充分利用定位和通信功能，为单兵提供位置信息和时间信息服务，将单兵的位置信息动态、实时地传送到指挥机构，并及时向单兵发送各种指令，提高单兵作战和机动能力。具有定位功能或兼有简短数字报文通信功能的手持式或便携式用户机，可供徒步行进的单兵和分队使用。北斗用户机体积小、重量轻、操作简单、携带方便，装备陆军使用后，无论是在夜间、雾天或灌木丛林等条件恶劣的环境中穿插迂回，还是在沙漠、草原等没有明显地形地物可供判别位置(方向)的情况下行军机动,均可以不受地理和气候条件的影响，随时快速确定自己的精确位置，迅速准确地到达目的地。使用通信功能，可以及时与上级或友邻部队取得联系，报告自己所在位置，接收上级的指示，了解友邻部队的情况，构成战场态势图。当遭敌方投放生化武器、原子武器时，可快速确定其污染区域，通过短报文迅速报告指挥部，以便防化部队及时到达，采取有效措施。

5.3.3　作战车辆、装备的定位与跟踪

车辆是部队作战、机动的重要运载工具，是武器装备的重要载体，坦克、火炮载车、高机动多轮战车、单兵运载器、步兵战车、救援补给车辆等各种运输载体在联合作战中急需监控和指挥。利用北斗用户机提供的位置、时间信息，结合电子地图进行移动载体航迹显示、行驶路径规划和行驶时间估算，从而大大提高作战车辆、装备的机动能力。通过导航定位和数字短报文通信的有机结合可以在各种作战平台上实现指挥监控，将移动目标的位置信息和其他相关信息传送至指挥所，完成移动目标的动态可视化显示和指挥指令的发送，实现战区移动目标的指挥监控。

车载式北斗用户机天线可方便地安装在汽车、装甲车和坦克等战车的外壳上，主机放在驾驶室内，再配置地图数据库系统(含计算机及输入输出设备)，以电子地图形成行军路线自动标绘系统。如果在每辆车上装有北斗用户机，通过卫星导航系统的定位功能可实时获取自己准确的位置信息，并自动地标绘在电子地图的相应位置上，引导部队快速准确地机动，无论是在没有地形特征的沙漠，还是在崇山峻岭的山区，卫星导航技术都会给机械化部队、炮兵部队、导弹部队和后勤救援部队提供有力的支撑。北斗导航装备为机械化部队的快速推进、隐蔽行动、回避雷区提供了精确实时的导航定位信息；为火炮和导弹的发射点位置更新提供快速、可靠的定位信息和方位信息，提高了打击目标的精度；使坦克编队可在没有特征的沙漠地带完成精确的机动；使战车在山区或雨雾等视野受限的环境中高速行驶，为战斗胜利赢得宝贵的时间。利用北斗卫星导航系统的短报文通信功能还可以及时与上级及友邻部队取得联系，报告自己的位置，便于多兵种联合行动。

5.3.4　陆基精确制导武器打击精度提升

近现代火炮按用途可分为地面压制火炮、高射炮、反坦克火炮、坦克炮、航空机关炮、舰炮、海岸炮和要塞炮等，地面压制火炮包括加农炮、榴弹炮、加农榴弹炮、迫榴炮、步兵炮、无后坐力炮、迫击炮和火箭炮等。随着火炮射程的增加，由于风、大气密度变化、载药量等因素的影响，命中误差也会增大。例如，多管火箭炮的圆概率误差(circular error probable, CEP)在射程 45km 时约是 32km 时的 2 倍，此时为摧毁给定目标，需要发射数量更多的火箭。加农炮的情况也与火箭炮大致相似，也是射程越远，精度越差。为了在提高射程的情况下保证命中精度，自 20 世纪 90 年代开始，多个国家研究和试验利用 GNSS/INS 组合系统来

提高火炮的命中精度(李跃等，2008)。

　　炮弹在发射时要承受 4 种冲击加速度力：第一种是后坐加速度，其方向与炮弹飞行方向相反，向着炮尾，是 4 种加速度中最大的；第二种是前冲加速度，发生在炮膛出口处，由炮弹回弹减压引起；第三种是横向加速度，由炮膛不完美引起，当炮弹沿炮膛运动时表现为受到横向冲击；第四种是径向加速度，由炮膛来复线造成的离心力引起。这些加速度的大小和持续时间取决于火炮口径、炮膛长度、装药量和炮弹重量。大致分为以下几种：后坐加速度为 $8000g\sim16000g$，持续时间 $9\sim16ms$；前冲加速度为 $2000g$，持续时间 $1ms$；横向加速度为 $200g\sim5000g$，持续时间 $1ms$；来复线离心力为 $20\sim300r/s$。由于应用环境特殊，必须要对炮弹中的 GNSS 接收机进行加固，Interstate 电子公司将 GPS/INS 制导组件用于美国海军改进型 MK45 式舰炮炮弹，该制导组件装在 127mm 炮弹的前椎部，可承受 $12500g$ 的剧烈冲击。发射期间，在炮弹穿过炮管的几秒内，接收机快速捕获 P(Y)码信号。

　　2006 年，美国陆军野战司令部宣布其野战炮兵具备实施精确打击的条件，正在向精确打击战斗兵种转型。美军炮兵拥有的精确打击武器包括陆军战术导弹系统(射程 $30\sim300km$)、制导火箭(射程 $10\sim70km$)、精确攻击导弹/巡弋攻击导弹(射程 $10\sim100km$)、精确制导炮弹(射程小于 $40km$)、精确制导迫击炮弹(射程 $12\sim15km$)以及中程弹药(射程超过 8km)，其中精确攻击导弹/巡弋攻击导弹、制导火箭和精确制导炮弹中使用了 GPS/INS 组合制导方式。美军现役的陆军战术导弹系统(MGM-140ATACMS)采用了 GPS 制导方式，MGM-168 ATACMS-Block IVA 采用了 GPS/INS 组合制导方式，射程达 300km(焦维新，2015)。M982 型智能炮弹陆军战术导弹系统射程达 300km，打击精度为 35m，主要用于对低速移动的坦克、装甲车辆进行精确打击。GPS/INS 组合制导方式的"神剑"炮弹，射程为 50km，打击精度为 10m，口径为 155mm，主要用于对点目标和城区目标进行精确打击。以美国 L-3 通信公司的子公司 Interstate 电子公司生产的 GPS 精确制导炮弹为例介绍其炮弹工作过程。

　　(1) 从弹药库中领出炮弹，将其放在初始化台上。初始化台设有与炮弹 GPS 接收机的接口。初始化台从两个来源获得数据：一个是火炮上的 GPS 接收机提供 GPS 时，由初始化台转送至炮弹 GPS 接收机，用于 P(Y)码直接捕获；另一个是当地任务火炮控制机，为炮弹提供目标数据。此外，初始化台还向炮弹 GPS 接收机提供如下辅助：初始化中的接收机供电；视界内所有卫星的精密星历；SAASM 密钥；发射炮弹炮位自身位置；要打击目标的坐标。初始化台也以火炮 GPS 接收机的振荡器频率为参照校准炮弹 GPS 接收机振荡器的频率，此外还提供炮口指向和目标的其他信息。

　　(2) 将炮弹搬进火炮的弹仓，以等待上膛和开火。这一段等待时间短的几秒，长的达 20min。在这一段时间内，炮弹 GPS 接收机必须保持由初始化得到的数据、密钥和 GPS 时。接收机在这段时间精确保持 GPS 时的能力取决于其基准振荡器的频率不确定度。

(3) 开火之后，炮弹的主电池立即向弹载 GPS 接收机供电，而炮弹 GPS 接收机则详细检查其软件和进行加电自测试，若没有发现问题，则发出"已准备好截获(信号)"的报告。一旦收到"开始截获"的指令，炮弹 GPS 接收机便开始对卫星信号的 P(Y)码进行直接搜索，截获到至少 4 颗卫星信号，接收机便输出位置测量值与 INS 组合，并开始对炮弹进行制导。接收机一直工作到炮弹弹药散开或干扰电平大到接收机不能保持跟踪信号为止。

接收机工作越早，炮弹能够实施制导机动的时间越长。作为军事作战应用，接收机需捕获并跟踪 P(Y)码信号，而不是利用 C/A 码信号。捕获卫星信号是一个时间-频率的二维搜索过程，由于炮弹运动速度较快，多普勒效应较大，因此可减小卫星信号频率、时间的不确定范围以及利用并行搜索办法加快搜索。此外，干扰机很可能位于目标附近，随着炮弹向目标靠近，干扰电平加大。由于接收机截获信号所要求的信噪比远大于跟踪所要求的信噪比，所以接收机尽早地截获信号是非常重要的。除了要求炮弹内接收机能快速完成信号捕获，还必须设计其抗干扰和保密能力，可采用三项措施来提高抗干扰能力，即采用自适应调零天线、与惯性导航单元紧耦合组合和提高接收机本身的信噪比。

"布拉莫斯"是由印度和俄罗斯联合研制的导弹，该导弹重 3000kg，战斗部装备 200kg 的高爆弹头，射程不超过 350km，具备一定的隐身能力，突防速度马赫数接近 3，该导弹能从海上、陆地和空中发射。

5.3.5　敌情侦察与边界巡逻保障

北斗卫星导航系统提供的导航定位和简短数字报文通信功能，具有服务区域广、覆盖范围大、不易受地形与地物影响、实时性强、保密性好、具有一定的抗干扰能力。用户可以在点对点或点对多点之间进行高可靠的有效通信，为敌情侦察、边防、海岛部队的巡逻和训练提供一种十分有效的定位、通信手段。

北斗卫星导航系统能够大大便利敌情侦察员(如火炮前方观测员等)及武器装备平台自身快速定位(如火炮及雷达阵地的快速布列)，方便侦察员在越障前出、抵近侦察时利用北斗终端确定自身位置，测量得到敌方待攻击目标的位置，通过北斗终端再将目标点位置等敌情信息实时传回后方指挥部。采用卫星导航技术的空对地导弹、巡航导弹、制导导弹以及无人侦察机等装备，可以将弹药替换为监测数据传输装置，既可将战场实时景象传输给地面中心，使地面中心获取战场实时侦察信息，也可将敌方被打击后的毁伤图像传回地面中心，实时评估毁伤效果，为制定再次打击决策提供依据。

我国是陆地边界线最长的国家，边防巡逻涉及国家领土核心利益，边境地区安全形势复杂，大多是高寒缺氧的恶劣环境。边防部队既要担负繁重的边境管控任务，维护边疆地区稳定，又要做好反恐维稳以及防范他国战略牵制等军事斗争准备，其独立的作战方向和远离中央腹地等特点，要求部队必须具有很强的信息化保障能力。部队快速机动、定位通信、监控管理都对导航定位手段提出了较高要求。构建基于北斗卫星导航系统的管边控边综合指挥系统，能够将应急处置突发行动的指令直接传达给战备分队，做到看得见、听得到、传得远、控得住。实现边情感知数字化、信息应用网络化、应急处置一体化，形成网络化指挥、数字化执勤、智能化管理、信息化边防新格局。

由于海洋具有丰富的资源，世界各海洋国家都把注意力由陆地向海洋转移，维护海洋权益需要综合运用政治、经济、外交、军事等多方面的力量和方法，我国军舰、海警船巡逻、民用船只捕鱼时均需要确切的位置信息，便于在我国海域内活动以防越界，出现争端时也可将实时回传的位置信息作为裁决依据。目前，我国研制的无人艇已经在海上巡逻、海洋车辆等方面得到应用。

5.3.6　现代军事后勤保障效率提升

随着世界军事变革的不断发展，现代战争对军事后勤保障的依赖性越来越强，后勤保障效率的高低直接影响战争的进程与胜负。现代军事后勤是一套集指挥、通信、导航和调度为一体的自动化网络，一体化作战客观上要求一体化后勤保障，联合勤务主要是为提高保障效益而在多个军种之间组织的联合勤务，联合勤务的发展方向是一体化。战场态势瞬息万变，物资投送往往要在隐蔽、静默等环境中进行，没有相互位置的沟通，有时会出现后勤补给人员按指令到达预定地点后发现作战人员已经撤离的情况，还有后勤供应部队在作战区域内与作战人员"擦肩而过"而没发现对方，甚至出现后勤部队穿插到了前线而不自知的情况，这些现象背后都有血淋淋的作战案例，增加了战场的伤亡。卫星导航系统可以在军事后勤领域发挥广泛而积极的作用，对现代后勤保障方式和效率产生了积极影响。卫星导航系统的全面应用可实现后勤与作战的协同以及海量物资的立体化精确部署；能够为所有后勤节点提供准确的实时位置信息，使指挥部可以掌握各节点的实时分布，从而进行调度与指挥；指挥后勤节点按照指挥部意图实时动态移动，以适应战争进程的需要。

具有全天时、全天候、全频域特点的信息化战争对后勤指挥控制提出了前所未有的高要求，为适应这种要求，各国军队的后勤指挥控制系统集成了包括卫星导航定位技术在内的大量军事高科技技术。通过构建适应我军情况的综合保障系统，能够使一线作战人员与后勤补给人员相互了解对方所在的位置，给养运输车能在沙漠中发现作战人员并为其提供补给，空中加油机与需要加油的作战飞机能够更快地相互找到对方，实现后勤保障部队与前方部队的快速、直接对接；利用卫星导航功能，选择正确、便捷的运输路线，实现增援部队、装备、物资的快速递送，实现军事物资的快速保障。

20世纪90年代，有的国家开始提出"全资产可视系统"的概念，目标是能及时准确地提供后勤物资信息，使物资运输过程透明化，实施高效供给，最终实现后勤保障精确化。全资产可视系统的一个重要环节就是后勤物资的途中可视和途中可监控，后勤车辆移动跟踪系统(movement tracking system，MTS)应运而生，卫星导航定位技术是其核心技术之一。MTS可分为三个模块：一是战区作战中心控制站模块，二是后勤车辆机动模块，三是手持式机动模块，主要由射频卡阅读器、无线电收发机、GNSS接收机、卫星通信装置和微型计算机等设备组成。后勤指挥部门和前线部队能实时了解车辆位置、物资分布及存储等情况，在战区内的任何地点对运输作业进行控制；指挥员可以根据战场态势及时做出相应部署或调整，不必等运输途中的车辆返回车队就可以随时调动，从而使其使用效能提高到原来的2~3倍。军队车辆肩负着作战保障和后勤保障的双重职能，主要担负部队输送、物资运输和工程作业等任务。在执行任务过程中存在数量多、分布散、执行区域多样化等情况，针对军用车辆的职能任务，为保障军用车辆的安全运行和车辆管理工作的实时动态管理，可以基于北斗卫星导航系统的导航定位、短报文通信和精确授时等功能，构建车辆动态监管平台，实现车辆运行状态监控、指令通信等功能。例如，我军构建了基于北斗卫星导航系统的"车辆动态监控管理综合系统"，实现了对下属各类车辆的动态监控指挥。青藏线、川藏线的运输车队使用该系统后，大大改善了青藏高原特殊地理环境下的车辆动态导航和通信联络状况。

进行陆上、空中和海上的快速搜索与紧急救援时，为迫降到地面的机组人员配备快速有效的救援设备一直是军队的难题。在海湾战争中，每10个落到地面的飞行员中就有5个飞行员因为无法与救援者联系而被俘。因此，美军飞行员广泛应用一种Hook-112救生无线电装置，在飞机被击落时，能够利用它进行GPS定位并发出带有位置信息的紧急呼救信号，为营救人员指引方向。目前，美军广泛应用的是作战幸存者藏身定位系统，该系统的质量为0.9kg，尺寸为20cm×8cm×4.5cm，主要用于识别、精确定位和双向救援通信，帮助救援队搜寻幸存者，其将GPS模块集成到低截获/低探测概率的超视距和直接通信装置中，幸存者可以通过简单的操作发送位置和身份识别数据，并在8s内收到盟军基站发出的确认信号，大大提高了搜索与救援能力，减少了人员损耗。

美军曾开发后勤卫星通信系统，该系统由嵌入式GPS定位模块、移动式卫星天线和一台便携式计算机组成，单兵使用该系统可在世界任何地方快速建立卫星通信网络，以及进入非密互联网，在增强美军后勤部队的通信联络能力的同时，传送所处位置的卫星定位结果，以便于及时申领和配送物资，及时交流后勤信息和人员状况，申请战斗机作战支援或救援直升机战场救援，降低战场人员的伤亡率。美军在伊拉克战争中使用战斗医疗协调系统，使用射频识别(radio frequency identification，RFID)技术和卫星导航定位技术，能够帮助战地急救人员查找伤员位置，处置并运送伤员，加快救治速度，并实现医疗救护的可视化。

　　基于北斗卫星导航系统的位置报告和短报文通信功能，可以基于北斗的应急救援保障体系，战时可为战场提供及时救援和精准保障，平时可用于保障部队参与抗震救灾中的生命救援等(袁树友，2017)。救援系统可由地面应急救援指挥中心、移动应急救援指挥分中心和应急救援终端三部分组成，融合通信卫星或其他辅助通信设备后可实现语音、图像、数据、位置信息的双向传输及系统的统一指挥调度，保证应急救援工作及时，确保自上而下指挥调度网络的畅通，提高战场应急指挥调度能力。2014 年，基于北斗卫星导航系统的中国海上搜救信息系统示范工程启动，面向广大海洋用户推广北斗海上搜救型手机及其他北斗终端设备，并通过在救助船舶上建设舰载基站，将公众手机信号延伸到沿岸基站无法覆盖到的救助船舶周围区域。

5.4　在海军装备及作战中的应用

5.4.1　概述

　　与陆上作战不同，海上作战通常无固定的战线，流动性极强，海洋是一个贯通的整体，其广阔的公海不属于任何国家，无法对其进行分割和占领。制海权是指交战一方在一定时间内对一定海洋区域的控制权，海战的胜负一般不直接决定领土主权的变更，只是决定海上行动自由权的获取或丧失，以便为后续的战争行动创造前提条件。掌握制海权实际上意味着解除了敌方通过海洋入侵或打击己方领土的威胁，也可对敌方本土施加各种程度和性质不同的压力与威胁，实现战略主动权。纵观近年来的战争，对于既无远程武器也无精确导航的国家，只能挨打而无有效还击能力，在海湾战争中，伊拉克海军在被美国海军击败后，只能任由美军及多国部队从多方向、多空间进行打击(郭松岩，2016)。

　　冷战期间，美国和苏联在全球战略争夺过程中，相继建立了远洋核舰队，目的是在战时掌握世界重要战略海域的制海权，获取海上兵力行动的自由权。茫茫大海，没有陆地上丰富的地面标志物，海洋中的全球精确导航一直是一个世界难题。美国、苏联分别建立子午仪卫星导航系统和 Tsikada 卫星导航系统的初衷之一就是要为其全球部署的核潜艇提供定位。

5.4.2　舰船导航与编队保障

海军作战范围广,作战载体主要是水面舰船和潜艇,在大洋中巡航需要实时确定自身的位置。以前我国大多舰船依靠地面无线电导航系统或者GPS/GLONASS实现导航,但它在战时给我国军队带来了很大的风险。北斗卫星导航系统建成后,可根据海军战舰的不同情况,配置适合海洋环境条件的各类舰载式用户机,进行航海导航和数字报文通信,为海军提供新的自主控制的导航信息源,改变了依赖国外卫星导航系统的局面,提高了定位精度,有效提升了航海导航保障能力。舰载式用户机天线安装在船体外部,主机设置在控制室内,用户机可引导舰船按预定航线航行,需要时,还可以通过用户机报告舰船的位置,接收上级指示,也可与友邻舰队取得联系,协调行动。

海军卫星导航设备按照搭载平台的不同可分为舰载(舰艇、潜艇)、机载(海军空中作战平台)、单兵、特种接收设备。美、俄等国的海军航母、巡洋舰等水面舰艇均配备了卫星导航系统,美国海军DDG-51等舰船装备了RCVR-3S接收机,"俄亥俄"级弹道导弹核潜艇、"洛杉矶"级攻击型核潜艇、"海狼"级攻击型核潜艇等装有AN/WRN-6卫星导航接收机,使潜艇的定位精度达到40~50m。美国、英国、德国、荷兰、新西兰、比利时、新加坡等国海军装备的海德罗伊德公司REMUS 100潜航器配备了GPS接收机,用于反水雷(李向阳等,2015)。

北斗二号卫星导航系统在海军舰艇、潜艇、预警机、鱼雷、浮标等装备中得到了广泛应用,有助于进行海上集结、海上营救和实施其他行动,能够帮助通过受限水域,精确设置水雷,使己方部队能规避水雷和对水雷进行回收,提升海军在复杂环境下的综合作战能力。适合潜艇使用的专用用户机具有很强的隐蔽性,隐蔽航行是保证潜艇作战效能正常发挥的关键,自主导航定位是潜艇水下隐蔽安全航行的前提。天线安放在浮板或伸缩拉杆的顶端,不用时收回潜艇内,需要时采用升降或抛弃的方式将天线放到水面收发信号。

北斗三号卫星导航系统建成后,北斗卫星导航装备可以在我国海军舰船亚丁湾巡航、大洋巡航与编队保障等全球活动中发挥重要作用。

5.4.3　海基精确制导武器打击精度提升

我国海域是中华民族赖以生存和发展的蓝色宝库,是抵御外来入侵的主要战场。我军在国家领土权益维护过程中经常遭遇军事强国航母舰队游弋我国沿海的威胁,以航母舰载机或舰载远程精确制导武器对敌方内陆重要战略目标进行打击是现代战争的重要作战形式。

为了提高远程武器发射的机动性和命中精度,需要现势性很强的高程数据、水深数据和高精度高密度的海洋重力场数据,登陆和抗登陆必须熟悉当地的海岸地形，了解岛屿和滩涂附近的变化，这些都需要精确的高程数据和水深测量数据。1989 年，美国海军开始对防区外发射的对地攻击导弹进行试验，这种导弹用 GPS/INS 制导在导弹撞击目标前 1min，导弹上的"白眼狼"数据链开始向 F/A-18 战斗机飞行员传送图像，飞行员用操纵杆选定具体弹着点并目视锁定目标，即时定位与地图构建(simultaneous localization and mapping,SLAM)在波黑战争中得到了应用，美国海军现在又发展了增程对地攻击导弹，使射程增加到 278km，还具有攻击机动目标的能力。在科索沃战争、伊拉克战争中，美军将以地形匹配和卫星定位为主要制导方式的"战斧"巡航导弹作为对陆攻击的主要武器，其射程为 1800km，目前，美国、英国、法国等已经将对陆攻击作为其海军的主要目标，正在积极研制新型对陆攻击舰和兼备近程、中程、远程打击能力的对陆攻击武器。2002 年 11 月，美军对研制的"战斧"4 型巡航导弹进行水下试射，在伊拉克战争中进行了实战检验，该型导弹采用了 GPS 制导、惯性制导、红外制导及景象匹配末制导等复合制导方式，可将打击目标的时间缩短为几分钟，能够在飞行距离不超过 400km 的战场上空盘旋 2～3h，实时接收卫星预警机、无人侦察机和地上指挥机构发来的信息，并根据收到的最新信息重新确定攻击目标的数据，然后对目标进行攻击(焦维新，2015)。

此外，卫星导航装备还可应用于先进防空反导系统，提升军队的防护力。著名的"标准"海基拦截弹(standard Missile, SM)是美国海军研制的一种动能拦截导弹，用于在大气层外拦截近程、中程以及远程弹道导弹。1995 年初，美国海军成功进行了 SM-2 三型增程"小猎犬"导弹上 GPS 辅助的惯性导航系统(GPS aided inertial navigation system，GAINS)的飞行试验，GAINS 作为 SM-2 导弹第三级导航器，GPS 提供的信息与雷达的修正数据相结合，为拦截弹中段飞行期间提供较高的制导精度，有助于成功拦截战区导弹。目前，美国海军在已部署的 SM-3 BLOCK 型系列导弹上加装了 GAINS，在提高战区导弹拦截成功率的同时，大幅提升了军队的防护能力。

5.4.4　海岛(礁)测绘保障

占地球表面积 71%的海洋是人类生存的重要空间，人类在海洋上的一切活动都或多或少地、精密地或粗略地需要知道自身在海洋上所处的位置。海上交通、海洋工程、渔业捕捞、防险救生、海上养殖、海上执法、海洋划界等都需要必要的位置信息，这些位置信息无疑依赖位置基准。数字技术和信息技术高度发展的现代化战争离不开各种各样的陆图和海图，基准统一的陆图和海图是军队联合作战最重要的基础性条件，与陆地上的测绘一样，海洋测绘的数据成果也必须纳入一定的参考框架内才有意义。为了表示海洋地理环境和物理环境信息，需要知道测量点的椭球(平)面位置、高程(或深度)、地球重力场信息以及海水温度、盐度、密度等信息。从测绘学的角度讲，海洋测量基准也应该由平面基准、垂直基准和重力基准组成。无论是国民经济建设、部队训练作战，还是海洋划界工作，都需要在严格的质量控制下建立一套全国甚至是全球统一的各类基准体系。目前，我国众多岛屿只有少量岛屿上有等级不高的控制点，国家重力基点在我国沿岸的分布还很稀疏，海洋重力测点的密度还有很大差距，以上所有数据都需要置于一个统一的基准中。海岛(礁)测绘不仅统一陆海测绘基准，为陆海地理信息共享和应用奠定了基础，而且开展海岛(礁)基础测绘工作，提供海岛(礁)位置、地形地貌等基础地理信息，对海岛(礁)开发利用、海洋经济发展、国防建设等具有举足轻重的作用。

海洋测绘基准理论研究不仅包括全球、区域和局部基准的建立、维持和更新，而且包括数据采集的方法和数据处理与分析，建立无缝海洋测绘基准，实现陆海基准的统一，提供不同基准之间的转换和传递。为此，国际上重点对数据采集方法和技术进行研究，尽可能多地采集相关数据，如验潮、船载重力、航空重力、卫星重力、卫星测高、地形测量、海洋测深、GNSS、水准测量等，研究多源数据融合处理方法，将传统的大地测量边值问题进行拓展。我国已经建成国家 GPS A、B 级网，全国 GPS 一、二级网和中国地壳运动观测网络，总点数达到 2500 多个。为了建设国家空间数据基础设施，必须建立在统一大地测量基准下能覆盖整个国土的陆海空间大地测量控制网。领海基线是确定一个国家海上疆界的基准线，领海基点则是划定领海基线的依据，国际上公认的 12n mile 领海以及 200n mile 的专属经济区，都是从领海基线的基点处起算的。领海基点的点位、分布情况、位置测定准确与否等，直接关系到我国海洋国土面积和专属经济区的大小。领海基点的对外公布是国家的一件大事，采用的坐标系统必须得到国际认可。

目前，GNSS 在海岛(礁)测绘方面的应用，主要体现在海岛(礁)区域的大地控制网布设、空间信息采集、海底地形信息采集、大地基准面的精化和深度基准的确定。目前，我国已经利用 GPS 基准站的观测数据建立了 CGCS2000 坐标系，为海岛(礁)测绘提供了新的参考系统；已经完成了覆盖全国 80n mile 的近海岛(礁)包括 770 个大地控制点的国家海岛(礁)大地控制网以及 6400 个主要海岛(礁)精确定位等工作。对于沿海岸线或沿海陆路区域，通常采用 GNSS RTK 技术；较远的海区则较多采用 GNSS 接收机与其他设备联合定位。在信息采集方面，随着遥感信息的采集和发展，GNSS 辅助与信息采集的测量平台也由单一船载向与机载、星载相结合转化。海岛(礁)测绘研究者先后利用专题制图仪多光谱资料和地球观测系统资料在岛礁定位、岸滩监测、岸线确定、浅海测深、海图修测等方面做了大量的工作，见图 5.1。

在海防线上，航标是引导舰艇航行安全的重要助航设施。1973～1979 年，西沙群岛的白礁、浪花礁附近的海域，由于未设立助航标志，先后触礁沉没的万吨

图 5.1　海岛(礁)测绘

级远洋货轮达 10 艘；1980 年，海军在该海域设立了 2 座灯塔，用于引导舰船安全航行，至今未发生船舶触礁沉没事故。目前，对军用航标的管理依然采用专业人员巡检和过往船舶主动报知的方式，军用航标架设于孤立的岛礁或人迹罕至的海角，巡检难度极大，导致维护成本高，航标人员劳动强度大，而且航标保障的实时性差，难以满足船舶实时性保障需求，对船舶航行安全造成极大隐患。为了实现航标遥控管理，海军启动了采用北斗的定位和信息传输功能实现军用航标遥测遥控管理的建设，完成了东海辖区近百座军用航标的监控任务，对航标的正常工作形成了保障能力，使航标管理人员在监控管理中心即可获知海上航标的工作状态、电源余量、工作电压、电流等动态信息，使航标的管理更加科学合理，有效减少了巡检次数，能够及时发现出现故障的航标，并在最短时间内排除故障，以确保船舶对航标保障的实时性需求(郝金明等，2013)。

　　海洋水文要素的分布规律和变化特点与海军作战行动密切相关，海洋重力、磁场的变化会影响导弹、鱼雷攻击的轨迹；海水密度会"歪曲"声波，潜艇进入不易被声呐探测的海区有利于隐蔽和设伏；海水温度、盐度垂直分布不连续形成温度跃层、盐度跃层，会使浮力出现差异，导致潜艇突然下沉。这些水文要素的采集也需要包含位置信息，GNSS 定位技术为海洋测量船等载体提供了高效的定位手段。

5.4.5　飞行器着陆与着舰

　　全天候、全天时的作战能力是取得战场主动权和赢得战争的重要保障，复杂电磁、气象环境下的飞行器着陆、着舰技术是国际上的研究热点和难点，目前国内军用飞机着陆主要依靠目视仪表、塔康和微波着陆系统等，其着陆阶段的精密进近过程对外部环境的依赖度较高，难以具备全天候、全天时作战飞机升空作战的能力。(固定翼)飞行器着舰时除需要自身精确的位置、姿态和速度信息外，更关注与降落载体之间的相对位置、姿态和速度数据，而目前的常规手段还难以满足复杂电磁、气象环境下飞行器着陆、着舰的技术需求。因此，迫切需要研究新的组合导航手段及导航融合方式，以满足飞行器着陆、着舰对可靠性、可用性的需求。

国外对于飞行器着陆、着舰的研究成果主要集中于 GPS、INS 及其组合技术方面。Honeywell(霍尼韦尔公司)和美国国家航空航天局(National Aeronautics and space Administration, NASA)于 1992 年进行了基于 DGPS/INS 组合的飞行器自主着陆试验，着陆水平精度为 2.4m，垂直精度为 8m，飞机着陆时最后 10s 必须保持平稳状态。1994 年，德国宇航局研究了基于 INS/DGPS 组合的着陆系统，利用卡尔曼滤波和 INS 误差在线标定技术实现了 2m 的定位精度，但该方法未解决 GPS 信号受到干扰时的精度和完好性问题。美国南加利福尼亚大学的机器人嵌入式系统实验室成功研制了无人直升机自主导航的试验平台，设计并实现了基于 GPS/视觉的实时着陆算法，其中包括对停机坪的匹配查找、目标跟踪以及对该飞行器自主着陆导航的实时控制。2007 年，NASA 开展了多项面向航空航天领域的飞行器精密自主着陆研究，其艾姆斯研究中心进行了由美军航空飞行动力理事会实施的精确自主着陆自适应控制试验，通过摄像机拍摄到的着陆地点进行跟踪，并结合雷达测距和惯性测姿，估计出无人机的运动参数，效能与 GPS 相当。美国"全球鹰"无人机是当前高空长航时无人机的典型代表，有 RQ-4A 和 RQ-4B 两种类型，RQ-4A 机身长 15m，高 4.62m，翼展 35.4m，最大航程可达 25945km，飞行时间长达 42h，其核心硬件主要采用 KN4072 INS/GPS 导航系统(美国 Kearfott 公司)、大气数据系统和综合任务管理计算机。导航系统硬件共有两套，已形成系统冗余，机载导航软件则包括信息融合算法、故障检测隔离算法等。

国内对飞行器着陆、着舰技术的研究按照所用传感器和导航方式的不同大体分为两个阶段：第一阶段采用的主要是 GPS/INS 组合导航方式，辅以其他一些测量设备(如高度计等)；第二阶段的研究主要集中于视觉导航技术。我国飞行自动控制研究所于 2000 年研制了机载惯性/DGPS 精密进场着陆引导系统，飞行试验中侧向定位精度为 4m，垂直定位精度为 2m。西北工业大学将 GPS/INS 组合导航应用于无人机着陆的导航和控制领域。

国内外学者针对飞行器着陆、着舰问题对多种导航手段进行了系统研究，但目前的手段还难以满足复杂电磁、气象环境下的飞行器着陆、着舰技术需求。采用 GNSS/INS 组合导航作为着陆系统的主要问题是其可靠性始终令人担忧，卫星的不健康、信号的失锁以及各种主动和被动干扰的影响，都会严重影响其有效性。采用视觉导航系统作为着陆系统，具有获得信息量大、完全自主和无源性等优点，不会受到任何无线电信号干扰的影响，但环境光照条件以及载体运动状态会影响图像质量，进而影响位姿解算精度。

近年来，国内外学者开始研究 GNSS/摄影/慢性导航组合导航技术并将其应用于飞行器着陆，但是目前的研究主要集中在将多种导航系统得到的位置、速度、姿态等导航解进行数据融合滤波，以提高组合导航系统的精度和可靠性。目前，在复杂电磁、气象环境下三种导航系统进行深层次信息融合以提升各导航系统性能和可靠性的研究进展较少。

国内航天工程大学和信息工程大学科研团队在研究采用 GNSS/摄影/惯导组合导航手段以及导航信息融合方式的理论方法研究飞行器的着陆与着舰方法，具有以下优点：

(1) 能够提供完整的载体运动参数，包括绝对和相对的位置、速度、姿态。

(2) 具有更高的抗电磁干扰能力。

(3) 在卫星信号短暂失锁情况下仍然能够提供满足需求的相对位置、速度、姿态数据。

(4) 具备在夜间或低能见度条件下的飞行器着陆、着舰保障能力。

在数据融合方式中，采用深组合层次导航信息融合算法。基于 GNSS/摄影/惯性导航组合的信息融合手段在有 GNSS 卫星信号的条件下，能够不断修正 INS 误差并校准摄影测量系统，能够提高视觉特征匹配和导航解算的精度；在卫星信号丢失的情况下，摄影测量系统和惯性系统利用已有的误差改正信息继续提供相对高精度的位置和姿态；在低能见度的情况下，利用基于红外相机的摄影测量交会方法依然能够获得实时条件下的高动态位置、姿态数据；不同的导航系统还可以进行相互检测和检验，以发现各自的故障。这些信息融合技术将大大提高飞行器着陆、着舰的可靠性，提升复杂电磁、气象条件下飞行器的作战效能，提升部队战斗力和军事威慑力。主要研究内容及重点如下：

(1) 从观测量角度进行 GNSS/摄影测量/惯性导航紧组合理论及算法研究。

目前，国内外对 GNSS/摄影测量/惯性导航的信息融合大多集中在组合导航的最终滤波阶段，没有充分利用组合系统的信息，项目主要从观测量角度进行 GNSS/摄影测量/惯性导航紧组合理论及算法研究。

(2) 高动态条件下基于红外相机的高精度摄影测量交会定位、测姿算法研究。

由于作战飞机处于高速运动状态，位置、姿态变化较快，研究不依赖外方位元素初值的摄影测量交会定位算法，研究摄影测量标志设计方案及标志构型对交会性能的影响，开展相应的摄影测量交会试验，验证高动态条件下摄影测量交会所能实现的位置和姿态测量精度。

(3) 高动态条件下的多系统时间同步技术研究。

载体的运动导致各定位单元给出的位置信息具有瞬时性和不可重复性，时间同步是进行信息融合的关键。惯性导航系统、嵌入式计算机可以实现与 UTC 较高精度的时间同步,但受限于摄影机从控制指令触发到机械快门打开时间延迟的不稳定性,摄影机位置传递精度较差,这也是目前影响高动态条件下摄影测量交会定位精度的主要因素,因此需要研制摄影时刻的精确记录设备。

(4) 高动态条件下的多系统位置归心技术研究。

在高动态条件下,各分系统输出的观测量和导航参数不断变化,摄影测量、捷联惯性导航设备和北斗接收机安置在平台的不同位置,各设备的坐标系统、初始姿态不完全一致,且多系统之间的位置关系随着载体的姿态变化和高速运动时刻变化,因此高精度的位置归心是数据处理的前提和难点,机载 GNSS/摄影测量/惯性导航组合系统位置归心过程如图 5.2 所示(丛佃伟,2017)。

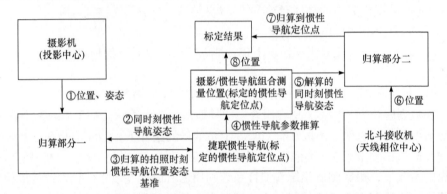

图 5.2　机载 GNSS/摄影测量/惯性导航组合系统位置归心过程

5.5　在空军装备及作战中的应用

5.5.1　概述

飞机诞生后,很快被用于军事目的。1918 年,在第一次世界大战中,第一支独立空军在英国诞生。第二次世界大战后,鉴于航空兵在战争中的巨大作用,世界绝大多数国家的航空兵相继从陆军中独立出来,建立了与陆军、海军地位平等的新军种——空军。空军的诞生极大地改变了现代战争的面貌,空军在高技术条件下局部战争中的地位和作用越来越重要(倪智,2016)。

以美国为首的多国部队于 1991 年 1 月 17 日开始对科威特和伊拉克境内的伊拉克军队发动军事进攻,至 2 月 28 日战争结束。空军 38 天的持续空袭作战阶段,出动飞机近 10 万架次,投弹 9 万 t,发射 288 枚"战斧"巡航导弹和 35 枚空射巡航导弹,削弱了敌方地面部队 50%的作战能力,以至于地面作战阶段只持续了 100h。实战表明,1 架携带精确制导炸弹的 F-117 型隐身战斗机的作战威力,相当于越南战争时期的 95 架 F-105。在这场战争中，空中力量在现代战争中的作用和地位凸显(倪智，2016)。

1999 年，北约对南联盟展开空袭行动，科索沃战争爆发，北约 19 个国家中有 13 个国家(美国、英国、法国、德国、意大利、加拿大、荷兰、挪威、比利时、土耳其、葡萄牙、西班牙、丹麦)直接参与了对南联盟的空中打击，投入飞机 819 架，舰艇 40 多艘，共出动 3.8 万架次飞机，发射巡航导弹 1300 多枚，发射和投掷各型导弹与炸弹 2.3 万枚，约 1.3 万 t，这是人类战争史上第一次非接触空中战争，交战两个多月，交战双方自始至终都没有在战场上近距离交战，北约方面在 78 天空袭中没有伤亡 1 人(倪智，2016)。北约主要采用三种战法：一是使用空军战略轰炸机在距离战场数百甚至上千千米发射巡航导弹对敌高价值目标实施攻击；二是从本土或盟国基地起飞隐身战略轰炸机和隐身战斗轰炸机，在专用电子干扰机的支援下，潜入敌国纵深，实施临空精确轰炸；三是在掌握战场制空权的前提下，使用有人驾驶作战飞机，从防区外发射精确制导武器，攻击预定目标。依托现代信息技术的支持，北约指挥机构向一线部队下达命令只需 3min，配合 GPS 制导的巡航导弹、激光制导炸弹和联合直接攻击弹药，实现了信息和火力一体化，基本做到了"发现即摧毁"，完全独立的空中战争登上战争舞台。2008 年 8 月，格鲁尼亚和南奥塞梯发生冲突，俄罗斯派出第四集团军的 459 架战斗机参战，掌握了制空权。8 月 26 日，时任俄罗斯总统的梅德韦杰夫签署命令承认南奥塞梯和阿布哈兹独立(倪智，2016)。这次战争开创了军事强国以空中力量为主体，使用军事手段干预世界和周边事态的新模式。

空军平台对卫星导航系统的需求包括以下方面：一是航行引导，如引导无人机正确到达目的地，辅助飞机规避不利地形等；二是支持武器系统，如在战斗机和轰炸机中进行精确打击空地导弹和炸弹的初始化，在预警机中作机载雷达的原点和波束指向基准；三是相对导航，如协同作战中机群编队飞行要实时保持编队对各节点之间精确的联网定位，飞机空中加油的精确对准，飞机防撞等；四是进近与着陆，如为飞机进近与着陆提供高精度垂直引导信息；五是其他应用，如辅助高空长航时无人机进行目标绘图、辅助武装直升机进行任务管理、飞行控制、火力控制、目标捕获以及目标照射等。以美国空军为例，自 GPS 投入使用以来，其高动态机载接收机经历了从不具备选择可用性反欺骗能力、通道数量较少的 3A 接收机、微型机载 GPS 接收机向 MAGR(miniaturized airborne GPS receiver，小型机载全球定位系统接收机)-2000 等系统演变的过程，目前多种型号的嵌入式 GPS/INS(embedded GPS/INS，EGI)已成为其主要机载导航设备。新型 EGI 设备多数拥有 12 个以上信号通道，具备选择可用性反欺骗模块，部分设备还具备处理军用 M 码信号的能力，典型型号有 LN-100G、LG-251、LN260 等(李向阳等，2015)。

以美军为例，其主要军用飞机包括战斗机、轰炸机、预警机、侦察机、电子战飞机、大型无人机，且其都装备了 GPS/INS。在这些飞机中，老式的飞机先安装惯性导航，后安装 GPS，因而是松耦合形式，新装备的飞机则应用 GPS/INS 深耦合方式。组合导航系统为飞机提供连续精确的位置、速度、航向姿态与时间信息，这些信息除了进行航行引导之外，主要是支持飞机武器系统。空军在空中侦察、争夺制空权、支援地面军队作战、战略轰炸、精确打击等方面发挥着重要作用，卫星导航已广泛应用于空军平台，多种导航设备与卫星导航系统组合成为其主要的导航方式。下面通过一些案例展示卫星导航系统能够在空军装备和作战中发挥的作用。

5.5.2 飞机实时位置、姿态获取

卫星导航系统提供的位置、速度矢量、时间的有关信息可提高空中加油、搜索和营救、侦察、低空导航、目标定位、轰炸和武器发射的效能，可为己方飞机通过作战地域设定更为精确的空中走廊，可提高各种空射武器的精确度。结合电子地图进行移动平台航迹显示、行驶线路规划和行驶时间计算，使战斗机、轰炸机、侦察机和特种作战飞机可以全天候准确无误地执行任务，大大提高了部队的机动作战能力和快速反应能力。

空中加油机是给飞行中的飞机及直升机补加燃料的飞机，多由大型运输机或战略轰炸机改装而成，其作用可使被加油的飞机增大航程、延长续航时间，称为战场放大器。目前，世界上的空中加油机数量超千架，其中较为先进的有美国的 KC-135、KC-10 及俄罗斯的伊尔-78，我国也有自己的空中加油机，并进口了部分伊尔-78。伊尔-78 的最大航程达 5000km，最大载油量达 112t，可同时为 3 架飞机加油。美国空军 X-47B 无人作战系统安装 LN-251 组合导航系统，利用战术数据链在 X-47B 和有人加油机之间交换位置信息，接收机计算其与加油机的相对位置后自动飞入编队，然后在地面控制站或者加油机的引导下，进入加油机的标准加油位置。空中加油机与需要加油的作战飞机、军用运输飞机、预警机等实时获取相互位置，利用北斗导航接收机便于更快地相互找到对方。

在海湾战争中，美国空军便在 B-52、KC-135 和 F-16 飞机上装备了 GPS 接收机。借助 GPS 的支持，在北约部队空袭南联盟作战行动中，B-52 隐身战略轰炸机首次实现了从美国本土到南联盟的远途奔袭，多国部队的飞机穿越 122 个不同的空中加油航线、600 个限航区、312 个导弹交战空域、78 条攻击走廊、92 个空中战斗巡逻点以及 36 个训练区，在如此复杂的情况下，空军通过卫星导航定位功能协助空中管理，在不熟悉的作战环境中找到最便捷的飞行路线，确保每天的飞机出动量达到数千架次(倪智，2016)。美军 F-22 "猛禽"战斗机采用的导航装备是 LN-100G，其采用零锁定激光陀螺仪技术，实现了 INS 与 GPS 的紧耦合，可以提供增强的位置、速度、姿态性能，并提高了 GPS 的捕获和抗干扰能力。LN-100G

还应用于多种无人机、发射器、导弹、直升机、运输机平台。LN-100G 可同时提供 3 种导航方案：混合 GPS/INS 方案、自由惯性导航方案和 GPS 独立导航方案，其处理核心是 32B 的 PowerPC603e 微处理器，采用了 Ada 软件。LN-100G 可以提供多种 GPS 接收机能力，包括 P(Y)码、C/A 码、射频(radio frequency，RF)和中频(intermediate frequency，IF)，带有两个备用卡槽，可以接入额外的模拟 I/O 模块、ARINC 接口和其他扩展模块。其主要性能参数如下：采用嵌入式 GPS 惯性系统；自由惯性模式下达 0.8n mile/h；具备惯性、GPS 和混合导航三种导航方案；具备标准定位系统(standard positioning system，SPS)、精密定位系统(precision positioning system，PPS)、全视和 GRAM(GPS receiver applications module，GPS 接收机应用模块)/SAASM GPS 接收机能力；低功耗、小型化；具备较高的平均故障修复时间；高完好性、持久性设计；采用经过验证的 Ada 软件；采用非颤动的激光陀螺仪，不会产生噪声；任务适用性好，目前已经支持超过 70 种应用(李向阳等，2015)。F-35 战斗机采用的是失真自适应接收机(distortion adaptive receiver，DAR)。每个 DAR 系统包括一个 24 信道选择可用性防欺骗模块接收机、数字抗干扰电子设备以及天线，全面兼容目前现有的 GPS 天线设备。与传统的 GPS 接收机和抗干扰电子设备相比，通过提升战斗机抗干扰 GPS 传感器的通用核心技术，DAR 系统节约了生产成本和全寿命周期成本。

无人机作战是非接触、零伤亡的作战形态，在现代战争中具备越来越重要的应用价值。美国的"全球鹰"和"捕食者"无人机的优良表现使无人机在现代战争中的作用备受关注，导航系统是无人机的重要组成部分，卫星导航系统以其定位精度高、覆盖范围广等优点，广泛应用于无人机导航制导领域，在 2010 年珠海航展上，我国研制的可隐身实施高速突防的 WJ-600 无人机(图 5.3)亮相。北斗卫星导航系统应用于无人机后，使无人机的定位精度、机动性能、可靠性、各无人

图 5.3 WJ-600 无人机

机之间及与指挥所之间的相互协调能力等都得到了很大提高，能为无人机系统快速提供准确的位置信息和实时导航；能增强无人机处理突发事件的能力和生存能力，进一步改善其敌后渗透与救援能力；能加强地面人员设备与无人机系统的信息交流能力，并提高无人机的测控能力；能传送应急测控和简短指令信息(焦维新，2015)。

当敌方导弹攻击己方飞机时，为了摆脱导弹，己方飞机需要投放金属箔条，造成假目标，诱惑导弹打错目标，脱离飞机，但敌方导弹还受敌方雷达指挥，只有在己方飞机机头对准地面雷达时投放金属箔条，雷达才会被诱惑，分不清真假。通常利用卫星导航接收机实时确定己方飞机的位置，根据预先已知的敌方雷达位置，控制飞机进入适宜投放金属箔条的飞行方向。多架飞机利用卫星导航接收机连续测定自身位置，利用无线电测向等方法确定敌方地面防空系统或雷达的位置，对敌方电子发射源进行定位，进而直接摧毁敌军地面雷达系统。在新机型、新机载设备、机载武器系统或地面服务系统设计、定型、测试中，将基于 GNSS 的飞行状态参数测量系统作为基准，使飞行试验、数据处理和飞行测试变得简单，并节约开支。

5.5.3　装备、物资及人员精确空投

物资补给是后勤保障的重要内容，现代战争要求部队在准确时间调动到准确的位置，有时行程达上万千米，需要在作战过程中在陌生、复杂的各类环境中完成机动，后勤保障的主要目标就是完成作战保障的弹药、油料、医疗和给养等各类物资的补给，补得上、补得快、补得准一直是各国军队后勤人员追求的目标。后勤要求在这种条件下保障供给，在这些活动中，导航系统提供的准确位置和时间信息能够极大地提高信息化条件下后勤保障的效率。

在作战过程中常常需要空投装备、物资及人员，因此空投准确度十分重要。传统的空投方式采用普通降落伞来投放物资，投放精度受飞机高度、空投时的风向和风速等影响。低于 600m 高度的低空投放落点相对精确，但飞机和机组人员已被敌方火力覆盖，而高空投放落点精度较低(李向阳等，2015)。载有卫星导航接收机的下投式探空仪，其测出的大气压力、温度与湿度连同卫星导航系统测量得到的位置、速度等实时数据每 5s 发送一次到实施空投的飞机，帮助运输机计算出正确的投放时机和位置，可以使投放精度提高 50%。2004 年 8 月，美国开展了"夏尔巴人"(Sherpa)智能空投系统试验，采用便于操纵的长方形翼伞，伞的面积为84m^2，将降落区的坐标、飞行的高度、飞行的速度、物资质量及各种高度的风速均编入控制程序中来制订飞行计划，甚至可设置绕过障碍物或敌方控制区，飞行过程中利用 GPS 提供的实时信息进行飞行修正，通过马达牵引两根操纵线来改变降落伞飞行的方向，从 3200m 高空自主控制降落，落点精度为 61m。2006 年，美

国"联合精确空投系统"(joint precision airdrop system，JPADS)首次投入使用，当时能搭载 908kg 的物资，最大空投高度为 5182m，物资上安装的 GPS 制导装置操纵小降落伞将物资带到目的地上方，然后降落伞打开将物资精确地降落到指定位置。采用卫星导航系统制导的空投方式具备以下优点：

(1) 飞行员只需飞近空投区域投下物资便可离开，其余的由降落伞自主完成，大大提高了飞行员及飞机的安全性。

(2) 能够在相对较高的空域进行物资投放，仍能保证空投精度，而且减弱了风对投放精度的影响，可以使飞机远离敌方火力攻击。

(3) 落点准确，地面士兵能够快速找到投放物资。

(4) 可以不受白天、黑夜和能见度的限制，在最短的时间内实现补给，甚至可以在敌方察觉之前顺利完成补给任务，为作战人员的持续作战并取得最终胜利提供保证。

空中兵力投送是兵员运送最快的手段，大约是陆上兵力输送速度的 10 倍，海上兵力输送速度的 20 倍，而且空中兵力投送一般不受地面障碍区的限制，利用卫星导航系统的指引可以最便捷地到达需要的地方。现代大型运输机的航程已达数千千米，经空中加油后可实施全球投送。例如，美军在海湾战争准备阶段投送兵力 54 万人，其中空军投送兵力 49 万人。我军在几场重大地震灾害中，解放军也首先利用空军力量快速投送救灾物资和救灾人员。

5.5.4　空基精确制导武器打击精度提升

飞机运用于战争之初，投射的弹药都是非制导的，打击的准确性很差，有人评价"就像从空中投掷一袋面粉"。第一次世界大战时期，采用密集编队轰炸战术，机长带队瞄准，编队飞机按机长口令投弹进行轰炸，受限于命中精度，以轰炸面状目标为主。1915 年 4~6 月，英国对德国铁路运输目标的空中轰炸的成功率仅为 3%。第二次世界大战时期，飞机上采用了比较准确的环形瞄准工具、光学瞄准工具、雷达等设备，命中精度有所提高，但无本质改善。美军在第二次世界大战时期为摧毁一个典型目标，平均需要出动 B-17 轰炸机 108 架次，投下 648 枚炸弹。

第二次世界大战后，随着现代信息技术广泛应用于指挥控制和火力控制，机载航空弹药迅速实现了精确制导。精确制导炸弹是在常规炸弹上加装制导系统和气动控制面后整合而成的一种精确制导武器，通常由轰炸机、攻击机和武装直升机作为载体，从空中发射，用于攻击海上目标或陆上目标，又称为航空制导炸弹或航空制导导弹。在第二次世界大战时期，摧毁一个 30m×18m 的目标，需要出动飞机 1500 架次，投掷 9000 多枚炸弹，在越南战争时期，需要出动飞机 170 架次，投掷 300 多枚炸弹，而在海湾战争中，仅需出动一架飞机，投掷 1~2 枚制导炸弹即可。

　　精确打击武器已成为现代战争的主要攻击手段,在 2003 年伊拉克战争中美国空军投放的精确制导炸弹有 19948 枚,占弹药投放总量的 68%,而在 1991 年海湾战争中只占 7.7%,在 1999 年科索沃战争中占 29.8%,2001 年阿富汗战争中则达到 60.4%,其中,GBU-35 投放了 5086 枚炸弹和 GBU-27 投放了 7114 枚炸弹。GBU-35 是一种 450kg 的联合直接攻击炸弹(joint direct attack munition, JDAM),而 GBU-27 是一种 900kg 的“铺路者”II 型激光制导炸弹。在海湾战争中,美军只有不到 10%的飞机能够投放精确制导炸弹,在伊拉克战争中,全部作战飞机都已能够投放精确制导炸弹。为防止干扰以及受其他环境因素的影响,GPS 接收机采用 2 条天线,分别装在炸弹尾锥体整流罩前端上部和尾翼装置后部,以便在炸弹离机后水平飞行段和下落飞行段跟踪上卫星信号。

　　在 1991 年海湾战争中,美军应用了 GPS 与激光陀螺仪组合制导的 AGM-84H 增强型防区外对地攻击“斯拉姆”导弹,2 架 A-6E 攻击机和 1 架 A-7E 攻击机从部署在红海上的“肯尼迪”号航母上起飞,进入导弹发射阵位后,一架 A-6E 攻击机发射第一枚导弹,在 A-7E 攻击机控制下将伊拉克一个发电站厂房炸开一个直径约为 10m 的大洞,2min 后,另一架 A-6E 攻击机发射第二枚导弹,从炸开的洞口穿入厂房,从内部将发电站摧毁(袁树友,2017)。1999 年 3 月 24 日,以美国为首的北约发动了对南联盟的战争。5 月 8 日凌晨 5 时 45 分,一架 B-2A 隐身战略轰炸机一次投放了 6 枚 908kg 的 GBU-31 JDAM 制导炸弹,从不同方位击中我国驻南斯拉夫大使馆建筑物的不同部位并穿入内部和地下爆炸,大使馆遭到严重破坏,3 名中国新闻工作者死亡,近 30 人受伤。投放的 6 枚炸弹中 1 枚没有爆炸,2004 年 7 月 1 日塞尔维亚政府将炸弹挖出,炸弹是美国制造的联合直接攻击炸弹,弹头为 MK-84,弹体长 3276mm,弹体直径为 457mm。炸弹在靠近大使馆官邸的地下以弧形轨道穿行,炸弹在地下穿行 14m,最深处为 5m,最后侧卧于大使官邸左侧房柱附近,距地面仅 2.5m,其间引信烧毁,弹翼和稳定器部件接连脱落,但炸弹未被引爆。如果这枚炸弹爆炸,大使馆官邸将被夷为平地,这次事件充分说明了基于卫星导航系统精确打击的威力。

　　美国将 GPS/INS 用于武器制导的研制和试验是随着 GPS 的发展而进行的,1986 年美国军方与波音公司签订合同,把原先用地形辅助系统制导的空射巡航导弹改为由 GPS/INS 制导,并更名为 CALCM,这种导弹从海湾战争开始一直都在使用。美国 B-2 隐形战略轰炸机航程可达 18530km(经一次空中加油),从美国本土起飞可到达世界上任一个地方参战,具备全球打击能力,有效载弹量可达 22.68t,既可携带 16 颗 B83 核炸弹或 B61 核炸弹,也可携带 JDAM GPS 制导炸弹等,采用了 GPS 辅助瞄准系统,具有一次瞄准 16 个分散目标的能力。俄罗斯的图-160 有效载荷达 16.3t,空中射程可达 2500km 的 KH-55 战略巡航导弹或投掷数吨重的核航弹。嵌入式 GPS 复合制导是美军卫星导航应用的重要方向，为发展嵌入式 GPS/INS(EGI)，美军在俄亥俄州的赖特·帕特森空军基地专门成立了三军 EGI 办公室，研制的机载嵌入式 GPS/INS 能够准确输出飞机线性加速度、角加速度、速度、位置、姿态、高度、航向等信息，能够提高制导武器的命中精度。AGM-88 高速反辐射导弹射程达 25km，质量达 366kg，主要用于对雷达进行攻击，见图 5.4 和图 5.5。

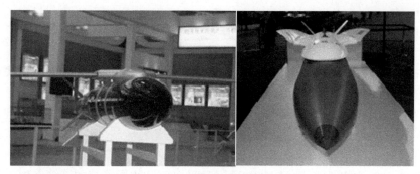

图 5.4　FT 系列和雷石系列制导炸弹

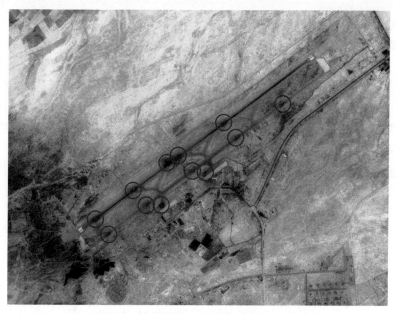

图 5.5　美军导弹攻击后的伊拉克坎大哈机场

目前，各种海陆空作战平台、弹道导弹、巡航导弹、炸弹，甚至炮弹均已开始装备 GNSS 或 GNSS/INS 组合导航系统，这将使武器命中精度大大提高，极大地改变未来作战方式。北斗卫星导航系统拓展了空军作战应用范围和领域，开创了"透视飞行,可视指挥"的新模式,提高了空域态势监控、武器平台导航制导和智能化领航能力。武器的毁伤力是命中精度的 3/2 次幂函数,是爆炸当量的约 1/2 次幂函数,因此武器命中精度提高 1 倍等效于弹药当量增加到 8 倍。精确制导武器可以使作战人员的风险下降、弹药消耗成本降低、后勤支持负担减轻、自身毁伤减少。各国储备导弹武器和部署力量有限,打击精度的高低不仅是节约经费的问题,直接决定着能否完成对敌方重要军事目标和重点设施的全面打击任务。

5.5.5　机群编队飞行

未来战争将是体系与体系之间的对抗,机群编队协同作战作为新的空战模式越来越受到重视。协同作战要求实现信息的实时共享,首要是实时保持编队内各节点精确的联网定位,特别是保证编队内各节点间相对导航的精确性。实现机群编队的相对导航可以有多种手段,如 JTIDS/INS 相对导航、卫星相对导航、测距测角相对导航、INS/GNSS 相对导航,但受技术体制、精度等的限制,其相对导航精度和机动能力均难以满足现代战争对动平台编队协同作战的高精度相对导航要求。

针对机群编队飞行,可以将 GNSS、INS 和机载数据链三者进行结合,可实现多平台惯性误差的联合修正和相对定位,得到高精度的相对导航性能,使得编队机群在卫星导航系统受到干扰等失效状态下,仍能实现超视距联合攻击,完成精确打击。其工作原理是,利用机载数据链的通信功能,在一个节点上共享两个或多个节点的位置信息,并利用链路的精密测距功能,得到节点间的测距信息,然后将相对 GNSS 信息、INS 信息和测距信息组合,实现对平台 INS 误差的联合修正,得到最优的编队导航信息。该体制的优点如下:

(1) 为了保证相对定位算法的高精度,节点间需要共享 INS 和 GNSS 信息,共享的信息量大、频率高,系统自带的专有链路很好地保障了节点间共享的大量信息量与高更新速率。

(2) 高精度测距信息的引入很好地解决了相对导航精度过分依赖 GNSS 的问题,并且当编队节点个数多于 2 个且几何分布较好时,能够将相对定位误差在多个方向上消除,以获得高精度的相对导航信息。

5.6　在火箭军装备及作战中的应用

5.6.1　概述

第二次世界大战后,随着火箭兵器的发展,出现了各种各样的弹道导弹,按作战使命可分为战略导弹、战役导弹、战术导弹，按制导系统不同可分为自助式制导导弹、组合式制导导弹，按射程远近不同可分为近程(1000km 以内)导弹、中程(1000～4000km)导弹、远程(4000～8000km)导弹、洲际(8000km 以上)导弹。我国火箭军是实施战略威慑的核心力量，主要担负遏制他国对中国使用核武器、遂行核反击和常规导弹精确打击任务。俄罗斯战略火箭部队掌握着俄罗斯全部的陆基战略核心打击力量，包括发射井部署的 SS-19、"白杨-M" SS-27、"白杨" SS-25、"亚尔斯" SS-29 等千余枚洲际导弹。

卫星导航系统在战前及战时对对方重要设施的测绘保障、导弹固定阵地大地测量保障、机动阵地发射测绘保障、提升导弹打击精度、精确导弹弹道参数测定等方面有重要的应用。

5.6.2　导弹固定阵地大地测量保障

导弹固定阵地大地测量是指为获取导弹发射所需的初始定位、定向参数，以及惯性仪表测试所需的大地参数，在覆盖导弹阵地的一定区域内，顾及地球形状、重力场等因素影响而进行的各种测量工作，是弹道导弹发射测绘保障的重要战场建设内容。一是在导弹阵地一定范围的地面上，建立规格完整并满足精度要求的阵地基础大地控制网是弹道导弹阵地控制测量的首要任务，布设足够密度和精度的大地控制点，精确测定阵地发射点的位置，在阵地上建立基准方位角；二是建立高程异常、垂线偏差分量和重力异常拟合模型，为导弹发射测绘保障阵地快速联测实时提供所需的重力场参数。

不同型号的导弹武器对大地测量参数的需要有所差异，一般地，导弹射程越远和打击精度要求越高，需要的大地参数越多，要求的测量精度也越高。导弹发射阵地大地测量保障需要提供的主要测量参数包括：正常椭球体的 4 个基本参数(a, J_2, ω, GM)、发射点的位置参数(B, L, H)、发射阵地的基准方位角(α)、发射点的垂线偏差和高程异常(ξ, η, ζ)、发射点的重力加速度(g)、发射阵地首区重力场资料和地球重力场模型(张建军等，2008)。利用卫星导航系统能够进行导弹阵地基础大地控制网布设、发射点位置测定、方位角测定、垂线偏差测定、高程异常测定等工作，下面仅对前两部分进行简要介绍。

1. 导弹阵地基础大地控制网布设

导弹阵地基础大地控制网是指为联测导弹发射阵地在导弹作战区内布设的专用大地控制网。20 世纪 70 年代以前，我国导弹阵地基础大地控制网大都按三角网的形式布设，70～90 年代主要按导线网形式布设，90 年代以后，卫星导航系统在测量上具备的优点可以大大提高作业效率、节省作业时间、提升成果质量，此时利用卫星测量手段构建的 GPS 控制网逐渐成为导弹阵地基础大地控制网建设的重要形式。

值得一提的是，导弹阵地基础大地控制网建设作为战场建设的重要组成部分，一般在平时作为基础建设工作完成，因此我国在一段时间内利用 GPS 测量型接收机进行导弹阵地基础大地控制网布设，由于处理的是载波相位观测数据，所以测量成果可靠、可信。目前，能够接收北斗、GPS、GLONASS、Galileo 多系统信号的测量型接收机不断投入市场，军队配备的测量型接收机一般也是具备多系统数据处理能力的。

GNSS 测量方法已成为构建国家或区域控制网的主要手段，我国曾分别建设全国 GPS 一、二级网和国家 GPS A、B 级网，具体测量工作可依据国家、军队、行业的 GNSS 测量规范以及对控制网的精度要求进行技术设计。

2. 导弹阵地发射点位置测定

发射点地心坐标是弹道导弹计算的依据，在描述导弹质心运动的弹道方程组中的很多项是发射点地心坐标的函数，而卫星导航系统具备的全球快速定位性能可以极大地满足导弹发射对发射点位置的快速测定需求，其直接测量得到三维地心坐标，且不需要依托外部已知条件，相较传统导线测量推求发射点位置的方法，能够大大降低工作量。

发射点位置误差对导弹命中精度的影响通常可分为水平位置误差和垂直位置误差两部分，不同型号的导弹采用的制导方式和选用的弹道不同，发射点位置误差对导弹命中精度的影响也不完全相同。一般来讲，发射点水平位置误差引起的导弹命中偏差与发射点水平位置误差的本身量级相同。发射点高程误差会使导弹的弹道被机械地抬高或降低，引起的导弹落点偏差不仅与导弹制导方式和所选弹道密切相关，而且与发射点纬度、发射点至目标点的大地距离和大地方位角密切相关。

5.6.3 机动阵地 GNSS 快速定位、定向保障

随着现代战争的发展，机动作战成为主要的作战模式，机动阵地的快速定位定向是火炮、导弹等各类作战武器提高命中精度的重要保障，是机动雷达监测站等各类机动监测平台实现空间基准统一、目标信息协调统一的重要手段，目前的常规大地测量手段和卫星测量装备等难以同时实现定位、定向、快速三个技术指标。

1. 定位、定向在武器装备作战保障中的重要意义

定位是指使用技术，借助测量方法，通过观测量建立未知点(待测点)与已知点之间的数学关系，根据已知条件(位置、方向、角度等)确定未知的点位。武器平台

和目标的精确定位是实现精确打击的重要条件。

定向的一般化定义是指确定空间两点所成几何矢量在特定坐标系下的指向。目前，高精度的定向技术在军事方面的应用主要有炮兵阵地测量及导弹发射阵地测量，武器发射载体的快速方位测定，飞机、舰船的初始方位校准，目标定位系统(激光测距、声波测距、雷达测距)的方位指引等。

提及定向，就必然牵涉到方位基准的问题。目前，最基本的方位基准有真北、坐标北、磁北三种方式，每种定向技术的方位基准不一致，容易产生混淆，这里首先进行简要说明。

真子午线北(真北)方向是沿地面某点真子午线的切线方向；坐标纵线北(坐标北)方向是高斯投影时投影带的中央子午线的方向，也是高斯平面直角坐标系的坐标纵轴线方向；磁子午线北(磁北)方向是过地球上一点指向地球磁北极的方向，即磁北针静止时的方向。

在工程测量、导弹发射定向、火炮定向等实际应用场合中，通常将坐标北作为基准，若求得的定向值以磁北或真北为基准，则需要转换到以坐标北为基准的方向上，真北与坐标北的夹角在秒级，在大部分应用场合可以忽略真北与坐标北之间的微小差别，例如，天文方位角(以真北为基准)和大地方位角(以坐标北为基准)两者之间的转换关系式为

$$A = \alpha - \eta \tan \varphi \tag{5.1}$$

式中，A 为大地方位角；α 为天文方位角；φ 为天文纬度；η 为相对垂线偏差在卯酉方向的分量。

2. 常见的定位、定向技术

按照定向手段的不同，目前主要的定向技术可以分为磁定向法、几何定向法、天文定向法、陀螺经纬仪定向法及卫星定向法等。

1) 磁定向法

磁定向法的定向基准是磁北，是通过磁定向设备(包括指南针、磁罗盘、电子罗盘等)指示磁北方向，再根据磁北方向确定与目标方位的夹角来实现定向。

磁定向法在我国历史上很早就得到广泛运用，如四大发明中司南用的就是磁定向法。不同的磁定向设备，定向精度也不同。指南针的定向精度一般为2°左右，随着电子技术的发展，用磁阻传感器和磁通门加工而成的电子罗盘操作简单、反应快，可内嵌地球磁场模型，其方位测量精度可以优于 0.5°，多装备在卫星导航接收机和炮兵的简易瞄准装置中。

磁定向法最大的优点是简单易行且成本低，主要缺点是定向精度易受环境影响，尤其是在复杂电磁环境下难以使用，而且磁北方向与目前的坐标北方向并不

一致，实现精确转换也较为烦琐，定向精度与纬度也有关系，纬度越高，定向精度越差。

2) 几何定向法

几何定向法就是根据一个已知点的坐标和方位或两个已知点的坐标，利用经纬仪或全站仪，通过测量两个方位边夹角的大小传递已知方位来确定任意两个未知点连线的坐标方位，该方法以坐标北为方位基准。

由几何定向法的原理可知，该方法的定向精度一方面取决于起算数据精度，另一方面取决于水平角的测量精度。水平角的测量精度不仅与全站仪的精度有关，还与观测过程中仪器是否精确对中、找准和测量环境有关。目前，经纬仪、全站仪的测角精度较高，能够达到优于 0.5″，而且能够同时解算得到测站坐标。该方法是传统大地测量和控制测量的基本手段，目前导弹发射阵地测绘保障也常采用几何定向法。该方法的缺点是高度依赖已知点和已知边的信息，坐标和方位角传递前期准备和作业时间较长，根据作业环境和作业距离，其往往需要数小时至数天的时间。

3) 天文定向法

天文定向法以真北为基准，主要利用经纬仪、全站仪、滤光片等仪器，分别测出测站与观测天体连线的真方位角和该瞬间所求方向与天体的夹角，从而进一步得到所求方向的方位，实现定向。

天文定向法常用的观测天体有太阳和北极星，观测角度可以是高度角，也可以是时角。由于天体的位置是相对稳定不变的，且天文定向法观测时间较长、仪器精度较高，所以该方法理论上能达到很高的精度，常用于定向精度要求高的场合。目前，天文定向技术在定向时间、观测天气影响、自动化等方面进行了较大改进，新型野外天文观测系统相较以往的天文定向系统可以实现快速定向，精度为 0.5″。该方法的缺点是受气候条件的制约，难以保证全天候高精度测量，且只能得到天文经纬度的二维位置信息，缺乏高程信息。如果已知测站点的垂线偏差信息，那么利用天文经纬度可以求取大地经纬度，在实际应用中可以利用垂线偏差模型进行内插求得测站点的垂线偏差信息，但垂线偏差与位置之间不呈线性关系，因此求得的垂线偏差往往不能满足实际需求。

$$\begin{cases} B = \varphi - \xi \\ L = \lambda - \eta \sec\varphi \end{cases} \tag{5.2}$$

式中，L、B 分别为大地经、纬度；λ、φ 分别为天文经、纬度；ξ、η 分别为相对垂线偏差在子午、卯酉方向的分量。

4) 陀螺经纬仪定向法

陀螺经纬仪由陀螺仪和经纬仪组成，陀螺仪具有定向性和进动性，在地球自转过程中，陀螺仪在地球自转有效分量的影响下，其主轴总是向子午面方向进动，并可保持在子午面附近做连续不断的、不衰减的椭圆简谐摆动，陀螺仪不能稳定指北，若施加适合的力矩，则使主轴产生的进动阻止主轴偏离子午面或水平面，从而实现定向。在利用该定向法实现定向前，需要先在地面上测得仪器常数，先后经过粗略定向、精密定向，最终得到精确的方位角，以真北为基准。Y/JTG-1 下架式陀螺经纬仪一次定向的误差为 7″(中纬度地区)，定向测量时间少于 20min，仪器主机质量小于 20kg，陀螺电机寿命大于 1000h，使用环境温度为–10～45℃。该方法具有自主性好、不依赖外界信息的优点，在隧道、矿井及发射阵地保障等场合应用广泛；缺点是陀螺经纬仪价格高，使用寿命有限，长时间使用后需要校准，维护成本高，受外界地磁环境的影响较大，不具备定位功能等。

5) 卫星定向法

卫星定向主要是指 GNSS 定向，基于卫星载波相位信号差分测量原理，确定空间两点所成几何矢量在给定坐标系下的指向，以坐标北为方位基准，能够同时得到定位结果。

卫星定向的思想是 Spinney(1976)提出的；Joseph 等(1983)进行了静态单基线接收机试验；1990 年，美军成功研制出 1m 基线长度的 ADS 系统的定向精度优于 5mil[①]。近年来，卫星定向理论与装备不断往前发展，该方法已逐渐替代了大量传统的定向工作，在工程测量、导弹发射定位定向等场合得到了良好的应用。其中，以采用双天线的卫星定向方法最为成熟，在 100m 基线的条件下，30min 可以达到优于 10″的定向精度，具有不受时间、天气和地磁环境限制等优点。另外，短基线的双天线定向也已成功应用于动态载体(车辆、舰船、飞机等)的实时航向测量领域。

解放军测绘学院 1987 年在国内率先系统地研究并提出利用 GPS 无依托单点定位、测定大地方位角和垂线偏差的理论与方法，并成功应用于航天部援外任务、军事演习和阵地测量保障等。

不同的定向方法具有各自的技术特点和适用范围，现从定向设备、起算数据、定向精度、外界影响因素等方面进行比较，如表 5.2 所示。

表 5.2　五种定向方法的比较

定向方法	定向设备	起算数据	定向基准	定向精度	定向时间	自主性	外界影响因素	成本	能否定位
磁定向法	指南针、磁罗盘、电子罗盘	不需要	磁北	低	实时	完全自主	受铁块和电磁场环境影响大	成本低	否

① 1mil = 10⁻³rad。

定向方法	定向设备	起算数据	定向基准	定向精度	定向时间	自主性	外界影响因素	成本	能否定位
几何定向法	经纬仪、全站仪	已知坐标方位或两个已知坐标	坐标北	高	较长	完全自主	受气象环境影响大	成本较低	需要起算数据
天文定向法	经纬仪、全站仪、滤光片	不需要	真北	较高	较长	完全自主	受气候影响最为严重	成本较低	二维定位
陀螺经纬仪定向法	陀螺经纬仪	不需要	真北	高	10～20min	完全自主	受纬度和地磁环境限制	成本高	否
卫星定向法(双天线静态基线)	卫星接收机	不需要	坐标北	较高	30～60min	需要接收卫星信号	在无信号或受干扰的环境下难以工作	成本低	能

在表 5.2 所示的五种定向方法中,磁定向法是最方便的方法,但该方法受环境影响大,可靠性差,在很多场合难以使用。陀螺经纬仪定向法克服了磁定向法的缺点,在纬度 75°范围内能提供稳定的航向角,超过该范围,它的精度会随着地球旋转轴距离的减小而降低。几何定向法和天文定向法精度高,但是定向时间较长,效率较低,而且测量受环境气候因素的影响大。卫星定向具有设备结构简单、精度稳定、体积小和可靠性高等一系列优点。综合比较五种常用的定向方法,卫星定向法具有定向精度高、受环境影响小、成本较低、能够同时得到高精度的位置信息等优点,能较好地满足大部分的军事和民用需求,是近年来应用范围拓展较快的定向方法。

近年来,国际上卫星定向技术仍在不断发展中,主要呈现三个趋势:一是由原来的单纯 GPS 定位定向转变为 GNSS 定位定向;二是大力缩短定位定向的时间,实现满足精度需求的快速定位定向;三是仪器的平台集成化及小型化改进。

3. GNSS 快速定位定向技术的优势及研发历程

基于我国北斗一号卫星导航系统的特点,20 世纪 90 年代末期,许其凤院士提出了新的测定大地方位角的理论和方法,设计了专用设备"卫星方位测量仪",以固连的两个天线绕中心旋转来解算方位,大大削弱了系统性仪器和测量偏差,提高了定向精度,并解决了北斗卫星导航实验系统只有两颗地球同步卫星不能完成相对定位和难以解算相位测量模糊度的技术难题。

2005 年,信息工程大学在原有研究的基础上又开展了卫星快速定位定向理论方法以及新型 GNSS 定位定向仪原型样机的研究工作,许其凤院士提出了一种新的单接收机旋转定位定向方法，研制了 GNSS 快速定位定向仪原型样机，利用 GNSS 接收机与角度传感器组合测量的方式，大大削弱了卫星测量系统差的影响，实现了单接收机、快速高精度的定位定向功能。臂长 1.1m 的原理样机经过 3min 的连续测量，能够实现优于 0.5 个密位(108″)的定向精度和优于 5m 的定位精度。利用定位定向仪自带的光学瞄准镜，可方便地实现坐标和方位的快速传递。

GNSS 定位定向仪原型样机主要由 GNSS 测量型接收机、角度传感器、角度信息处理器、测量平台、数据传输链路和计算机构成。卫星定位定向仪的结构为精密两轴系统，采用 GNSS 接收机与角度传感器组合测量，通过接收机旋转大大削弱了卫星测量系统误差的影响。系统各主要部件的功能和技术指标如下。

1) GNSS 测量型接收机

GNSS 测量型接收机主要用于接收卫星播发的测码伪距、载波相位和卫星星历。

2) 角度传感器

角度传感器可绕垂直轴和水平轴旋转，实时记录转动的角度变化量。

3) 角度信息处理器

角度信息处理器主要由一个辅助的定时型接收机构成，通过串口接收角度传感器传输来的角位移信息，利用定时型接收机提供的精确时间信息，给角位移的每个信息都打上相应的时间标记，使之与同时观测的载波相位观测量同步。

4) 测量平台

测量平台由平台旋臂、三脚架、平台驱动系统等构成，用于驱动旋臂以设定的转速绕三脚架的垂直轴旋转。

5) 数据传输链路

数据传输链路包括角度传感器至角度信息处理器、角度信息处理器至计算机、GNSS 接收机至计算机的通信链路，用于将角位移信息和同步时刻的载波相位观测值传输至计算机。

6) 计算机

适应野战条件的便携计算机，负责定位和定向解算、坐标和方位传递，以及其他可能的通信和处理任务。

GNSS 快速定位定向仪原型样机基本结构如图 5.6 所示。

GNSS 快速定位定向仪方位解算模块数据流程如图 5.7 所示。

4. GNSS 快速定位定向仪的优点

GNSS 快速定位定向仪能够同时给出定位和定向的结果，工作时间短，操作简便，受地形条件限制小，采用单接收机旋转定位定向，降低了产品成本。这款仪器是解算经纬仪度盘 0 点指向的方位，不解算两点间的方位，可以得到任意指向的方位，因此不需要对中工作，且便于方位传递：适合于快速、多阵地联测；

使用设备时无须进行精确整平，姿态作为系统误差参与解算。

图 5.6　GNSS 快速定位定向仪原型样机基本结构

1-GNSS 测量型接收机；2-角度传感器(经纬仪)；3-接收机的驱动步进电机；4-步进电机控制器；5-三脚架；
6-备用电池；7-平台旋臂

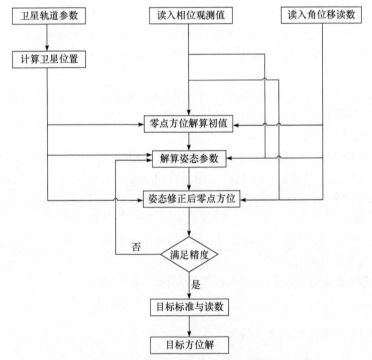

图 5.7　GNSS 快速定位定向仪方位解算模块数据流程

对 GNSS 快速定位定向仪样机(臂长 1.1m)进行大批量测试，通过 3min 的连续测量，可实现定向精度优于 0.5 个密位(108″)，定位精度优于 5m。根据实际应用需求，可以通过增加观测时间、增加臂长、提高角度传感器精度等方式来提高定向精度，满足更高精度的用户需求(许其凤等，2013)。

5.6.4　弹道导弹、洲际导弹打击精度提升

火箭军部队是现代化战争的重要打击力量，为了提高火箭军部队的作战能力，更好地发挥"撒手锏"武器的作用，如果常规导弹加装了基于 GPS/GLONASS 的组合制导手段，会大大提高导弹的命中精度。由于 GPS 和 GLONASS 均由国外控制，战时采用这种制导方式可靠性很低，发展一种拥有自主权、能提高导弹命中精度的组合制导系统就显得尤为迫切。

北斗卫星导航试验系统研制运行的成功，为基于自身的卫星导航系统、发展自主的导弹组合制导方式提供了可能。北斗一号卫星导航系统建设完成后，卫星数量少，给自主导航带来了不便，在实际应用中可结合伪卫星技术和地基导航定位系统，增加对飞行导弹的信号控制，对导弹飞行状态实施修正，即可实现提高导弹武器打击精度的制导保障系统。北斗二号卫星导航系统建成后，配备北斗/惯性导航组合制导方式的导弹命中精度将得到较大提升。

卫星导航在导弹制导中的应用有以下优点：一是大大降低了耗弹量，提高了导弹武器的效费比。导弹命中精度提高了 1 倍，相对于弹头当量提高了 8 倍，如果目标的定位精度从 15m 提高到 5m，那么耗弹量将减少 2/3 以上。二是拓展了导弹可打击目标的种类，由于命中精度显著提高，常规导弹打击目标的种类由大型面状目标扩展到小型点状目标。三是改变了我国常规导弹采用卫星组合制导方式受制于人的局面，大大提高了导弹武器作战的可靠性。

1964 年以来，美国在世界各地以武力进行干预的突发事件多达 200 多起，其中运用的海军兵力占 2/3 以上，在这些军事行动中，几乎都有航母战斗群直接或间接参与。航母本身是最坚固的水面目标，一般的反舰导弹难以应对。例如，美国的尼米兹航母，采用封闭式飞行甲板，机库以下舰体为整体密封结构，舰底部是双底层，双底层与飞行甲板之间设有很多横向水密舱壁，水线以下部分每隔 12～13m 设有一道横隔舱壁，全舰共有 23 道水密横隔舱壁和 10 道防火隔壁，水密舱段共 2000 多个，使该舰具有很高的不沉性；甲板全部采用优质高强度合金钢制成，舷侧某些部位的钢板厚达 63.5mm，可有效防御穿甲弹的冲击；为弹库和机舱等关键舱室装备了抗导弹攻击的箱式防护。

虽然航母战斗群配备有反导系统，但对高速运动的弹道导弹来说能力有限，反舰弹道导弹的第三级火箭发动机可以将中段传统的抛物线弹道转变为带三个波峰的跳跃式弹道，使得探测系统在导弹再入大气层之前很难准确探测和计算导弹的落点，若使用末段制导，则可以变轨飞行，使拦截的难度增大。卫星导航系统在弹道导弹打击航母中为弹道中途轨道修正提供导航信息；为参与打击航母的分

系统提供空间位置和时间基准信息，这些分系统包括低轨对地观测卫星、电子侦察卫星和无人侦察机等；为提高动态目标实时探测、定位及信息传输的能力，对弹道导弹实施末段制导。

5.6.5 精确导弹弹道参数测定

对物体的运动变化过程进行测量、控制的技术手段和方法统称为测控系统。导弹是高技术、高价值装备，其设计、研制、改进与定型需要经过一系列试验。飞行试验作为综合性系统试验，其主要目的是在尽可能真实的环境下考核和评估试验对象，是导弹考核的主要手段和研制定型的关键环节。导弹测控系统可以监控导弹飞行试验过程，获取飞行试验数据，为导弹性能的分析、评估与改进提供科学依据，在飞行试验中具有重要作用(成求青等，2014)。

导弹的飞行试验必须在特定的室外试验条件下进行，整个试验场所称为靶场，常按飞行阶段将其划分为首区、航区和落区。首区主要是指发射场及其周围区域，场内有技术阵地、发射阵地、测控站、通信站、数据处理站等。航区是导弹的基本飞行区域，包括飞行空域及弹下点附近区域，航区内配置各种测控和通信台站。落区是导弹的再入飞行区域，一般定义导弹落地前高度 80km 以下的弹道为再入段，落区是该飞行段对应的空域及弹下点附近区域，布置相应的外测与遥感设备以及光学与无线电目标特性测量设备，用以获取再入段的外测与遥感数据及目标特性数据。若落区在海上，则需利用测量船搭载上述设备进行观测。

导弹测控系统主要由外测、遥测、目标特性测量、遥控、信息交换与传输、数据处理、监控显示与指挥调度等分系统组成，其中导弹外测分系统主要用于获取导弹飞行参数，用来重建飞行弹道。导弹外测分系统常采用光学观测、无线电观测以及 GNSS 观测等手段。

1. 光学观测方法

光学观测是应用时间最长的弹道测量方法，现用设备主要是光电经纬仪和激光测量雷达。

光电经纬仪由电影经纬仪发展而来，在传统的光学经纬仪上加装电影摄影机，由经纬仪测角、电影摄影机拍摄目标图像，其作用是跟踪飞行目标，提供目标相对设备测量中心的方位角和俯仰角，由至少两个站的测量元素组成角度交会测量体制来获得导弹弹道。

激光测量雷达通过在光电经纬仪上加装激光测距机(光电经纬仪进行角度跟踪和测量，激光测距机进行测距)构成距离交会测量体制来获得导弹弹道。

2. 无线电观测方法

无线电观测是目前应用最广、设备品种和数量最多的弹道测量方法，主要设备有单脉冲测量雷达、连续波的中长基线干涉仪、短基线干涉仪及非相参测速定位多站系统等。

雷达通过测量辐射能量传播到目标并返回的时间来确定目标的距离，通过方向性天线测量回波信号的到达角来确定目标的方位角、俯仰角，通过测量多普勒频移得到目标的径向速度。

3. GNSS 观测方法

GNSS 接收机已成为重要的军事传感器，可用于导弹和反导导弹的跟踪与精确弹道测量。利用导弹上装载的 GNSS 接收机，可以实时测定导弹的位置与速度，通过数字无线电传输送到地面中心站，利用采集的数据来分析导弹制导系统的控制误差，并改进设计。实际应用中往往采用伪距差分技术，其特点是可以通过差分提高定位性能。通过公用遥测信道将弹载接收机测量得到的各个卫星的伪距及伪距的变化率以一定的速率向地面发送，地面接收到信号后利用差分数据进行修正，以获得高精度的导弹飞行轨迹及速度数据，定位性能可达到米级甚至分米级。

GNSS 观测方法本质上也是无线电观测方法，与传统无线电观测方法相比具有以下优点：

(1) 可提供全球覆盖(与采用的 GNSS 系统有关)，适应多场区、多射向、多变弹道和多落点的需要。

(2) 测量误差与距离无关，对全弹道均能保持很高的测量精度。

(3) 可以跟踪低空目标，有利于巡航导弹和再入低空段的测量。

(4) 测量目标数不受限制，有利于解决多目标测量问题。

(5) 设备简单，节省费用。

5.7 卫星导航系统其他军事应用

5.7.1 概述

"纵观人类历史，那些最有效的从人类活动的一个领域转向另一个领域的民族，总能获得巨大的战略利益"，这段话出自美国陆军退役中将丹尼尔·格雷尼姆之口，其在 1982 年提出著名的"高边疆"理论，呼吁美国尽快抢占外层空间。自 1957 年人类成功发射第一颗人造地球卫星开始，太空便逐渐成为人类新的活动空间。太空领域的开发除了探索宇宙，更多的是利用太空来服务国家和社会，利用太空装备服务传统作战和太空战已切实摆在人类面前。

　　太空是指地球大气层和其他天体以外的虚空区域，即人们日常生活中常说的"天空"中的"天"的范围，"空"则是指地球大气层以内的地方。按照国际航空联合会的定义，大气层的边界在距离地球表面 100～110km 的地方，这是太空的下边界。通常把距离地球表面 100～35786km 的区域称为近地空间；距离地球表面930000km 之内的区域称为地球空间，这一区域在地球引力场范围之内；距离地球表面 930000km 以外的区域称为行星际空间。从航天技术的发展趋势来看，航天器的行动范围主要还在近地空间。航天器运行轨道的类型有低轨道、极轨道、中轨道、高椭圆轨道、地球同步轨道和地球静止轨道等，航天器根据任务需要选择不同的运行轨道。由于卫星绕地球运动，除静止轨道地球同步卫星外，其余卫星的星下点一直在发生变化，具有全球运动特性，无法对其设立"禁飞区""禁航区"，具备天然的"合法过境权"，太空没有主权范围，航天器可以自由地进入任何国家领土之上的太空，具有自由飞越、全球进入、全球覆盖等特点。太空军事化发端于 20 世纪 50 年代人造卫星的快速发展并广泛应用于军事领域，随着军事化进程的不断推进，太空战场逐步形成，太空已成为未来战争新的制高点，谁控制了太空，谁就可以居高临下地控制其他战场，掌握战略主动权。

　　卫星导航系统本身就是各国利用太空争夺自身全天候定位、测速、授时能力的产物，随着太空技术的不断发展，GNSS 接收机已经逐渐成为航天器的重要载荷之一。全面、实时、高精度地获取卫星观测信息，对地球空间进行全方位观测，已成为当前空间科学技术领域重要的发展方向。目前，航天技术在军事上的应用主要是信息支援，使用侦察预警卫星、通信卫星、导航卫星、气象卫星等各种探测卫星，世界军事强国依赖各种卫星的支援，能够实现 24h 不间断全球范围连续侦察监视，提供的空间作战支援保障信息已经与作战的武器系统连成一体，对夺取战争的胜利至关重要。目前，世界各国发射的 5000 多颗卫星中约 70%属于军用卫星，军用卫星以其强大的信息支援能力在战争中发挥了至关重要的作用。各类卫星的应用使太空强国之间的战争爆发丧失了突然性，军用卫星能够及时监测到对方的重大军事行动，能够实时预警对方的核武器发射，这就决定了目前无法像第二次世界大战初期德国那样通过突然袭击达成既定作战目的，类似诺曼底登陆之类的大规模军事行动也不可能躲开敌方耳目，人类战争的面貌已经发生改变。侦察卫星的出现使太空侦察变得合法化，而不必出现像美国利用 U-2 侦察飞机到别国领空非法侦察遭到他国抗议的情况。

　　侦察的目的是发现目标和确定目标的位置或评估武器的打击效果，武器对目标的命中精度不仅取决于制导的精度，还取决于发现目标的能力和对目标定位的精度。美军发展的全球感知能力，即发现、定位或跟踪地球表面上感兴趣的固定目标或移动目标,而且要有足够小的时延以满足作战需要,为此利用高空成像技术建立了全球地理数据库。在高空成像系统中,包括高空侦察机、低轨和中轨侦察卫星,使用了卫星定位手段,卫星导航系统的精度决定了对目标的定位精度,由卫星导航提供的平台速度信息的精度决定了合成孔径雷达能使用的分辨率。对于利用帧重叠方法来提高成像对比度的实波束传感器,有了卫星导航提供的高精度定位与速度信息才能保证最终成像的清晰度。

5.7.2　低轨卫星监控与精密定轨

卫星导航系统能为航天器提供全球、全天候、实时、高动态、高精度的导航定位信息,应用范围可从 200km 的低轨道空间向上延伸到 36000km 的地球同步轨道空间,在发射段的入轨控制、初轨捕获、在轨飞行时的轨道测量、再入时的状态监测、返回轨道捕获的计算,以及航天器之间交会对接时的相对运动状态测量等各个阶段均能发挥作用。纵观国内外航天应用导航装备的发展脉络,值得重点关注的发展特点包括两个方面:应用范围与定位精度。应用范围从最初的低地球轨道向目前的地球同步轨道发展,定位精度从最初的百米级发展到米级,再到目前的厘米级(李向阳等,2015)。

低轨卫星飞行速度为每秒数千米,如此高的速度使卫星能够快速覆盖到极其广阔的地区,而且不需要消耗任何燃料。低轨卫星由于其特殊的轨道特性而得到广泛应用,特别是在空间物理研究、重力场恢复、大气探测以及环境监测等相关领域的应用有着举足轻重的地位。高精度的卫星轨道信息,是卫星对地观测应用的决定性因素之一,借助低轨卫星上搭载的仪器开展军事活动的技术发展迅猛,这对低轨卫星定轨精度提出了越来越高的要求。低轨卫星大部分的应用领域对卫星轨道都有较高要求,例如,海洋测高卫星 TOPEX 要求轨道径向精度优于5cm,重力卫星对轨道的要求则更为苛刻。卫星精密定轨是卫星对地观测技术发展应用的基础,同时又是提高和拓展卫星应用领域的关键因素,使得研究低轨卫星精密定轨技术变得尤为重要,低轨卫星精密定轨技术的研究一直是国际上的热门课题。

高精度的轨道信息既是 LEO 卫星利用卫星载荷有效完成科学任务的前提和基础,又是提高和拓展其应用领域的关键因素。LEO 卫星精密定轨技术是保证 LEO 卫星任务正常运转最核心的技术,LEO 卫星精密定轨精度是衡量 LEO 卫星任务系统性能的一个重要指标。低轨卫星的定轨精度主要取决于定轨方法、卫星跟踪技术以及轨道力学模型等,其中卫星跟踪技术起决定性作用。目前,低轨卫星常用的跟踪技术有星载 GNSS 技术、卫星激光测距(satellite laser ranging,SLR)技术等。传统低轨卫星定轨监控方法使用激光测距、无线电测距等测距方法,通过连续测得观测站与卫星的相对位置变化来测定卫星的轨道并进行监控。这种方法测定的轨道精度低,不能做到实时定轨。

　　基于卫星导航系统的低轨卫星定轨能很好地满足低轨卫星的侦察和通信应用的精度要求，对卫星进行实时的高精度定轨和跟踪。低轨卫星轨道高度在 765km 左右，属于地球表面附近的用户，由于具备良好的卫星信号接收环境，其卫星导航定位精度可达米级，满足了低轨卫星定轨精度的要求，还可实时跟踪卫星，监测与预定轨迹的误差，并进行实时调整，控制卫星轨道误差，调整卫星飞行姿态等。随着 GNSS 技术的发展，基于星载 GNSS 的高精度定轨技术已经成为 LEO 卫星精密测轨领域最主要的手段，且该技术已成功应用于多颗 LEO 卫星的精密定轨，如 CHAMP(challenging minisatellite payload，挑战性小卫星有效载荷)、GRACE (gravity recovery and climate experiment，重力恢复和气候实验)、Jason 等卫星。随着 GNSS 观测精度的不断提高、观测模型和轨道摄动力模型的逐渐精化以及精密定轨数据处理方法的不断完善，LEO 卫星的定轨精度得到了极大的改善。目前，国外开展的飞行任务几乎都采用NASA喷气推进实验室研制的Blackjack双频星载GPS 接收机。欧洲研制的拉格朗日星载接收机在精确定轨方面也具有较强的性能，目前已应用于欧洲航天局的重力场与稳态海洋环流探测器中。在精密定姿方面，专门用于精密定姿的 GPS 接收机大多为 GR-10、GR-20 以及 Vector 接收机等，为卫星定轨和监控提供高精度时间服务，GNSS 授时精度可达 10ns，可为低轨卫星的定轨和监测提供高精度的授时服务，使低轨卫星上的时间、监测站时间和控制中心的时间严格同步，为卫星的精密定轨提供了时间基础。

　　LEO 卫星精密定轨的主要目的是获取 LEO 卫星高精度的位置信息，为实现其科学任务以及拓展的应用服务提供高精度的空间基准。由于星载 GNSS 观测量对空间观测环境的依赖性较强，且卫星轨道动力学模型通常包含系统性或规律性的误差，所以卫星轨道动力学模型只能在一定弧段内较为准确地描述运动状态。因此，如何合理利用星载 GNSS 观测信息和动力学信息，获得最优的 LEO 卫星轨道信息，同时给出轨道的精度信息值得深入探讨。观测误差和模型误差不可避免，因此用于精密定轨的观测资料不可能是精确值，而且动力学模型也只能近似地描述卫星的运动状态。因此，LEO 卫星精密定轨问题变为利用不够精确的动力学模型、包含随机误差的观测数据以及不够精确的初始状态求取卫星轨道信息的最佳估值问题(李济生，1995)。在实际数据处理中，涉及大量观测数据的处理以及复杂力学模型的计算，有效的数据处理方法尤为重要。精密定轨数据处理方法通常分为两大类：一是批处理方法；二是序贯处理方法。批处理方法每次通过处理全部观测资料来改进某一历元的状态量，常采用加权最小二乘估计方法；序贯处理方法每次处理观测资料并产生每个测量时刻状态矢量的最优估计值，常采用扩展卡尔曼滤波估计方法。加权最小二乘估计方法具有更好的稳定性，一般用于事后定轨，而扩展卡尔曼滤波估计方法既可以用于实时定轨，也可以用于事后定轨。

1. LEO 卫星精密定轨流程

LEO 卫星非差约化动力学精密定轨的数据处理步骤如下(田英国，2017)：

(1) 数据准备。准备的数据主要包含 GNSS 卫星精密轨道、GNSS 卫星精密钟差、地球定向参数(earth orientation parameter, EOP)产品、差分码偏差(differential code bias, DCB)产品、LEO 星载 GNSS 观测数据、LEO 卫星姿态数据、LEO 卫星激光测距数据(主要用于 LEO 卫星轨道精度评定)、动力学模型相关数据以及一些辅助信息数据，如 GNSS 卫星或 LEO 卫星机动信息数据、星载 GNSS 接收机配置参数调整信息、GNSS 天线相位中心改正等。

(2) GNSS 数据初步预处理。GNSS 数据初步预处理仅基于观测数据水平的数据预处理，通常伴随 GNSS 观测数据格式转换一同进行，逐历元读取星载 GNSS 观测数据，并剔除以下观测数据：一是剔除数据文件中观测标记为异常的数据；二是剔除历元中存在缺失观测值类型的卫星；三是剔除观测卫星数低于 4 颗的历元。

(3) 码观测数据预处理及初始轨道确定。利用伪距观测数据进行单点定位以获得各历元LEO卫星的初始位置信息,并在定位过程中剔除历元残差较大的观测量。利用单点定位获得的卫星初始位置信息计算后续轨道改进过程中需要的几类重要的偏导数。

(4) 载波相位观测数据预处理。将步骤(3)中生成的轨道或者改进后的轨道对载波相位观测数据进行预处理。预处理内容主要包括粗差探测、钟跳探测与修复、周跳探测与修复。关于钟跳探测与修复的描述，可参见相关文献(Guo et al., 2014)，关于周跳探测与修复，已有大量文献对其进行了探讨(Blewitt, 1990；Liu，2010；Dach et al.，2015)。实际上的数据预处理是一个非常繁杂的过程，也是精密定轨中最为重要的环节，数据预处理的质量直接决定着最终精密定轨的精度。

(5) 轨道改进。轨道改进主要包括轨道参数估计和轨道积分两个方面。在轨道参数估计中，首先根据载波相位和伪距的非差观测方程组建立方程，在实际估计时，为了提高参数估计的效率，先对钟差、模糊度等历元参数进行预消除，在参数估计完成后，再回代估计接收机钟差等预消除参数；轨道积分主要是根据参数估计得到的轨道初始状态及力学模型参数等积分运动方程和变分方程，最终将运动方程的积分结果输出为卫星轨道，变分方程的积分结果输出主要为几类重要的偏导数信息。

(6) 残差编辑。对步骤(4)中参数估计后的残差进行分析，剔除残差较大的卫星，删除短弧段观测数据，并基于残差分析结果，对观测数据进行标记或剔除，循环执行步骤(3)～步骤(5)，直到轨道精度不再提高。

(7) 最终轨道生成。利用经过多次残差编辑后的观测数据生成最终的轨道产品。

(8) 轨道精度评定。主要分为内符合精度评定和外符合精度评定。

(9) 结果保存及相关信息成图。

2. LEO 卫星精密定轨实验分析

为了评估星载 GNSS 精密定轨性能，选取 2015 年 279 天的 Swarm-B 卫星星载 GPS 观测数据进行验证分析。在实际处理过程中，GPS 观测数据的采样间隔为 1s，GPS 卫星的高度截止角为 0°，观测模型采用无电离层组合模型；估计的参数主要包括初始轨道根数、动力学模型参数、接收机钟差及模糊度等。其中，模糊度参数作为常量进行估计，模糊度为浮点解，接收机钟差当作白噪声进行处理。GPS 精密轨道和精密钟差等均采用欧洲定轨中心(Centre for Orbit Determination in Europe, CODE)的事后精密产品(Dach et al., 2009; Bock et al., 2009)。GPS 卫星天线相位中心偏差和天线相位中心变化采用 IGS08.atx 模型进行改正(Schmid et al., 2007)，接收机端的 PCO 和 PCV 参照 Luthcke 等提出的方法进行估计(Luthcke et al., 2002)。

根据上述两种方案，对 Swarm-B 卫星进行处理，并将最终定轨结果与 ESA 标准轨道进行比较，Swarm-B 卫星约化动力学轨道的径向、迹向和法向的精度分别可达 2.5cm、2.5cm 和 2.2cm。上述结果表明：Swarm-B 卫星的约化动力学定轨精度优于 3cm，且定轨结果较为稳定(田英国，2017)。

除去低轨卫星，还有一些卫星运行于近地点在近地轨道附近、远地点在地球同步轨道附近的大椭圆轨道上，这类卫星可长时间运行在远地点附近，适合对特定区域保持长时间的对地观测、通信等能力。利用大倾角的大椭圆轨道可实现圆轨道航天器无法实现的对地球上高纬度地区的长时间观测、通信，典型的有俄罗斯的闪电(Molniya)系列通信卫星和美国的红外天基预警系统。当这类卫星在低轨道运行时，可接收较多的 GNSS 卫星信号，但当其运行到高轨道环境时，可见卫星数将急剧减少。刘付成等(2016)对大椭圆轨道航天器可见 GNSS 卫星数、接收信号强度和精度衰减因子等进行了详细分析，计算出当利用 GPS、GLONASS、北斗二号卫星导航系统、Galileo 卫星进行纯几何定轨时，可见导航星座的 GDOP 的平均值为 8.43，当设置接收机灵敏度为–160dBm 时，能够满足高轨道定轨的需求。刘付成等(2016)还对基于 GNSS/动力学约束的自主定轨方法及基于 GNSS/INS/天文组合的融合自主导航方法进行了详细研究，卫星导航系统在这种大椭圆轨道卫星中亦有较好的应用。2012 年，借助于已经退役的伽利略 GLOVE-A 卫星上搭载的萨里卫星技术有限公司制造的 GPS 接收机(SGR-GEO)，该接收机在 2.33 万 km 的高度实现了 GPS 定位。SGR-GEO 接收机采用了高增益天线和精确恒温控制时钟，能够接收 GPS 发射天线的旁瓣信号。该试验的成功开展为后续制造用以支持地球静止轨道卫星的星载 GNSS 接收机开辟了道路。目前，美国空军正基于 GPS 现代化计划指定国际电话电报公司与通用动力公司研制现代化天基接收机，目标是为美国空军提供一种能在低地球轨道和地球同步轨道应用的兼容 M 码、P (Y) 码和 C/A 码的 GPS 接收机，提升美国空军航天装备的自主定位与授时能力(李向阳等，2015)。

5.7.3　航天器交会对接

空间交会对接是指两个或两个以上航天器同一时间在轨道同一位置以相同速度相会合，并在结构上连成一个整体的过程。空间交会对接包括空间交会和空间对接，属于航天器轨道控制和姿态控制的范畴，涉及两个航天器要进行最多 12 个自由度的轨道和姿态控制问题，关键是航天器之间的相对导航问题。空间交会对接是实现空间实验室、空间通信和遥感平台等大型空间基础设施在轨装配、回收、补给、维修以及国际空间救生服务等空间操作的先决条件(毛克诚，2007)。空间交会对接飞行任务一般分为地面导引段、自动导引段、最后接近阶段、逼近操作阶段和对接阶段五个阶段。

INS 是空间主要的导航与姿态确定系统，INS 中的速率陀螺仪一直是保持和测量航天器姿态的主要设备。通过 GNSS/INS 的组合实现两种系统的性能互补，GNSS 卫星信号失锁后，INS 数据能够帮助接收机更快地重新捕获信号。GNSS/INS 组合技术在航天器交会对接的五个阶段以及返回着陆段中均能发挥良好的作用，空间 GNSS/INS 组合导航系统已是国际空间站主要的导航和姿态确定系统。1995 年，GPS 接收机首次在空间运输系统(STS-69)测试中取得 10m 的相对定位精度 (Kornfeld et al., 2001)，此后又在 STS-72、STS-80、STS-84、STS-86 和 STS-91 中进行了多次应用。1998 年，日本国家空间发展局使用 DGPS 技术成功实现了工程检验卫星 ETS-VII 的自主交会和对接任务，在没有推力器喷射等干扰情况下，导航误差可控制在 2m 以内。在利用推力器对追踪器进行轨道控制的情况下，卫星导航系统仍可将追踪器位置误差控制在 5m 之内，这是世界上首次采用 DGPS 技术进行无人航天器导航试验，若采用载波相位观测量，则可取得更优的性能。

在航天器离轨返回阶段，航天器周围被电离化的空气分子干扰了无线电信号的传播而形成"黑暗区"，此时 GNSS 信号不可用。国际空间站在装配嵌入式 GNSS/INS 组合导航系统作为主要导航和姿态确定系统之前，在 1997 年 7 月到 1999 年 12 月期间，经过 6 次在轨空间导航和姿态试验，通过 STS-100 和 STS-108 两次离轨返回试验，GPS 在没有 INS 辅助时，从跟踪卫星数小于 4 个到重新捕获信号的时间为 16min，当有 INS 辅助时，时间缩短为 6min。

在绝对导航方面，有航天飞机上的小型化机载 GPS 接收机(MAGR-S)和 X-37B 上的 Space Integrated GPS/INS。在相对导航方面，参与过空间编队飞行任务的 GPS

接收机主要包括劳拉空间系统公司的 GPS TENSOR、Mitel 公司的 GPS Orion 和改进型接收机、NASA 喷气推进实验室的 Blackjack、天宝公司的 Vector 接收机、阿斯特里姆公司的 Mosaic GNSS、德国宇航中心的集成 GPS 掩星接收机等。卫星导航系统还能帮助在轨动能拦截器攻击预定目标。在轨动能拦截是指利用非爆炸性的高速战斗部，以巨大动能直接撞击目标航天器，造成目标摧毁。这种方式要求在 1000km 到几万千米的空域内实现动能拦截器与目标航天器高速运动状态下的精确撞击，美国在 2005 年成功进行的深度撞击试验和 2008 年海基动能反卫试验中，卫星导航系统在其中发挥了重要的精确导引作用(焦维新，2015)。

5.7.4　导航战攻防策略

导航战是随着卫星导航技术的广泛应用而出现的一种新的作战方式，是与电子战、信息战、网络战以及太空战等同样重要的军事作战方式。拥有全球卫星导航系统的国家具有导航战的主动权。下面分别介绍导航战概念及对象、攻击手段和防卫技术(丛佃伟等，2011)。

1. 导航战概念及对象

为了确保美国在卫星导航系统应用方面的优势，美国于 1997 年首先正式提出导航战的概念，目的是在复杂的电子环境下，使己方部队能够有效利用 GPS，同时阻止敌方使用 GPS，以确保美军及其盟军不受干扰地使用卫星导航系统。

从美军对导航战的最初含义看，其主要对象是 GPS，虽然当时俄罗斯的GLONASS 也投入了运营，但 GLONASS 导航卫星平均在轨寿命较短，俄罗斯经济困难，难以及时补发卫星，导致长期在轨可用卫星数较少，达不到全球组网。近年来，关于导航战的各项研究也主要围绕 GPS 展开，但实际上导航战的对象至少应包括 GNSS，GNSS 泛指所有的空基无线电定位系统，可分为全球系统、区域系统和增强系统。

近年来，全球卫星导航系统领域的面貌已发生巨大变化，俄罗斯不断加大支持力度，改进优化导航卫星，多次补网发射。2012 年 12 月，覆盖亚太区域的北斗二号卫星导航系统建成，全球卫星导航系统于 2020 年建成。2016 年，欧盟的 Galileo系统初始服务启动，2020 年提供全面应用服务。除了包含上述四个已经是或目标是全球卫星导航系统外，法国的 DORIS(Doppler orbitography by radio positioning integrated on satellite，星载多普勒无线电定轨定位)系统、德国 PRARE(precise range and range rate equipment，精密测距及变率测量)系统、多个国家联合开发的COSPAS-SARSAT 系统、俄罗斯的 Tsikada 卫星导航系统(美国的子午仪卫星导航系统 1996 年已停止运行，不在此列)等也应是导航战的研究对象。

区域性的卫星导航系统主要有日本的 QZSS、印度的 IRNSS 等。卫星导航系统的增强系统主要包括欧洲地球静止导航重叠服务(European geostationary navigation overlay service, EGNOS)系统、美国的广域增强系统(wide area augmentation system, WAAS)、印度的 GPS 辅助增强(GPS aided GEO augmented navigation,GA GAN)系统、俄罗斯的差分校正和监测系统(system of differential correction and monitoring, SDCM)等空基增强系统，以及国际民航组织的局域增强系统(local area augmentation system，LAAS)、伪卫星系统和各种低频增强系统等地基增强系统，这些系统也是导航战的重要研究对象。导航战的内涵可重新概括如下：

(1) 在战场环境下，保护己方的卫星导航系统能够为己方正常使用，防止敌方使用己方的导航系统，防止敌方对己方卫星导航系统的干扰和破坏。

(2) 对敌方的卫星导航系统实施干扰和破坏,使敌方不能使用或不能正确地使用卫星导航系统。

(3) 最大限度地确保战区以外区域和平利用卫星导航系统信息。

2. 导航战攻击手段

导航战攻击手段主要分为摧毁(硬杀伤)和干扰(软杀伤)两种类型。摧毁主要是指攻击敌方的导航卫星和地面控制系统(主要包括主控站、监控站、注入站)；干扰主要是对用户终端接收机进行干扰，也可以对导航卫星和地面控制系统进行干扰。

1) 摧毁、干扰空间导航卫星

(1) 发射导航卫星伴星对地面注入站发送的上行信号(S 波段)进行截获并分析，对导航卫星进行有效干扰，使导航卫星不能正常工作或者发射错误导航信息，使用户得不到精确的导航信息，甚至是错误的导航信息。

(2) 发射航天器扰乱导航卫星上的对日定向系统,使其不能控制太阳能帆板始终对准太阳，致使整个卫星电子设备因缺乏能源而不能正常工作；扰乱卫星姿态三轴稳定系统或推进系统，使其不能正常工作，导致卫星天线的辐射不能对准地面，从而使地面接收不到卫星导航系统下行的导航电文或使卫星偏离正确的轨道位置，降低定位精度(黄小钰等，2007；刘志春等，2007)。

(3) 发射专用卫星干扰卫星上的微处理器，使其无法处理和存储数据，或者存储器产生溢出；干扰卫星时钟校准精度以及卫星星历中有关卫星位置数据的精度。

2) 攻击地面控制系统

地面控制系统主要设在本国领土或者军事基地内，受到严密防护，一般有多层防御措施、防护工事和伪装，并且多采用分布式结构，配备了备份主控站，对它干扰和摧毁难度较大，不是主要的导航战攻击手段。下面仅列出几种可能的作战方式：

(1) 精确制导武器远程打击。

(2) 特种突袭，派遣特种作战分队，突袭破坏敌方的主控站和监控站。

(3) 利用黑客技术侵入地面控制系统，使其不能正常运行。

(4) 利用无人机对目标实施全面迅速攻击。

3) 干扰用户终端接收机

利用电子对抗装备干扰用户终端接收机正常工作，是实战中应用最广泛的导航战对抗方法。通常只有卫星通过地面监控系统上空时才会打开遥控遥测天线接收地面数据，其采取了多种加密口令和抗干扰措施，因此对上行通道进行干扰不太容易。本节主要讨论对导航卫星微弱的下行信号进行干扰使接收机不能正常工作的技术，主要有压制式干扰和欺骗式干扰两种。

(1) 压制式干扰。

干扰机发射干扰信号以遮蔽卫星信号频谱，削弱甚至使敌方接收机完全失去工作能力，有瞄准式干扰(窄带干扰)、阻塞式干扰(宽带干扰)和相关干扰等压制式干扰方式。可以通过多种手段将干扰发射机投射到目标区域，例如，可以通过人工、汽车、飞机等运载工具将干扰机投射到地面，也可以通过无人机、热气球、平流层飞艇甚至低轨卫星等搭载干扰机，按照一定的网形布设会取得更好的干扰效果。组网形式需要根据来袭武器的运行轨迹和卫星导航系统制导武器的抗干扰能力合理布设。

压制式干扰是导航战攻击手段中最主要的威胁。1997年的莫斯科航展上，俄罗斯生产的GPS/GLONASS干扰机利用4W的功率便可以使200km范围内的接收机全部失效。压制式干扰需要的干扰能量大于导航信号的能量，干扰才能奏效，所以干扰信号要有足够大的能量，但功率也不是越大越好，干扰功率过大容易丧失隐蔽性，容易被敌方利用干扰源定位技术发现并摧毁。

(2) 欺骗式干扰。

用户接收机一般只能识别信号的结构，难以辨别信号的真伪，若能发射与卫星信号结构相同的欺骗信号，则可以达到有效欺骗接收机正确定位的目的。欺骗式干扰便是发射与敌方卫星导航系统具有相同参数(只有信息码不同)的假信号，干扰用户接收机，使其产生错误的定位信息。有产生式干扰和转发式干扰两种形式。

目前，主要国家均在发展新的更复杂的军用码(如GPS现代化中新的军用M码)，难以对其进行破译，使产生式干扰变得越来越困难。因此，通常采用转发式干扰方式，也称"镜像"干扰技术。只要掌握卫星的下行频率，运用通信中继原理，通过解调方式将有价值目标的位置信息调制成声信号，再利用各种方式将声信号中继到25km以外(中继可用无线电台、有线网络、民用移动通信网络等)，并运用其卫星相同的下行频率以大功率发送出去，就可以达到干扰、欺骗的目的。

该方式避免了研究人员需要对导航信号频繁解码的难题，无论敌方运用何种方式对导航信号进行加密，都能对其进行干扰。目前，欺骗式干扰机正向智能化方向发展，即能准确估算目标所接收到的信号测量值的大小，离散地给其加上一个合适的不可检测的偏离值，降低了被检测出来的风险。

随着反干扰技术的发展，实际运用中，单一干扰方式单个干扰源的干扰方法已经很难起到真正的干扰效果。实战中应该采取合理的战术，除了地面布设外，还可以采用升空干扰方式，既能降低干扰功率要求，又能扩大干扰范围，一般可采用机载(含无人机)干扰源和热气球载干扰源等形式，还可在低轨卫星上安装干扰源，既能提高干扰效果，又能降低被摧毁概率。采取欺骗式干扰与压制式干扰相结合，采用多种干扰体制，形成陆、海、空、天多种干扰平台的立体式、分布式干扰网络，对干扰区域实现无缝覆盖，能发挥最佳效果。

3. 导航战防卫技术

导航战中的攻防技术是"矛"和"盾"的关系，攻防技术的进展是随着彼此技术的进步不断提升演变的，换言之，导航战的防卫技术主要是为了最大限度地避免敌方导航战攻击方式对己方造成影响。

1) 导航卫星及信号部分

(1) 增发卫星，增加在轨卫星数以提高可用性、精度和覆盖一致性。

(2) 建立备份卫星库，战争时紧急利用火箭等手段将导航卫星发射到需补充或者加密的轨道位置上。例如，美国在仓库内存有一定数量的 GPS 卫星，当少数卫星被摧毁时便能很快进行补充。

(3) 对导航卫星进行防核、防辐射等加固处理。GPS Block Ⅱ 以后的卫星均采取了加固措施，对核辐射、激光武器等有一定的防护能力。

(4) 利用卫星编队和星间链路等技术，提高卫星自主运行能力，使导航卫星能短时间内摆脱对地面系统的依赖，例如，GPS-ⅡR 和 GPS-ⅡF 卫星上均采用了自主导航技术，一旦地面控制系统被摧毁，整个系统仍能在 180 天内提供满足精度要求的位置信息。

(5) 增强卫星机动能力，战时进行机动变轨，使敌方难以短时间内获取卫星的轨道参数，无法实施迅速打击，提供时间缓冲，便于对敌方卫星导航系统和反卫星武器进行攻击。

(6) 研制新型导航卫星，增发专门的军用码信号。例如，美国一直在不断地改进其导航卫星的研制技术，如在 BLOCK-ⅡRM 及其以后的卫星中均在 L1 和 L2 频段上增加了军用 M 码信号，可靠性、保密性、安全性更高。俄罗斯在 2011 年 2 月 26 日发射的首颗 GLONASS-K 卫星上也增发了军用测距，未来 Galileo 系统的公共特许服务同样具备军用码的功能。

(7) 增大卫星发射信号功率，以提高卫星信号的幅度和抗干扰信号的信噪比，使敌方现有干扰机失效，或者迫使敌方增强干扰机功率，那么便容易被探测并摧毁。

(8) 军用信号和民用信号频谱分离，这样便于战时通过提高军用信号的功率等来提高其抗干扰能力，并且可以加密，同时不影响民用信号的性能，也可以将战区内的民用信号干扰掉，同时不影响军方使用。GPS 高功率点波束军用 M 码信号能实现对全球区域的覆盖和重点区域覆盖工作方式的切换，在重点区域工作的卫星信号功率将增加几十分贝。

(9) 通过对卫星信号发射的控制，使特定区域内的用户不能使用接收机。

2) 地面设施部分

(1) 建立备用主控站。

(2) 增加地面监测站数量。当部分监测站被摧毁时，不会对卫星导航系统整体效果产生较大影响。美国在 2005 年 9 月把美国国家地理空间情报局(National Geospatial-Inteligence Agency，NGA)的 6 个 GPS 监测站并入 GPS 卫星的监测站网。

3) 用户接收机部分

由于对导航卫星和地面控制系统的攻击不是一般的破坏或局部战争行为，在平时和局部战争中，卫星导航系统所受到的主要威胁来源于对接收机的干扰，所以接收机的抗干扰技术是最重要的抗干扰措施。下面介绍几种改善和提高接收机在干扰环境下信号捕获能力的技术：

(1) 天线增强技术，自适应调零天线技术是美军提高接收机抗干扰能力的重要技术，可以提高抗干扰能力 20～30dB。

(2) 军用码直接捕获技术。在伊拉克战争中，GPS 抗干扰能力较差是由于卫星中调制信号的军用 P(Y)码与民用 C/A 码没有分离，只有首先捕获民用码才能引导军用码的捕获。GPS-ⅡRM 增加 M 码信号后，能把军用信号、民用信号彻底分离，直接访问 M 码，增加了军用信号的安全性、抗干扰性，实现了信号发射功率的可重新分配，彻底实现了拒绝、阻断敌方使用 GPS 的能力。新的 M 码信号是美国实现导航战战略的重要基础之一。

(3) 射频干扰检测技术。检测射频干扰信号，一旦干扰了信号的完整性就会立即报警，且能提供接收机天线和前端输入的射频干扰大小。

(4) 前端滤波技术，使接收机不易受工作波段频带的带外强功率干扰。

(5) 码环和载波环跟踪技术，通过窄的码环和载波环跟踪滤波器带宽及接收机的预检测带宽来改进。

(6) 窄带干扰处理技术、抗干扰滤波、波束成型天线、空时自适应技术、运用新时间源及增强系统安全性的技术等。

上述手段若能使接收机的抗干扰能力达到 120dB 量级，迫使敌方使用大功率干扰机，则容易采用技术手段对干扰源进行检测、定位和摧毁。

(7) 建立一整套干扰源定位、报告和摧毁机制，最大限度地减少负面效应。

(8) 采用专门抗干扰军用接收机。

4) 其他手段

(1) 与其他外部导航辅助手段融合，如多普勒雷达、空气速率计、气压表、高度表、磁罗盘、地形数据库等(袁俊，2006)，其中最成功和最主要的是与惯性导航系统的最佳组合。

(2) 建立卫星导航系统的增强系统。

(3) 采用支持多系统的用户接收机。除非是世界大战来临，否则几个主要的卫星导航系统同时被干扰或影响的概率较低。

(4) 伪卫星技术。发射与导航卫星基本相同的信号，包括相同的载频和伪随机码，只是星历是伪卫星的。伪卫星比导航卫星距离用户近得多，便于播发大功率导航信号，在战场上形成一个对抗敌方干扰措施的伪导航星座，伪卫星可以布设在地面高处，也可以机载。

(5) 建立备份系统，例如，美国曾经利用罗兰 C 及其升级版作为 GPS 的备份系统。GPS 与罗兰 C(升级版)系统的区别体现在：天基与地基、高频与低频、低信号电平与高信号电平，两种系统同时被干扰的可能性较小。

随着 GNSS 的不断发展和变化，新的系统不断出现，旧的系统也在进行现代化升级，大量新技术不断涌现，每个系统有其独特的设计思路和技术特点，没有哪一种攻防技术能够适用于所有环境(丛佃伟等，2011)。

参 考 文 献

成求青, 李波, 余浩章, 等. 2014. 导弹测控系统总体设计原理与方法[M]. 北京: 清华工业出版社.

丛佃伟. 2017. GNSS 卫星导航系统高动态定位性能检定理论及关键技术研究[M]. 北京: 测绘出版社.

丛佃伟, 李军正, 刘婧. 2011. 全球导航卫星系统(GNSS)"导航战"攻防技术研究[C]. 全国博士生学术论坛(测绘科学与技术)论文集, 郑州.

郭松岩. 2016. 现代海战[M]. 北京: 国防大学出版社.

郝金明, 杨力, 吕志伟, 等. 2013. 北斗卫星导航知识读本[M]. 北京: 解放军出版社.

黄小钰, 董绪荣, 王伟. 2007. 导航战中对 GPS 的对抗技术分析[J]. 舰船电子工程, (6): 73-75.

焦维新. 2015. 北斗卫星导航系统[M]. 北京: 知识产权出版社.

李济生. 1995. 人造卫星精密轨道确定[M]. 北京: 解放军出版社.

李向阳, 慈元卓, 程绍驰, 等. 2015. 国外卫星导航军事应用[M]. 北京: 国防工业出版社.

李跃, 邱致和. 2008. 导航与定位-信息化战争的北斗星[M]. 北京: 国防工业出版社.

刘付成, 卢山, 孙玥. 2016. 椭圆轨道航天器导航制导与控制技术[M]. 北京: 国防工业出版社.

刘志春, 苏震. 2007. GPS 导航战策略分析[J]. 全球定位系统, (4): 9-12.

毛克诚. 2007. 基于航天器导航与交会对接的 GPS/INS 组合导航应用研究[D]. 郑州: 中国人民解放军信息工程大学.

倪智. 2016. 现代空战[M]. 北京: 国防大学出版社.

田英国. 2017. Swarm 卫星精密定轨关键技术研究[D]. 郑州: 信息工程大学.

许其凤, 丛佃伟, 董明. 2013. 主要定向技术比较与 GNSS 快速定位定向仪研制进展[J]. 测绘科学技术学报, 30(4): 349-352.

袁俊. 2006. 美军导航战及其对抗[J]. 中国航天, (7): 42-43.

袁树友. 2017. 北斗应用 100 例[M]. 北京: 解放军出版社.

张建军, 刘波, 李建文. 2008. 控制测量学[M]. 郑州: 信息工程大学.

张新征, 李居正. 2017. 美国与俄罗斯陆军作战力量现代化进程[M]. 北京: 国防工业出版社.

郑雯, 李晶, 陈冰. 2012. 临近空间飞行器研究现状与空间作战支持应用[J]. 宇航动力学报, 2(2): 93-101.

Blewitt G. 1990. An automatic editing algorithm for GPS data[J]. Geophysical Research Letters, 17(3): 199-202.

Bock H, Dach R, Jaggi A, et al. 2009. High-rate GPS clock corrections from CODE: Support of 1Hz applications [J]. Journal of Geodesy, 83(11): 1083-1094.

Dach R, Brockmann E, Schaer S, et al. 2009. GNSS processing at CODE: Status report[J]. Journal of Geodesy, 83(3): 353-365.

Dach R, Lutz S, Walser P, et al. 2015. Bernese GNSS Software Version 5. 2[M]. Bern : Astronomical Institute, University of Bern.

Guo F, Zhang X. 2014. Real-time clock jump compensation for precise point positioning[J]. GPS Solutions, 18(1): 41-50.

Joseph K M, Deem P S. 1983. Precision orientation: A new GPS application[C]. Presented at International Telemetering Conference, San Diego.

Kornfeld R P, Bunker R L. 2001. New millenium STS6 autonomous rendezvous experiments[C]. IEEE Space-aviation's Next Frontier Conference Proceedings, Daytona Beach.

Liu Z. 2010. A new automated cycle slip detection and repair method for a single dual-frequency GPS receiver[J]. Journal of Geodesy, 85(3): 171-183.

Luthcke S B, Zelensky N P, Rowlands D D, et al. 2002. The 1-centimeter orbit Jason-1 precision orbit determination using GPS, SLR, DORIS and altimeter data[J]. Marine Geodesy, 26(3): 399-421.

Schmid R, Steigenberger P, Gendt G, et al. 2007. Generation of a consistent absolute phase-center correction model for GPS receiver and satellite antennas[J]. Journal of Geodesy, 81(12): 781-798.

Spinney V W. 1976. Applications of global positioning system as an attitude reference for near earth users[C]. Presented at ION National Aerospace Meeting, Naval air Development Center, Warminster.

第6章 北斗卫星导航系统民用应用

6.1 概 述

卫星导航技术源于军事应用需求，却在民用应用中得到不断拓展，目前已成为生产生活中不可或缺的部分。北斗卫星导航系统是我国重要的战略基础设施，是经济安全、国防安全、国土安全和公共安全的重大技术支撑系统和战略威慑基础资源，也是建设和谐社会、服务人民大众、提升生活质量的重要工具，成为体现现代化大国地位和国家综合国力的重要标志。其广泛的产业关联度，能有效渗透到国民经济诸多领域和人们的日常生活中，成为高技术产业高成长的助推器。

6.1.1 应用现状

随着北斗卫星导航系统的建设完成，产业化应用广泛展开，其应用潜力只受人们想象力的限制，北斗卫星导航系统已经成为我国时空信息的支柱，逐步引领众多行业及产业的发展与提升。

卫星导航产业从一开始只是导航产业中的一个分支，而导航原来也只是在某些专业领域有其实际的产业应用和专业市场。卫星导航系统的出现，使得定位、导航、授时从小众的专业应用领域走向大众应用，真正构成了产业量级的应用服务市场。GNSS 最早的专业应用主要是在航空、航海和测绘领域，而大众化领域是从汽车应用开始的。20 世纪 90 年代，全球有三大应用模式：一是汽车导航仪；二是车辆位置自动报告系统；三是车辆监控系统。20 世纪末和 21 世纪初，个人导航仪问世，而后将导航定位功能嵌入智能手机，近年来延伸到可穿戴设备，从而将卫星导航装备融合到各类消费电子产品中。对于应用领域方面，卫星导航提供的时间、空间等基础信息，在国民经济各行各业和社会生活的各个方面产生了出乎意料的效果。

1. 交通物流运输

交通物流运输是卫星导航技术在民用领域中应用最早也是最广泛的，陆、海、空、天交通运输的现代化均离不开定位、导航和授时。GNSS 可为船舶、汽车、飞机等运动物体提供定位和导航服务，如船舶远洋导航、进港引导、飞机航路引导、进场降落、汽车自主导航、地面车辆跟踪和城市智能交通管理等。

2. 高精度测绘

国家重要基础设施建设和大地测量等方面均需要高精度的 GNSS 技术支持和保障，目前 GNSS 已经基本取代了传统的测量方式，以精度高、定位快、范围广、不受通视条件限制等优势在大地测量、工程测量、遥感、地理信息系统等多个领域得到了广泛应用，同时也充分体现出卫星导航对传统产业改造的巨大促进能力和提升能力。

3. 时间频率

原子钟为 GNSS 提供高精度的时间基准，同时 GNSS 技术的发展也为高精度原子钟技术的应用提供了条件。随着信息化的深入发展，在关键基础设施尤其是关系到时间频率方面的应用，如高速通信、电力传输、金融运作、网络管线等，对时间精度的要求越来越高。GNSS 授时技术在需要高精度时间同步和精确的现代化金融通信等领域得到了广泛应用。

4. 应急救援安防

北斗卫星导航系统进入大众视野的一个重要事件，就是其在 2008 年汶川地震抗震救灾中的出色表现，其关键技术是具备双向通信能力，在震后地面基站通信中断的情况下，利用北斗的定位、通信能力可以准确掌握受灾情况，实施高效的紧急救援，为人民的生命及财产安全提供有力保障。目前，北斗卫星导航系统已在反恐维稳、应急联动、医疗抢救、道路救援、消防警务以及各种重大社会治安治理和防范中得到应用。

5. 农、林、牧、渔业

北斗卫星导航系统在农、林、牧、渔业的应用不仅涉及面广，而且应用与服务多样化，其带来的效益和影响力也不可低估。我国是农业大国，如何提高农业生产效率、减少劳动力是现代农业的主要特点，粗放型农业已经逐渐向精准农业过渡。在此期间，GNSS 技术与现代农机产品相结合，是实现精准农业的前提和保障，在农作物的精准耕种、生产和产量评估、节能施肥等方面均已得到应用。此外，北斗卫星导航系统在林业管理监测系统、牧场牛羊放牧系统、野生动植物保护系统、渔业资源管理系统、船联网等方面均得到了有效应用。

6. 大众化应用与位置服务

北斗卫星导航系统不仅提供专业化的应用，而且已经在大众化应用和位置服务中扩展开来，并占据很大的范围，在很大程度上改变着人们的生活方式。基于位置服务的智能儿童手表、关爱老年人的位置服务系统、共享单车的定位与监控系统及学生安全管理平台等均已在相关领域发挥重要作用。

7. 科学研究

在科学研究上，北斗卫星导航系统全天候地播发信号，提供了海量的数据信息，这些数据信息已应用于电离层、中性大气反演及气象学研究中，卫星跟踪地球重力场和大气探测，航天器或人造地球卫星精密定轨、导航与对接，海冰、浪高、风场、土壤湿度反演等科学研究中。

此外，卫星导航与智慧城市、互联网、智能交通、大数据、云计算和物联网等均呈现密切联系，遥相呼应。由此可见，卫星导航及其延伸扩展的时空信息服务，可以将许多新一代信息技术实现整体组装，卫星导航的应用仅受想象力的限制。

6.1.2　未来发展趋势

2020 年 6 月，随着北斗三号最后一颗全球组网卫星顺利进入预定轨道，北斗三号 30 颗组网卫星已全部到位，北斗三号卫星导航系统星座部署全面完成。北斗全面部署完成后，北斗卫星导航系统的功能和性能将进一步提升，北斗产业链也将迎来重大发展机遇。

2023 年 5 月，中国卫星导航定位协会发布《2023 中国卫星导航与位置服务产业发展白皮书》(以下简称《白皮书》)。《白皮书》显示，2022 年我国卫星导航与位置服务产业总体产值达 5007 亿元，较 2021 年增长 6.76%。其中，包括与卫星导航技术研发和应用直接相关的芯片、器件、算法、软件、导航数据、终端设备、基础设施等在内的产业核心产值同比增长 5.05%，达 1527 亿元，在总体产值中占比为 30.50%。由卫星导航应用和服务所衍生和带动的关联产值同比增长 7.54%，达 3480 亿元，在总体产值中占比达 69.50%。

当前，交通、电力、铁路、石化、通信、军工等行业领域已经主动跨界进入北斗产业，相继成立了专门的北斗机构或企业，积极探索开拓以北斗技术为赋能手段的应用场景，推进本行业的北斗应用，促进自身主导产业的转型升级，进一步推动了北斗应用向深度和广度发展，成为产业发展的一个新亮点。

1. 北斗全面融入生产生活，产业蓬勃发展

北斗卫星导航系统已全面服务于交通运输、公共安全、救灾减灾、农林牧渔、城市治理等行业领域，融入电力、金融、通信等基础设施，广泛进入大众消费、共享经济和民生领域，深刻改变着人们的生产生活方式，产生了显著的经济效益和社会效益。2022 年，国内卫星导航定位终端产品总销量约 3.76 亿台/套，其中

具有卫星导航定位功能的智能手机出货量达到 2.64 亿部，车载导航以市场终端销量超过 12000 万台，包括物联网、穿戴式、车载、高精度等在内的各类定位终端设备销量超过 1 亿台/套。

2. 产业结构趋于成熟，产业链内循环生态已形成

我国卫星导航与位置服务产业链大体可以分为上游、中游和下游。上游基础产品研制、生产及销售环节，是产业自主可控的关键，主要包括基础器件、基础软件、基础数据等；中游是当前产业发展的重要环节，主要包括各类终端集成产品和系统集成产品研制、生产及销售等；下游是基于各种技术和产品的应用及运营服务环节。白皮书指出，我国卫星导航与位置服务产业结构趋于成熟，产业链自主可控、良性发展的内循环生态已基本形成。随着"北斗+"和"+北斗"生态范畴的日益扩大，业内外企业对卫星导航器件、终端、软件、数据的采购的进一步增加，产业链上游产值逐年增长。在"新基建"发展带动下，终端采购和系统集成项目规模显著提高，下游运营服务在产业链各环节中涨幅最快，无人系统、医疗健康、远程监控、线上服务等下游运营服务环节的应用场景非常活跃，市场规模快速扩大，随着未来时空服务和"+北斗"行业新业态新模式发展，以及投资推动，预计下游服务产值仍将保持快速增长，成为产值主要增长点。

北斗卫星导航系统已经在全球许多国家和地区得到应用，面向亿级以上用户提供服务。基于北斗的土地确权、精准农业、数字施工、车辆船舶监管、智慧港口解决方案，已经在东盟、南亚、东欧、西亚、非洲等地区得到成功应用。

包括智能手机器件供应商在内的国际主流芯片厂商的产品广泛支持北斗系统，国内华为、VIVO、OPPO、小米等品牌大部分款型均支持北斗系统功能。此外，随着移动位置服务、智慧城市建设的快速发展，高精度室内外无缝位置服务需求日益迫切，业内相关研发和产业化工作明显提速。未来，伴随物联网、云计算、人工智能等的深入发展和应用，结合北斗应用的多源融合室内外无缝定位技术的研发和应用服务推广必将成为产业融合创新的投资热点。

3. "+北斗"持续活跃，促应用扩展市场提升

随着国家及各行业相关政策及规划的实施，以及行业和区域经济转型升级发展需求的日益强烈，"+北斗"应用迅猛发展，对传统产业的赋能效果显著。当前，北斗正在实现与各类应用的深度有机融合，进一步向行业纵深和区域发展，"行业+区域"的北斗应用服务模式，以及北斗融合应用体系正逐步形成。

在交通运输、防灾减灾、农业、电力、燃气、石油石化等行业领域，北斗提供的时空信息已经深入最基层的业务环节，推广应用北斗设备规模累计已经超过千万量级，取得了显著的经济和社会效益。例如，重点营运车辆监管北斗应用率

100%，利用北斗监督司机的安全合规驾驶，大幅降低了交通事故发生率和死亡率；北斗高精准燃气泄漏检测技术已支撑了全国 150 个燃气公司检测 70 余万千米燃气管线，显著降低燃气管网安全运营风险；国内 17 个省份超过 22000 处地灾隐患点安装了低价格、低能耗的北斗滑坡预警仪，实现"人防+技防"，提升灾害预警能力，有效保障了人民生命财产安全；农机北斗应用向无人农场深化，增产、节能、创收效果显著；北斗定位导航、授时授频、短报文通信应用已经融入电力行业二十余个业务场景，未来还将支撑电网数字化转型发展；中国石油天然气集团公司、中国石油化工集团、中国海洋石油集团有限公司大力推进北斗替代 GPS 设备，并紧密结合石油石化行业各环节业务，积极应用北斗全面赋能石油石化生产建设的数字化、智能化发展。

在我国产业数字化转型升级的加速推进下，必将带来信息产业发展的新局面，从无人机巡检、无人机测绘，到无人农场、无人港口，自动化和无人化已成为大势所趋。北斗的作用也从最初的时空信息采集逐渐转变为与目标行业既有业务的深度结合，打造形成新的工作模式，形成新的服务业态，在安全、精准、远程、提质、增效等方面产生显著效能。这将为北斗市场化、产业化和规模化发展创造出更广阔的市场空间。

4. 高精度应用发展迅猛，市场高速增长

在电力、精准农业、精细化施工、高精度测绘、智能网联汽车等细分市场中的基础设施建设、高精度器件和产品的销售规模呈现加速增长态势。北斗高精度定位服务平台(北斗定位 2.0 版)的发布，可将民用手机的定位精度提高到 1.2m，大众消费级车辆导航等也可享受高精度定位服务；2022 年，国内市场各类高精度应用终端(含测量型接收机)总销量超过 200 万台/套，其中应用国产高精度芯片或模块的终端已超过 80%左右。

《白皮书》指出，应大力推进"三农"、移动大健康、无人系统、智能交通、物流管理、科学普及、科技教育、科创竞赛等领域的高精度大众化应用服务创新，形成各种各样的、行业的、区域的、大众化的系统集成解决方案，推进北斗高精度大众化的技术自主化、系统国产化、应用规模化、服务产业化和市场全球化。

5. 新时空服务到来，产业生态圈不断扩大

北斗正全面迈向综合时空体系发展新阶段，将带动形成数万亿元规模的时空信息服务市场。进入新的发展阶段，卫星导航与位置服务的产业生态正在发生显著变化，精准时空服务正逐渐取代目前的位置服务成为产业发展的核心方向。围绕建设更加泛在、更加融合、更加智能、更加安全的中国新时空服务体系，着力推进体系化融合创新，更广泛地应用于移动网、互联网、物联网、车联网，将当

前卫星导航与位置服务产业生态体系极大拓展，形成更大的产值规模，是产业发展的未来总路线。在这一过程中，以时空信息为核心的各种服务不断涌现，各类新用户群体、新商业模式和新业务形态也将不断形成和发展，越来越多的原本属于其他领域的用户群体、科研机构群体和企事业单位群体正与卫星导航和位置服务产业界相融合，不断扩充着北斗应用产业生态体系，形成新的产业生态圈，使产业内涵和外延迅速扩大，产业的范畴和边界逐渐模糊。

预计到 2025 年，综合时空服务的发展将直接形成 5 亿/年～10 亿/年的芯片及终端市场规模，总体产值预计达到 8000 亿～10000 亿元的规模。到 2035 年，预期构建形成智能信息产业体系，创造形成中国服务品牌，直接产生和带动形成的总体产值规模将超过 30000 亿元。

6.2　在大地测量中的应用

经典大地测量学主要以地面测角、测距、水准测量和重力测量为技术手段解决陆地区域性大地测量问题，由于其方法本身的局限性，测量精度和测量范围均受到限制。卫星大地测量极大地改变了传统大地测量模式，是目前大地测量中主要的测量手段。本节重点阐述 GNSS 定位技术在地心坐标系建立与维持及大地水准面的精化等方面的应用情况。

6.2.1　地心坐标系的建立与维持

1. 地心坐标系的定义

地心坐标系是以地球质心为原点建立的空间直角坐标系，或以与地球质心重合的地球椭球面为基准面建立的大地坐标系。地心坐标系的概念最早在物理大地测量中提出，利用重力相关资料建立地心坐标系，但该方法需要已知全球均匀分布的重力点，在广阔的海洋上重力资料严重不足，即使在陆地上也有很多地区(如两极和某些交通不便的地区)未施测重力。目前的研究表明，单纯用重力方法建立的地心坐标系，精度最高只能达到±10cm。

20 世纪 80 年代，空间大地测量技术得到迅猛发展，特别是 GNSS 技术的快速发展和成熟，使得建立和维持全球或区域地心大地坐标系成为现实。近几十年来，一些国家和国际组织先后建立了不同的地心大地坐标参考系统，比较著名的有美国的世界大地坐标系(world geodetic system, WGS)以及我国的 CGCS2000 等。目前，精度最高、使用最广泛的当属国际 GNSS 服务(International GNSS Service, IGS)建立的国际地球参考框架。

地心坐标框架是地心坐标系的具体实现，以甚长基线干涉测量(very long

baseline interferometry，VLBI)、卫星激光测距(satellite laser ranging，SLR)、激光测月(lunar laser ranging，LLR)、GNSS、星载多普勒定轨和无线电定位等空间大地测量技术，构成全球或区域的大地测量坐标框架，也可称为大地测量控制网，经数据处理得到这些控制网点的坐标和速度等信息。下面以我国的 CGCS2000 为例，阐述 GNSS 在坐标系的建立与维持中的应用。

2. CGCS2000

CGCS2000 是一个协议地球参考系，坐标系原点为包括海洋和大气的整个地球的质量中心，尺度为在引力相对论意义下局部地球框架的尺度，定向的初始值采用国际时间局 1984.0 的定向，定向的时间演化保证相对于地壳不产生残余旋转的全球旋转。坐标系的 X 轴由原点指向格林尼治参考子午线与地球赤道面的交点，Z 轴的原点指向历元 2000.0 的地球参考级方向，该历元的指向由国际时间局给定的历元为 1984.0 的初始指向推算，Y 轴与 Z 轴、X 轴构成右手正交坐标系。参考椭球定义为 CGCS2000 椭球，4 个基本参数如下：

(1) 长半轴 $a = 6378137\mathrm{m}$。

(2) 扁率 $f = 1/298.257222101$。

(3) 地心引力常数 $\mathrm{GM} = 3.986004418 \times 10^{14}\,\mathrm{m^3/s^2}$。

(4) 自转角速度 $\omega = 7.292115 \times 10^{-5}\,\mathrm{rad/s}$。

根据这 4 个基本参数，可以推算出椭球的其他几何和物理参数。

目前，CGCS2000 框架是在 2003 年完成的 2000 国家 GPS 大地控制网平差基础上建立起来的，框架最高层次为 CGCS2000 连续运行 GNSS 网，我国维持 CGCS2000 主要依靠连续运行 GNSS 观测站。该框架由总参谋部测绘导航局 GPS 一、二级网，自然资源部 GPS A、B 级网，以及中国地震局等部门建立的 GPS 地壳运动监测网和中国地壳运动观测网络组成，共约 2600 个点。

CGCS2000 是我国新一代地心坐标系，受我国当时卫星轨道误差的影响和 GPS 网观测条件及观测仪器的限制，建立的 CGCS2000 框架存在以下问题(杨元喜，2009)：

(1) CGCS2000 框架虽然满足国民经济建设和国防建设急需，但该坐标框架密度不够，尤其是在西部某些地区，不仅控制点少，而且观测精度相对较低，很难满足国民经济建设和西部开发的需要。

(2) CGCS2000 框架广度不够，广大海洋和岛礁几乎没有受到控制，很难满足航海安全、海洋开发和国防建设的需要。

(3) CGCS2000 框架总体精度仍然偏低，尚不能提供点位的三维变化信息，显然不能满足减灾防灾和地球动力学研究的需要。

(4) 点位归算十分困难。CGCS2000 框架采用的是 ITRF97 框架、2000.0 历元，这给目前广泛采用的 GPS 精确定位(ITRF 当前框架和当前历元)带来不便。若要进行转换，则必须有高分辨率的速度场资料，以便实施已知点从 2000.0 历元至当前历元的点位归算。

我国正在建设 GNSS 连续运行基准网，后续的 CGCS2000 框架，将随着 GNSS 测站分布密度的加大、观测手段的提高、站坐标精度的提升，逐渐更新和完善。北斗卫星导航系统提供的观测数据也是 GNSS 连续运行参考站的重要数据来源，随着系统的不断建设和完善，其在地心坐标系的建设及维持中将发挥重要作用。

6.2.2　大地水准面的精化

大地水准面或似大地水准面是获取地理空间信息的高程基准面，过去某个国家或地区的局部高程基准面通常是由该国家或地区多年的验潮站资料确定的当地平均海平面，与真正意义上的大地水准面不同，传统的水准测量参考基准只是区域性大地水准面上一个特定的点，由精密水准测量建立的国家或区域性高程控制网是水准测量测定高程的参考框架。GNSS 技术结合高精度、高分辨率大地水准面模型，可以取代传统的水准测量方法测定正高或正常高，真正实现三维定位功能，使得平面控制网和高程控制网分离的传统大地测量模式成为历史(宁津生等，2004)。

1. GNSS 水准测量原理

常用的高程测量方法有三种，包括水准测量(几何水准测量)、三角高程测量和 GNSS 水准测量。GNSS 水准测量方法是目前 GNSS 测量高程最常用的一种方法，它通过联测区内一定数量的高级水准点，采用一定的数值拟合方法求出测区的似大地水准面，计算出位置点的高程异常，从而求出这些 GNSS 点的正常高(史学军等，2002)。

GNSS 水准测量经过近年来测绘界的应用实践，测量方法和测量精度不断提高，已被广泛应用于 E 级 GPS 网的平面高程控制测量。与传统的水准测量相比较，其最大的特点是扩大了测站距离，在 5～10km 的距离上，GNSS 测高精度能达到三等水准测量精度水平，对于大范围的测量，测量精度能达到二等水准测量精度水平。对于传统的水准测量技术，在地面折射的影响下，很容易增大测量误差，而 GNSS 水准测量能有效避免这种现象的发生，GNSS 水准测量具有全天候、全自动、测量速度快、测量精度高等特点。

对于 GNSS 观测数据，需要经过特殊的处理才能得出准确的测量结果，在一般情况下，GNSS 测量得到的结果是空间直角坐标，但在实际工作中，经常以正高作为高程基准，因此 GNSS 观测数据的处理就是将空间直角坐标转换为平面坐标及高程。在测量工程中，为了得到某点的正高，不仅需要得出这个点的大地高，还需要得出这个点的大地水准面差距，在实际测量过程中，不能准确地得出正高，但在测量过程中采用的高程系统是正常高系统，因此需要得出这个点的大地高和高程异常，这样才能精准得出这个点的正常高。

大地高与正高之间的关系为

$$H = H_g + N \tag{6.1}$$

式中，H 为大地高；H_g 为正高；N 为大地水准面至参考椭球面的距离，称为大地水准面差距。

大地高与正常高之间的关系为

$$H = h + \zeta \tag{6.2}$$

式中，h 为正常高；ζ 为似大地水准面至参考椭球面的距离，称为高程异常。

由 GNSS 测定的大地高转为正常高的关键是如何求取大地高 H 与正常高 h 之差，即高程异常 ζ。计算大地水准面差距和高程异常的方法主要是重力测量法，但在一般的工程测量工作中难以实现，因此需要采取其他方法。为了求出区域内各个点的高程异常，用水准测量的方法联测若干 GNSS 点的正常高公共点，根据 GNSS 所测的大地高即可求出公共点的高程异常，再利用公共点的高程异常值和平面坐标采用数值拟合的方法，拟合出该区域的似大地水准面，即可求出区域内各个点的高程异常值，根据公式计算出各个点的正常高。通常将利用 GNSS 和水准测量成果确定似大地水准面的方法称为 GNSS 水准法。

曲面拟合法仅是将高程异常近似看作一定范围内各个点坐标的曲面函数，用已联测水准的 GNSS 点的高程异常来拟合这一函数，在求得函数的拟合常数后，利用这一函数来计算其他 GNSS 点的高程异常和正常高。根据测区中已知点的坐标 (x, y) 及其正常高 h，拟合出测区似大地水准面，再内插出特定点的 ζ，从而求出网中各点的正常高(郏红伟，2005)。设网中某点的 ζ 与平面坐标 x、y 有下列关系：

$$\zeta = f(x, y) + \varepsilon \tag{6.3}$$

式中，$f(x, y)$ 为 ζ 的趋势值；ε 为误差。

对 $f(x, y)$ 进行级数展开，得

$$f(x, y) = a_0 + a_1 X + a_2 Y + a_3 X^2 + a_4 Y^2 + a_5 XY + \cdots \tag{6.4}$$

式(6.3)的矩阵形式为

$$\zeta = XB + \varepsilon \tag{6.5}$$

式中

$$\zeta = [\zeta_1, \zeta_2, \cdots, \zeta_n]^{\mathrm{T}}$$

$$B = [a_1, a_2, \cdots, a_n]^{\mathrm{T}}$$

$$\varepsilon = [\varepsilon_1, \varepsilon_2, \cdots, \varepsilon_n]^{\mathrm{T}}$$

$$X = \begin{bmatrix} 1 & X_1 & Y_1 & X_1^2 & Y_1^2 & \cdots & X_1^n & Y_1^n \\ 1 & X_2 & Y_2 & X_2^2 & Y_2^2 & \cdots & X_2^n & Y_2^n \\ \vdots & \vdots & \vdots & \vdots & \vdots & & \vdots & \vdots \\ 1 & X_n & Y_n & X_n^2 & Y_n^2 & \cdots & X_n^n & Y_n^n \end{bmatrix}$$

对于式(6.4)，在 $\sum \varepsilon^2 = \min$ 的条件下，解出各 a_i，再按矩阵式求出各点的 ζ，从而求出每个点的正常高值。在采用二次曲面拟合时，一般应用 6 个以上的联测水准点，但当测区的联测水准点少于 6 个时，可采用平面函数拟合，此时的拟合模型为

$$\zeta_k = a_0 + a_1 X_k + a_2 X_Y - \varepsilon_k \tag{6.6}$$

在实际工作中，应根据测区地理条件的不同、范围的不同等选择合理的拟合函数，以使测点的拟合精度达到最高。

2. 提高 GNSS 水准精度的措施

由理论研究和实践经验可知，提高 GNSS 水准精度的措施有以下方面。

1) 提高大地高测定的精度

大地高测定的精度是影响 GNSS 水准精度的主要因素之一，要提高 GNSS 水准精度，必须有效地提高大地高测定的精度，其措施主要有如下几种：

(1) 提高局部 GNSS 网基线解算的起算点坐标的精度，从 GNSS 网基线入手，在解算过程中，通过保证起算点坐标精度的方法达到提高观测量精度的目的。

(2) 改善 GNSS 星历的精度，有关文献分析表明，用精密星历比用广播星历可提高精度 34%。

(3) 选用双频 GNSS 接收机。

(4) 观测时应选择较好的卫星分布。

(5) 减弱多路径误差和对流层延迟误差。

2) 提高联测几何水准的精度

据分析，采用四等几何水准联测的误差，约占 GNSS 水准总误差的 30%。因此，尽量采用三等几何水准来联测 GNSS 点。对于有特殊应用的 GNSS 网，用二

等精密水准来联测，以利于有效提高 GNSS 水准的精度。

3) 提高转换参数的精度

提高转换参数精度的方法是利用我国已有的 VLBI 和 SLR 站的地心坐标转换参数，或利用国家 A、B 级 GPS 网点来推算转换参数，但这一项误差在 GNSS 水准中是次要的。

4) 提高拟合计算的精度

提高拟合计算精度的方法有如下几种：

(1) 根据测区似大地水准面的变化情况合理地布设已知点，并选定足够的已知点。

(2) 根据不同测区选用合适的拟合模型。对高差大于 100m 的测区，一般要进行地形改正。

(3) 对含有不同趋势地区的大测区，可采取分区计算的方法。

(4) 计算时，坐标取到 1m 或 10m，但高程异常应取到毫米，计算结果应由计算机绘出测区高程异常等值线图，以便分析测区高程异常变化情况，提高拟合计算精度。

从以上分析和国内外 GNSS 水准实践情况看，在局部 GNSS 网中，采用拟合法进行计算，GNSS 水准高程的内符合精度一般每千米误差达 2mm 左右。对于测区面积不大的平坦地方，特别是在测区内高程异常变化的地区，在公共点分布均匀的情况下，多项式曲面拟合法能够达到比较理想的精度。只要用三等几何水准联测已知点，点位分布合理，点数足够，GNSS 水准就可代替四等几何水准；在山区，只要施加地形改正，就可达到四等几何水准的精度。

6.3　在交通运输中的应用

交通运输行业包括公路运输、内河航运、远洋运输、应急救援、交通物流等多个领域，具有点多、线长、面广的特点，卫星导航系统的应用对交通运输行业至关重要，交通运输行业是卫星导航系统最大的行业用户。交通运输部通过政策引导和产业扶持培育北斗产业市场，并针对交通运输行业的需求，逐步组织实施北斗卫星导航系统在交通运输行业道路运输、应急搜救、内河航运、海上运输、交通物流、公众出行、民用航空等多个领域的示范应用。

6.3.1　重点运输过程监控管理服务示范系统

2011 年，交通运输部与原总装备部联合启动了北斗重大专项第一个民用应用示范工程——"重点运输过程监控管理服务示范系统工程"，在道路运输领域率先进行北斗系统大规模应用(刘建等，2019)。该工程以现有全国重点营运车辆联网联控系统为基础，紧密结合北斗卫星导航系统的服务特点和建设进程，在交通运输部和天津、河北、江苏、安徽、山东、湖南、宁夏、陕西、贵州九省(区、市)交通运输厅(局)，围绕道路运输车辆安全监管与服务应用领域开展示范系统建设(李晶等，2013)。

该示范工程建设 7 个应用系统和 11 套支撑平台，其中 7 个应用系统为重点营运车辆日常运营规范性监管系统、重点运输过程运行数据分析系统、道路货运公共安全监管与服务系统、道路货运信息服务与物流平台、道路运输区域联网执法示范系统、道路应急运输指挥调度系统、运输企业综合应用系统。11 套支撑平台分别为视频交换服务平台、车载移动信息服务平台、区域及线路报警支撑平台、行车线路规划支撑平台、实时导航支撑平台、用户管理平台、北斗 RDSS应急保障支撑平台、运力调查采集平台、事故后期分析平台、二次开发平台、仿真测试平台。

基于北斗系统和终端的全国道路货运车辆公共监管与服务平台有效加强了道路营运车辆监控效率，提高了道路运输安全水平，降低了道路运输事故率和伤亡人数。据统计，2011~2017 年，中国道路运输重特大事故发生起数和死亡失踪人数均下降 50%。

"重点运输过程监控管理服务示范系统工程"的实施拓展了北斗卫星导航系统的应用范围，提高了北斗卫星导航系统在交通运输行业的应用水平，夯实了北斗卫星导航系统在交通运输行业的推广基础。在交通运输行业广泛应用北斗卫星导航系统，有利于保障道路运输安全、加强应急处置能力、规范道路运输经营行为、提升行业服务水平、提高道路运输管理技术水平和信息化水平，同时对于在关系国计民生的行业领域降低对国外卫星导航系统的依赖程度、促进自主卫星导航系统广泛应用具有重要意义。该工程的实施带动了一批模块终端等设备生产制造企业进入北斗市场领域，通过实际应用促进北斗终端相关软硬件设备不断进行改进，提升性能指标。大规模的行业应用带动了整个北斗产业规模化发展，推动了北斗设备价格进一步降低，增强了北斗设备的市场竞争力。

6.3.2　海上搜救

"基于北斗的中国海上搜救信息系统示范工程"(图 6.1)是北斗在交通运输行业的民用示范项目，重点解决中小型船舶和落水个体搜寻效率低、险情预控能力不强、海上航行安全信息服务能力较弱等问题(曹德胜，2014)。工程实施对提高海上搜救效率，保障海上生命财产安全，提升交通运输行业管理与服务能力，推动扩展北斗卫星导航系统服务范围，加快北斗卫星导航系统产业化进程，促进北斗健康可持续发展，具有重大的现实意义。

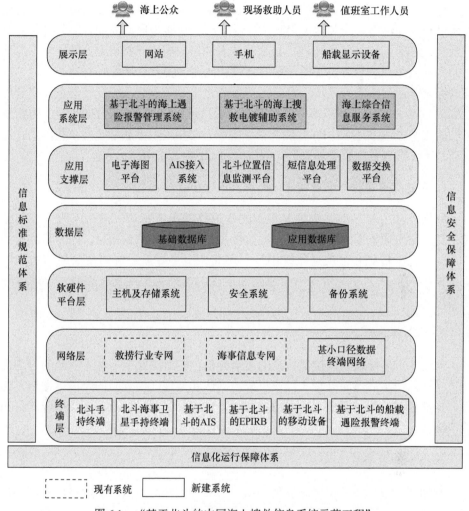

图 6.1　"基于北斗的中国海上搜救信息系统示范工程"

　　"基于北斗的中国海上搜救信息系统示范工程"针对海上遇险报警及搜救领域，研制基于北斗卫星导航系统的海上航行安全和遇险报警设备，包括基于北斗的船舶自动识别系统(automatic identification system, AIS)、紧急无线电示位标(emergency position indicating radio beacon, EPIRB)、移动设备及基于北斗的海上遇险报警终端，同时建设了三大应用系统和五大支撑平台。

6.3.3　智能交通

智能交通系统作为近十年大规模兴起的改善交通堵塞、减缓交通拥挤的有效技术措施，在许多国家和地区得到了广泛应用。智能交通即高度智能化程度的交通系统，是在 GNSS、射频识别、GIS 等技术的集成应用和有机整合的平台下而建立的一种大范围、全方位发挥作用的高效、便捷、安全、环保、舒适、实时、准确的综合交通运输管理系统。目前，我国的北斗卫星导航系统发展迅速，完全可以取代 GPS 在智能交通系统中的作用，北斗卫星导航系统所具有的短报文通信服务功能比 GPS 更适合应用在智能交通系统中，北斗卫星导航系统将在我国的智能交通系统中具有更加重要和更广泛的应用(于渊等，2014)。

1. 智能交通监控与管理系统

利用北斗卫星导航系统将采集到的各道路的车流量情况进行实时采集与整理，对道路交通状况进行分析，实时监控各交通路段的车辆信息，同时将收集到的路况信息上传到智能交通系统中，利用北斗卫星导航系统的短信通信功能以语音播报的形式为驾驶员提供交通路况信息，选择合理的驾驶路线，合理避开拥堵区。

2. 行车安全管理

对北斗卫星导航系统位置信息的显示分析，能对道路上一些不安全的行为进行记录，以便事后及时处理，加快事故的确认和处理，使受阻的路段尽快恢复通行，提高道路交通运营能力，如超速行驶、在单行线上逆行、不按交通限制行驶等情况。

3. 智能公交车载系统

利用北斗卫星导航系统的短报文通信功能，公共交通管理部门可以采用车辆监管系统对各车发回的信息进行综合分析，再将调度命令发送给司机，及时调整车辆运行情况，实现有效管理。同时，还可以推广使用电子站牌，电子站牌通过无线数据链路接收即将到站车辆发出的位置信息和速度信息，显示车辆运行信息，并预测到站时间，为乘客出行提供方便。

智能公交车载系统将北斗定位技术、GPRS 无线数据传输技术和 MP3 语音播放技术等有效集成，实现公交车的智能语音报站、实时定位和远程车辆监控等功能。智能公交车载系统包括主控单元、北斗定位模块、语音播放模块、无线数据传输模块、显示模块和电源模块等，总体结构框图如图 6.2 所示。该系统的主要功能如下：

(1) 公交站点自动报站功能。首先对每个站点的地理位置都划定一个有效半径范围(如 20m)，在车辆行进过程中，由北斗定位模块实时确定车辆的经纬度信息，主控程序将下一个站点的有效半径范围的位置信息与车辆的实时位置信息进行比较，当车辆进入站点的有效半径时，控制 MP3 语音模块开始播报进站信息，并通过液晶显示屏(liguid crystal display, LCD)进行显示，当车辆离开有效半径范围时，MP3 模块播报出站信息，并显示下一站点信息。

(2) 车辆实时监控功能。通过不断接收卫星传来的导航电文，车载系统利用 GPRS 定时向主站监控中心发送车辆当前的经纬度、速度、时间等信息，监控中心接收该信息将车辆位置实时地显示在电子地图上。

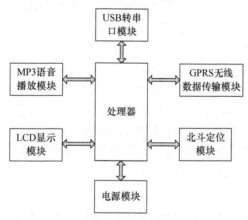

图 6.2　智能公交车载系统结构框图

4. 紧急援助

通过北斗卫星导航系统进行定位，结合交通监控管理系统可以对遇有险情或发生事故的车辆进行紧急援助，监控台的电子地图可显示求助信息和报警目标，规划出最优援助方案，帮助值班人员快速进行应急处理。

6.3.4　智慧物流

目前，网上购物越来越多且呈飞速发展趋势，国内制造企业的物流信息化水平普遍不高，大都采用"人工 + 条形码"的方式，该方式效率低、人力成本高，已越来越不能满足现代物流行业提升核心竞争力的需求。传统的物流方式已无法适应快速发展的电子商务需求，智慧物流可以有效解决这个隐患。智慧物流是将射频识别、传感器和 GNSS 等物联网技术通过信息处理和网络通信技术平台广泛地应用于物流的各个环节，以实现自动化运作和高效率管理。智慧物流契合了现代物流的智能化、网络化、自动化、实时化的发展趋势，对物流业的影响将是全方位的。

在物流车辆、中转环节设备中安装北斗导航终端，并在导航终端上设计射频识别读写器和处理器；在买家购买商品后，自动生成一个射频识别电子标签，物流公司在接收货物后将电子标签贴于商品上。在物流过程的每一个环节中，货物的射频识别通过传感芯片与物联网系统进行信息传递，实现了对物流过程的实时监控。货物损坏、掉包、丢失，甚至是什么时间将货物搬运到什么地点都可以准确查出，使业务流程公开、透明地呈现出来，不仅有效避免了一些人为过错，也明确了各方的责任。电商京东物流加载北斗卫星导航系统的车辆超过 6000 辆，更有 20000 多名京东配送员配备了带有北斗导航终端的智能手环设备。京东将北斗卫星导航系统与自建物流的大数据优势相结合，对车辆速度和路线进行实时监控以保障驾驶安全，同时结合北斗卫星导航系统的地理位置数据进行深入分析，定制了仓储和站点的位置信息，重置推算出最佳的服务线路，实现了物流运营时效提升、运营成本的监控加强、消费者订单的透明追踪。依托于强大的北斗导航技术，系统可每 30s 采集一次地理位置信息，每 2min 上传一次服务器，消费者可以随时通过手机看到商品配送轨迹和实时位置，大大提升了购物体验。

基于北斗卫星导航系统的智能车辆管理系统，实现了车辆报表、驾驶员报表、驾驶员评分报表和事件报表等多套系统的智能数据生成，简便高效地获取包括瞬时车速、瞬时油耗、转速、发动机信息等数据，再通过系统的智能分析计算，统计车辆的行程数、里程数、耗油量等指标，实现了对车辆和人员的行车路线、位置、时间、速度、里程和停车点提供全方位动态监测，实现管理决策科学化，确保了交易安全，降低了物流成本，提高了物流配送效率，最大限度地节约能源、减少排放。

6.3.5　民航应用

北斗在国际民航领域的标准化工作是北斗进入国际民航领域的门槛和基石，也是北斗民航应用推广的前提和保证。2017 年 7 月，中国民用航空局正式公布《中国民航航空器追踪监控体系建设实施路线图》，明确提出，要推动以北斗卫星导航系统为代表的国产装备在民航中的应用，积极推进自主知识产权技术和标准在国际上的应用和引领。无论是飞机通信寻址与报告系统(aircraft communications addressing and reporting system，ACARS)还是广播式自动相关监视(automatic dependent surveillance broadcast，ADS-B)，目前可承载民航运行安全业务的卫星通信服务都由国外公司提供，建成具有自主知识产权的中国民航航空器追踪监控体系势在必行。

针对北斗在国际民航标准化中的需求，国内已经组织和开展了 ICAO 标准框架相关的组织背景、工作流程、文件体系、工作方案以及相关参会提案、预案和标准草案的制定等研究工作，按照"先通用、后运输，先监视、后导航"的应用实施路径规划。目前，西安直升机有限公司已经开展了基于北斗的通用航空器监控管理系统的应用；北大荒通用航空有限公司引进北斗安全管理系统对飞机进行实时监控；中信海洋直升机股份有限公司在 EC-225 上安装了北斗机载终端，实现了地面有效监控，并取得了改装设计批准书。

1. 进离场的精密导航

所需导航性能(required navigation performance，RNP)是利用飞机自身机载导航设备和全球定位系统引导飞机起降的新技术，是目前航空发达国家竞相研究的新课题和国际民航界公认的未来导航发展的趋势。

在卫星导航系统的引导下，使用现代化的飞行计算机和创新程序，飞机能够按照机载导航设备的精确引导进入终端内隧道(新航行系统提出内外隧道概念，内隧道是指系统正常的性能范围，外隧道是指飞行安全的界限)(韩松陈，2003)。与传统导航技术相比，飞机不必依赖地面导航设施即能沿着精准定位的进离场航迹飞行，在能见度极差的条件下安全、精确地着陆，极大地提高了飞行的精确度和安全水平。北斗卫星导航系统对终端区的精密导航对于地形复杂、气候多变的我国西部高原机场意义重大，加装精密导航系统的飞机能突破机场目前限定的起飞天气标准和最低下降高度，大幅度减少了天气原因导致的航班延误、返航现象，极大地增强了机场航运能力。

2. 进近着陆系统的精密增强

当前我国民用机场主要以仪表着陆系统(instrument landing system, ILS)作为飞机进近着陆的手段，随着民航市场的发展，飞机起落班次数量的增长与 ILS 的缺陷之间的矛盾越来越突出。北斗卫星导航技术支持下的精密进近着陆系统(GBAS landing system，GLS)的开发将会对这一新矛盾的解决发挥重要作用。GLS 包括精密导航定位、飞行指引和着陆三项功能模块。在 BDS 精确信息的保障下，GLS 能满足一类精密进近的要求，并提供水平、垂直偏差指引。对 ILS 来说，一条仪表跑道只对应一个同等级的 ILS 进近程序，而对 GLS 来说，一条仪表跑道可以对应多个同等级的 GLS 进近程序。在已具备所需导航能力的民航机场，GLS 可以带来明显的进近效率和更优的导航服务。基于地基增强系统的 GLS 精密进近与传统 ILS 进近相比具有典型优势：一是进近更为精密，进近数据块能够灵活定义进近航迹，一套 GLS 能满足所有仪表跑道及不同类型的航空器独立进离场、进近的需求。二是环境适应性更强、灵活性更高，在 ILS 运行困难的机场，GLS 更具适应性；GLS 支持曲线进近，数据块可根据临时情况定制进近程序，提高了飞行和管制的灵活性。

3. 国际 GNSS 发展中的问题及对我国的启发

随着 GNSS 的不断完善,电离层和对流层对 GNSS 信号的干扰大大降低,GNSS 对飞机导航的稳定性提升很大, 但是在系统可靠性、完好性等方面尚不能满足全飞行阶段尤其是进离场和进近着陆阶段对导航系统的严格要求。以美国 GPS 为例,美国联邦航空局对 GPS 精度和完好性的要求非常严格, 如表 6.1 所示。虽然 GPS 经过多年的性能完善, 定位精度可达 10m 量级, 但是远不能满足表 6.1 所示对完好性的要求(魏武财, 2003)。另外, GPS 虽然采用扩频和匹配接收技术, 但单一频率的微弱信号极易受到环境及人为因素的干扰。因此, 美国 GPS 为满足民航对完好性的要求, 开发了局域增强系统和广域增强系统。

表 6.1 美国联邦航空局对 GPS 精度和完好性要求

飞行阶段	源精度 (2DRMS/m)	告警门限/m	最大允许告警 频率/(h/次)	允许告警延时/s	最小检测概率
航路区	1000	3704	0.002	<30	>0.999
终端区	500	1852	0.002	<10	>0.999
进近区	100	556	0.002	<10	>0.999

注: 2DRMS 为 2 倍距离均方根误差(distance root mean square error,DRMS)。

随着卫星导航应用需求的增长, 国际空间频率和轨道资源日趋紧张。由于电波在大气层传播过程中存在损耗, 只有在 30GHz 附近的频段损耗相对较小, 美国 GPS 和俄罗斯 GLONASS 已占用这段"黄金导航频段"80%的资源。我国在发展北斗卫星导航系统及其民航应用时, 应加快诸多方面的推进步伐, 为使北斗卫星导航系统的完好性满足民用航空导航的要求, 我国要预先增强监视系统对北斗卫星导航系统完好性的设计, 通过建设机载系统、陆基增强系统来增强北斗卫星导航系统的综合性能(马立新等, 2009)。

6.4 在工程测量中的应用

工程测量主要包括勘测、设计、施工和管理阶段所进行的各种测量工作, 按其工作顺序和性质可分为: 勘测设计阶段的工程控制测量和地形测量, 施工阶段的施工测量和设备安装测量, 管理阶段的竣工测量、变形测量及维修养护测量等。GNSS 技术, 特别是 RTK 技术和产品的应用极大地提高了工程测量的效率, 使过去许多无法想象的测量工作(如长期连续变形监测)得以开展(郭信平等, 2011)。

6.4.1　道路测量

传统的工程控制测量采用的是三角网、导线网方法来施测，这些方法不仅费工费时，还要求点间通视，而且精度分布不均匀，外业中无法实时获得精度状况。

随着国民经济的快速发展，国内高等级公路建设迎来前所未有的发展机遇，这对公路建设提出了更高要求(肖飇纯，2013)。

1. 在公路工程前期的应用

公路勘察工作路线长、作业强度大，虽然早已采用电子全站仪等先进测绘仪器，但受通视和作业环境的影响，效率并不高，大大延长了设计勘察周期。相对于传统测量方法，使用北斗卫星导航装备具有以下优势：

(1) 测站之间无须通视。

(2) 定位精度高、定位速度快。

(3) 全天候作业。

(4) 观测效率高、操作简单、自动化程度较高，有效减少了人为误差的产生。在公路选线工作中，北斗卫星导航装备还可用于对航空照片和卫星相片等遥感图像进行定位和地面矫正。

2. 在公路工程质量控制方面的应用

施工过程是整个公路工程建设周期中最为重要的环节，直接影响公路产品的质量。软基处理、特大桥、隧道是公路施工的常规控制难点与重点。通过运用北斗卫星导航装备对平面控制网进行动态实时控制，能有力保证特大桥梁的施工质量。运用北斗卫星导航装备进行隧道施工高程控制，在山区隧道控制测量中蕴藏着巨大的经济效益。

当前北斗 RTK 精度可以达到厘米级，足以满足公路施工过程中控制测量和地形测绘工作的要求，与传统方法相比，北斗 RTK 技术在精度、成本、外业效率上都具有明显的优势，在高等级公路施工放样中完全可以利用北斗卫星定位技术。在公路工程验收阶段，公路的几何指标也可利用卫星定位技术进行检测。

3. 在公路工程管理与监测中的应用

随着高等级公路建设的需要，公路工程建设管理工作更需要先进的科学方法来面对复杂的环境因素，北斗卫星导航系统是集定位、授时、通信于一体的先进系统，其特有的有源与无源定位机制特别适合集团用户大范围监控。北斗卫星导航系统可用于公路工程建设中的交通调查预测，施工过程中工程车辆的实时监控与调度，即使在没有基础通信设备的条件下，北斗卫星导航系统独有的通信功能仍可传送位置与命令，对偏远及特殊环境特别有用。基于北斗卫星导航系统的公路安全监测系统，可以实时监控公路建设安全情况，迅速判断公路工程安全事故发生，对事故源进行定位，并进行通信报告。基于北斗 RTK 进行路基沉降、特大桥变形观测、隧道的稳定性监测将更加方便有效，进一步保障了公路工程质量安全，防患于未然。

　　4. 与 GIS 技术结合应用

GIS 技术已经在公路工程中部分实现，逐步改变了经典公路工作者的思维模式。建立基于 GIS 的公路建设管理系统，配合 GIS，北斗卫星导航系统的通信功能将大有作为，第一手数据可以瞬时反馈到 GIS 之中，并提供给管理者进行快速决策。同时，也可以利用 GIS 的路径分析、模糊逻辑、空间分析功能等模块，配合北斗的通信及定位功能可进行实时调度、任务指派等，从而实现公路建设管理工作的自动化、规范化。

北斗卫星导航系统在公路工程建设中拥有广阔的应用前景，在使用面与产业化中也已具备一定的基础，踏实推进北斗应用的产业化进程，满足公路工程建设日益增长的多样化需求，对卫星导航及公路建设事业起到了良好的促进作用。

6.4.2　建筑物变形监测

随着建筑技术的日益成熟，每年都有一批高层建筑、超高层建筑和特大型桥梁开工建设及投入使用，建成后的高楼也会受强风载荷、地面沉降及地震灾害影响，缩短使用寿命。对于高层建筑的安全性问题，特别是异形结构超高层建筑的安全性问题，国家制定了相应规范，从施工过程到建筑物使用、运营过程都应进行变形监测和建筑物健康评估。北斗作为一种全新的极具潜力的空间定位技术，在变形监测中得到了越来越广泛的应用，与常规变形监测技术相比，其突出的优势是测站间无须通视，可以全天候观测，自动化程度高，并可获得高精度的三维定位结果。例如，2016 年贵州省遵义市红花岗区在使用北斗房屋安全监测系统时发现，一栋楼房发现了 7mm 位移、10mm 沉降，为了避免房屋垮塌，威胁居民安全，当地有关部门组织人员进行了人员撤离，把安全隐患消除在萌芽状态。

　　1. 建筑安全监测服务平台

基于北斗高精度定位技术的建筑安全检测服务平台主要包括建筑安全检测服务平台以及以北斗监测为核心的集成多传感器的建筑安全监测系统等(何玉童等，2014)。

　　1) 建筑安全监测云服务平台软件
建筑安全监测云服务平台主要用于省市级的建筑安全数据分析及监控，包括云服务应用软件系统和云服务运维环境。其中，云服务应用软件系统包括数据处理系统、数据管理系统、安全监测信息服务系统、安全监测分析预警系统、大数据分析系统。

2) 建筑安全监测数据处理系统

建筑安全监测数据处理系统接收监控建筑物的监测数据，并对数据进行剔除、滤波分析、数据计算等，得到初步监测结果，该系统可对以北斗监测终端为核心的多传感器观测数据进行数据融合解算。其处理内容包括：北斗定位终端的卫星观测数据，得到静态定位坐标；结构温度分布数据，绘制温度分布图；风速、风向和结构表面风载荷数据，得到脉动风速、平均风速、风向和风压等数据；应力监测点的应力观测数据，得到结构应力分布及最大应力的大小和方向等。系统将解算结果利用专线等多种传输方式报至上级中心。

3) 建筑安全监测数据管理系统

建筑安全监测数据管理系统将接收区域内所有监控建筑物的监测数据和解算结果存储进数据库，并进行容灾与备份。该系统提供了有效用户对监测数据的查询、调用、维护等服务。

4) 建筑安全监测信息服务系统

建筑安全监测信息服务系统对有效用户提供安全监测信息服务，按照监测建筑的属性、监测站序列号、时间等查询数据库中的相关监测信息。

5) 建筑安全监测分析预警系统

建筑安全监测分析预警系统对下级中心发送来的监测数据预处理结果(包括基础沉降数据、结构竖向变形数据、结构平面变形数据、应力监测数据、卫星定位数据、环境监测数据)进行系统性的安全分析，并得出建筑物健康分析结果。如果某幢建筑物的健康分析结果显示它的变形数据已超限，则立刻调派相应人员前往处理，并将后续处理结果一并记录且备案保存。针对重点监测对象，建立变形监测预警模型，实现早预警、早维护，以避免由变形等导致的损失。

6) 建筑安全大数据分析系统

建筑安全大数据分析系统汇总各示范城市的建筑监测数据，并借助天地图等GIS 信息，对规模巨大的监测数据进行挖掘和分析。系统通过信息收集、数据集成、数据规约、数据清理、数据变换、数据挖掘实施过程、模式评估和知识表示 8 个步骤，对庞大的监测数据进行挖掘，提取其中的潜在信息，以供建筑安全监测研究人员进行技术分析。

2. 建筑安全监测系统

北斗高精度建筑安全监测系统能够采集多种传感器的数据进行综合预警，实现建筑安全监测的自动化，系统中包含多传感器采集器、以北斗为核心的 GNSS

解算引擎、传感器自动监测等。

3. 总体框架

北斗城市监测基准网，从各连续运营参考站获得原始数据，为北斗监测提供参考基准，为建筑物安全检测提供原始观测值，为其他用户提供差分数据。

建筑安全监测云服务平台主要分为云服务应用软件系统和云服务运维环境，北斗高精度定位建筑安全监测应用服务平台是实现对建筑高精度位移动态监测等功能的系统平台，云服务应用软件系统从架构上分为物理层、数据层、服务层和应用层。

1) 数据处理系统

数据处理系统包括以下主要模块：

(1) 数据交换模块，利用专用 VPN 通信网络进行数据传输，保证数据的安全性；采用断点续传软件 Thunder、NetAnts 等保证通信的有效性；采用数字认证和数据校验技术保证数据传输的安全和正确。

(2) 数据预处理模块，根据数据的特征，开发专门的数据正确性、完整性检查软件；开发专门的数据过滤软件，消除噪声数据。

(3) 数据压缩模块，研究支持数据服务快速访问的服务结果集重编码压缩技术；采用无损压缩技术。

(4) 数据加密模块，根据情况分别采用对称加密技术和非对称加密技术进行不同类型数据的加密。

(5) 数据解算模块，利用专用的高精度定位解算软件实现定位的解算。

2) 数据管理系统

数据管理系统包括以下主要模块：

(1) 建筑信息模型(building information modeling，BIM)信息管理模块，利用BIM 完成建筑物信息的管理；利用现有的 BIM 软件进行输入、展现、查询等功能的开发。

(2) 数据管理模块，完成数据的维护，主要包括监测数据的统计分析、日常备份和恢复等。

(3) 任务数据管理模块，完成任务数据的维护，主要包括任务数据的创建、任务数据的跟踪、任务的流程管理，采用工作流引擎进行任务的管理。

(4) 用户信息管理模块，完成用户数据的维护，主要包括用户信息登记、用户授权、用户认证等功能。

安全监测信息服务系统主要研究不同类型异构数据资源的访问机制，提出典型数据资源访问模式，包括数据库、文件、传感器数据流等；给出基于模板或参数方法的数据资源访问适配器体系结构；研制异构数据源统一访问适配器开发工具，支持适配器的快速构建。

3) 安全监测信息服务系统

安全监测信息服务系统包括以下主要模块：

(1) 监测信息查询模块，利用列表和地图形态来查询建筑物的监测信息。

(2) 监测信息展示模块，对所查询的监控对象的监测信息进行列表和图示化展现。

(3) 安全监测分析评估模块，对单个监测对象或建筑群进行安全评估分析，建立分析评估数据。

(4) 预警信息展现模块，对出现问题的监测对象或建筑群进行预警信息的展示。可以在地图上以警示颜色展现，也可以以警示声音展现，特殊情况下要将这些信息显示在登录页面，以保证预警信息引起人们的足够重视。

(5) 预警信息处置模块，针对系统提示的预警信息，分派相应工作人员按照系统提供的基本信息进行处理。保证按职责完成相应的工作。

(6) 历史预警信息分析，提供对历史预警信息的查询，可以从时间上把握预警的整体情况。

对建筑进行变形监测，尤其是在地震断裂带和地面严重沉降地区开展甲乙类建筑高精度位移动态监测，可以极大地避免建筑物的灾难性事故，保护人民的生命和财产安全。基于北斗高精度定位技术的建筑安全监测系统，在技术上具有先进性和优越性，具有推广和应用价值，可以在部分地区进行示范性应用。

6.4.3　土地测量

土地测量是土地管理中的专业测绘工作，包括地籍管理(含地籍测绘)、土地利用现状调查、土地整理、土地开发利用、基本农田保护区划定、违法用地调查、土地出让与转让、用地变更调查、拨地放样、建设用地勘测定界、项目竣工验收等测绘工作。土地测量是对土地权属等有关内容进行确认并设置界桩的测量作业，其特点是碎部点数量多、精度要求较高，而且要求作业区域内整体精度平衡。对于城区，由于城市建筑物密集，交通繁忙，街道两旁树木密集，用地种类较多，采用常规测量手段比较困难，且效益不高；对于农村，作业区域面积广，权属关系复杂，从控制测量到碎部测量的任务重，采用常规测量手段比较困难，且很难在短时间内完成所有土地调查与测量工作。

GNSS RTK 技术与传统测量方法相比，具有以下明显的优势：

(1) 克服外部不利因素的影响。传统测量作业容易受到地形、气候、季节、森林覆盖等诸多因素的影响，使测量精度、作业速度都受到很大限制。在能见度低、通视困难的情况下，有些测量作业根本无法进行，GNSS RTK 技术的出现，克服了这些不利因素的影响。

(2) 定位精度较高，数据安全可靠，测站间无须通视。在没有现成控制点或控制点被破坏而造成控制点不足的地区，能进行快速的高精度定位测量。

(3) 操作方便，容易使用。对作业条件要求不高，数据输入、处理、存储能力强，与计算机、其他测量仪器通信方便。

(4) 作业人员少，定位速度快，综合效益高。

6.5　在海洋测绘中的应用

我国具有岛屿多、海域广、海岸线长等特点，做好海洋测绘工作对于维护国家安全和开发海洋资源意义重大，除此之外，海洋测绘工作还与海洋地质勘探、海洋工程、海上交通、管道铺设、开发海洋资源和海底电缆等工作息息相关。

海洋测绘是海洋测量和海图编制的总称，是采用先进的科学测绘技术及方法，对海洋要素进行全面而精细的调查，并结合海洋信息、综合治理及有效利用，以不同的缩放比例描绘、编制能实际反映海洋信息及特征的海图，是一门理论性极强、实践性极高的测绘科学。海洋测绘包括海岸地形测量、海洋工程测量、水深测量、水文测量及深度基准测量等，所编制的海图主要为航海图、海洋专题图、海底地形地貌图等。

海洋测绘作为测绘科学技术的一个重要分支在科学研究、国民经济建设和国防建设等方面起着重要的作用。随着卫星与通信技术、计算机技术等的发展，海洋测绘经历了一次跨时代的转变，突破了传统海洋测绘的时空局限，进入以数字式测量为主体、以计算机技术为支撑、以 GNSS、GIS、遥感(remote sensing，RS)技术为代表的现代海洋测绘新阶段。目前，GNSS 技术已成为控制测量、海岸地形测量和海上定位不可缺少的手段，更为海洋测绘开拓了新途径。

6.5.1　海上定位

海上定位是现代海洋测绘中的一项基础工作。海上定位通常是指在海上确定船舶的方位，主要用于舰船导航，同时又是海洋大地测量不可缺少的工作，包括海面定位和水下定位。

对于海面定位，沿海区域导航定位服务长期使用无线电指向标-DGPS(radio beacon - differential GPS，RBN-DGPS)，可提供 2~3m 的船舶导航与定位服务。2013年，在上古林航标管理站 RBN-DGPS 台站建立了无线电指向标-差分 BDS(radio beacon-differential BDS，RBN-DBDS)播发系统，经相关测试分析，该系统可提供米级导航定位服务。

无线电指向标-差分 GNSS(radio beacon-differential GNSS，RBN-DGNSS)定位是利用无线电指向标台站和流动站两台 GNSS 接收机同时测量来自相同 GNSS 卫星的导航定位信号,用以联合确定用户的精确位置。其中,位于已知点(基准点)上的接收机简称无线电指向标台站接收机,安设在运动载体上的接收机简称无线电指向标 GNSS 接收机。无线电指向标台站接收机所测得的三维位置与该点已知值进行比较,便可获得 GNSS 定位数据的改正值。一般一个基准站陆上覆盖范围为 100km,海上覆盖范围为 300km,在沿海适当的地方布设若干基准站便可在近海海域进行海上差分技术定位。对于较远海域的测绘工作,由于海洋领域工作的特殊性,不可能在海上建立固定的大地测量控制点,常规大地测量技术和 GNSS 静态定位技术无法满足要求,而普通的 DGNSS 定位技术随流动站离差分主站距离的增大,定位精度迅速降低且作用范围有限,因此在使用上受到限制。广域差分定位技术是建立"海洋动态大地测量定位基准"的关键技术,能有效提高实时差分定位的精度,并能将其定位服务范围扩大到整个海域(韦友源,2009)。

6.5.2　海洋水下地形测量

海道测量是海洋水下地形测量的基础,海底测量主要是明确海底点三维坐标或平面坐标,而水下地形测量还需要通过水声仪器来进行水深测量。海上航运、海上石油作业、海底电缆工程以及渔业开发、矿业资源勘探等工作均需要应用到水下地形图。GNSS 技术在海洋水下地形测量中的应用,能迅速、准确地测定水声仪所在位置,对比例尺较大的测图,可通过差分技术开展相对定位,在实际操作中,要把 GNSS 接收器和水声仪结合起来,前者实现定位测量,后者开展水深测量,再通过电子记录设备、应用计算机、绘图仪等构成海洋水下地形测绘自动化系统,实现断面图、水下地形模型等相关测绘。

GNSS RTK 技术使水下地形测量效率得到了极大提高,然而很多地区环境复杂,网络信号和数据传输易受干扰,对作业进度和质量带来了很大的影响。因此,无须数据传输和不受作业距离影响的 GNSS 动态后处理 (post processed kinematic,PPK) 技术在海洋水下地形测量中发挥着重要作用。

PPK 技术属于事后差分 GNSS 的范畴,观测量为载波相位。在获得观测数据后,采用计算机中的相关处理软件对观测数据加以线性组合,得到具有一定虚拟性的卫星载波相位数值,分析此数值可以进行精准定位,其定位精度可达厘米级。在对卫星坐标进行分析及转换后,可以获得相应的流动站坐标。与 RTK 技术属性类似,PPK 技术也是一种精度较高的动态定位技术,两者都是通过在已知点上建立基准站的方式进行定位,但在使用中两者也存在一定的差异,PPK 技术作为一种高速静态测量技术,仅需通过流动站的记录间隔来对数据进行记录整理,难以做到实时化坐标获取,需要借助室内作业(解算基线、平差等)。

水下地形测量包括定位和水深测量两部分,GNSS-PPK 系统负责定位和水面高程测量,而测深仪负责测量水深。实际测量时,将 GNSS 流动站天线直接安装在测深仪换能器的正上方，这样可以保证测量过程中 GNSS 测量的点位与测深仪测量的水下点位在同一铅垂线上。

GNSS 接收机天线与测深仪的换能器之间有一根固定长度的杆件连接在一起，使换能器底面到天线之间相当于一根已知长度的站标杆，只要将标杆立直，接收机所测数据的平面坐标即是换能器地面对应点的平面坐标，也就是所测水深点的平面坐标。利用测深仪系统的控制装置可使接收天线与换能器同步工作，即在接收机测量三维坐标的同时，测深仪测得其底面以下部分的水深。

6.6　在防灾减灾中的应用

我国幅员辽阔，也是自然灾害多发的国家，地震、泥石流、风暴、洪涝、冰雪等给我国人民的生命和财产造成了巨大损失，有效预防和监测是减少损失的重要途径，利用北斗卫星导航系统服务我国的防灾救灾事业，对我国灾害防治水平的提升有着重要而深远的影响。

北斗卫星导航系统提供的高精度服务在灾害监测预警方面发挥着重要作用，主要体现在以下几个方面：

(1) 受环境制约小。地震、洪水、冰雪等大型自然灾害都会对交通、电力、通信广播、水利等社会基础设施造成严重损毁，致使受灾地区对外的通信、交通、电力中断，北斗卫星导航系统覆盖范围广，不受地面灾害和环境条件的影响，在灾害发生的特殊时期可以为抗灾救灾发挥不可替代的作用。

(2) 同时具备定位与通信功能。北斗卫星导航系统同时具备定位与通信功能，不需要其他通信系统的支持。北斗卫星导航系统可以进行短报文通信，一次可传送多达 120 个汉字的信息。另外，北斗 RDSS 模式属于主动定位方式，指挥中心可随时了解持有北斗终端用户的位置，并可通过短信进行双向通信，从而随时了解灾情的发展。

(3) 自主开发，独立产权。北斗卫星导航系统是我国自主研制建设的卫星导航系统，可以独立为用户提供服务，北斗卫星导航系统可以承诺提供不间断的民用信号，在防治自然灾害方面有着不可替代的作用。

在自然灾害的防治中，北斗卫星导航系统的应用范围贯穿于灾害监测预报、灾害防治救援及灾后重建等环节。

6.6.1　地壳运动研究与地震预测

地震的孕育和发生在本质上是地壳内部的应变能逐渐积累并突然释放的结果，伴随着大震孕育或应变能的显著积累，岩石圈表层必然会表现出某种形式和量级的地壳形变，基于这样的认识，地壳形变监测一向是地震监测和地震危险性分析的重要手段之一。

我国大规模的地壳形变监测起始于 1966 年邢台地震，在 20 世纪 90 年代，地壳形变观测手段主要为精密水准测量、激光测距、三角测量等，由于这些观测手段本身的局限性，尽管在全国范围内取得了大量的观测资料，但这些观测资料在空间上缺乏相互关联，往往仅彼此独立地零星分布在某些构造部位或小区域范围，国际上的情形亦是如此。

自 GNSS 技术问世以来，空间对地观测技术得到了全面发展，从根本上突破了传统大地测量的局限性，为大范围、跨区域、高精度、全天候的三维地壳运动观测提供了革命性的技术手段，与传统的方法相比，不仅观测效率提高了数十倍，而且精度提高了 3 个数量级，使上千千米长的基线观测精度达到亚厘米量级，这样的精度足以检测大范围地壳运动的微小变化，尤其重要的是，与传统大地测量方法相比，GNSS 在不同区域或不同时期的观测均可纳入全球统一的参考框架，从而能够定量确定任何相邻或非相邻构造区域之间的相互运动。我国北斗卫星导航系统为地壳运动观测提供了高精度、高稳定性及高可靠性的数据资源。

中国地壳运动观测网络(crustal movement observation network of China，CMONOC)为我国地球科学观测研究和国防与民用测绘提供了重要的基础设施。自建成以来，其所提供的高精度观测数据为认知中国陆地地壳运动特征及其动力学机制提供了至关重要的基础资料和定量约束。

中国地壳运动观测网络给出的大范围和时空密集的观测数据成为地球科学定量研究的基础，并为我国可能发生的若干次 7 级以上大地震的预报提供了关键性的科学依据，成为当今世界研究地球动力学的重要试验基地，确立了我国在这一领域研究中的主导地位。

6.6.2　地震灾情监测系统

地震发生后，震后 0～1h 获取灾区基本、准确、具体的灾情信息是国务院和省级抗震救灾指挥部在第一时间科学决策、部署地震应急救援工作的基础。研究针对大震巨灾的现场灾情获取技术、可靠的灾情传输技术，在潜在地震危险区建立地震灾情监控系统，有利于国家和各级人民政府从宏观上及时把握较为准确的灾情信息，合理调配救援力量快速有效地开展救援，最大限度地减轻人员伤亡，提高救灾行动的成效，对大震巨灾应急救援科学决策具有重大的实用价值与战略意义(张凌等，2014)。

基于北斗卫星导航系统的灾情监控系统主要应由地震灾情监测终端(含灾情综合监测终端和流动灾测终端)、灾情监控通信系统、运行监控系统、灾情监测数据汇集交换系统、灾情监测数据处理系统、灾情信息可视化显示系统、地震应急与紧急救援辅助决策系统、地震灾情信息服务系统构成，运行监控系统对整个灾情监测系统各个组成部分的运行状态进行整体监视和控制，对故障进行判别，实现异常告警、故障报警和监控结果的展示，维护整个监测技术系统的安全、稳定、连续运行，如图 6.3 所示。

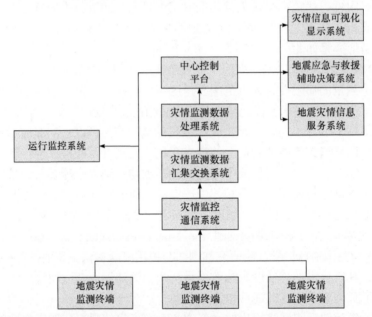

图 6.3　基于北斗卫星导航系统的灾情监控系统技术框架图(张凌等，2014)

　　灾情监测系统获取的监测数据通过不同通信方式传送到省级地震灾情监测中心、国家地震灾情监测中心、地震紧急救援灾情信息服务中心并进入数据库，然后通过指挥部的专用通信网关进入指挥部技术系统；由灾情监测数据处理系统实时处理生成相关的灾情信息分布图；由灾情信息可视化显示系统在国务院抗震救灾指挥部技术系统、省级抗震救灾指挥部技术系统大屏幕上显示灾情信息图件；由地震灾情快速评估系统对地震灾情进行快速评估；由地震应急与救援辅助决策系统进行抗震救灾与紧急救援指挥决策。通过这套监控系统，国务院抗震救灾指挥部技术系统、省级抗震救灾指挥部技术系统能在震后 0～1h 获取灾区基本准确的具体灾情信息。

　　1) 地震灾情监测终端

　　地震灾情监测系统由布设在地面固定灾情监测点构成的灾情综合监测系统，以及根据震情发展需要、地震预测确定的重点监视防御区等临时布设的地震流动灾情监测系统组成，所有灾情监测数据都包含监测点地理位置的定位信息。

2) 灾情监控通信系统

地震灾区灾情监控通信系统的通信主要通过运营商的公网以及卫星通信网络实现，为了保障灾情数据的实时性，所有监测数据都传送到国家地震灾情监测中心(国务院抗震救灾指挥部技术系统)和省级地震灾情监测中心(省级抗震救灾指挥部技术系统)。

3) 运行监控系统

运行监控系统对整个灾情监测系统各个组成部分的运行状态进行整体监视和控制，对故障进行判别，实现异常告警、故障报警和监控结果的展示，维护整个监测技术系统的安全、稳定、连续运行。存储与管理灾情监控系统基本信息、监测点信息、仪器基本信息、观测环境基本信息等。监控对象包括灾情监测专业仪器设备、通用设备、网络设备、观测数据、观测环境和专业应用等。运行监控系统布设在各省级抗震救灾指挥部技术系统中，监控信号同时传送给国务院抗震救灾指挥部技术系统。按照应急响应等级的规定，共享信号、分级管理。

4) 灾情监测数据汇集交换系统

在国家、省抗震救灾指挥部技术系统中建立灾情监测数据汇集交换系统，依据汇集业务逻辑实时或准实时地汇集地震灾情监测系统的观测数据并存储(文件存储和数据库存储)。解析各类观测设备的通信协议和数据格式，依据规范形成统一的数据格式与专业数据库建立连接；依据交换业务逻辑和交换平台中间件实现数据在地震灾情监控系统内的实时或准实时数据交换，融合各类需要交换的数据格式，与相关应用系统建立连接。同时，该系统实现所有数据的管理功能，存储与管理监控系统的观测数据、产品数据、共享数据、监控数据、分析结果数据、参数数据和元数据等。依据业务需要对相关数据进行备份，对数据层的数据进行有效管理和安全维护，为业务应用提供统一的数据服务。

5) 灾情监测数据处理系统

综合运用高性能计算、GIS 以及信息处理等技术，研制地震灾情监测数据处理系统。利用该系统，可在震后 30min 内宏观判断灾区范围、等级和烈度，得出第一次的烈度估计分布图。

6) 灾情信息可视化显示系统

在指挥大厅中安装地震灾情信息可视化系统软件，利用国家和省级抗震救灾指挥部技术系统的视频系统，将生成的地震灾情分布图、灾区现场图像、灾害评估结果等在指挥大厅的大屏幕上显示，便于指挥人员分析决策。

7) 地震应急与救援辅助决策系统

地震发生后，依据灾情综合监测数据和处理系统产生的实际灾情信息数据，迅速判断灾害级别、灾害影响范围、重要工程震害、灾区建筑物倒塌、交通破坏状况等情况，自动生成应急对策、相关救援人员与物资需求情况、疏散示意图等。

8) 地震灾情信息服务系统

地震灾情信息服务系统为政府部门、搜索救援机构、相关行业、社会公众、重点企业和重大工程提供灾情监测数据与信息服务。数据与信息主要包括：地震灾情与次生灾情实时数据、峰值加速度分布图、谱烈度分布图、次生灾害灾情分布图、救援重点区域与重点目标分布图以及地震灾情发展态势图等。

9) 国家地震灾情监测中心平台系统

在国务院抗震救灾指挥部技术系统中布设国家地震灾情监测中心平台，该平台配置网络设备和计算设备，部署和运行地震灾情数据处理系统、运行监控系统、灾情信息可视化显示系统、地震灾情快速评估系统、地震应急与救援辅助决策系统和数据库系统等，为国务院抗震救灾指挥部地震应急决策和指挥服务。

基于北斗定位和短报文技术的优势，为北斗卫星导航系统的应用和灾情的快速获取提供了一种新思路。虽然从目前的技术现状看，这一思路是可行的并能够很快付诸实施，但仍有一些关键性的技术环节和模型需要解决，例如，开展地震灾区灾情监测系统重点监测区域和具体监测点的空间选址技术研究，研究建立基于灾情监测信息的宏观灾情评估方法和模型、救援重点区域和重点目标确定方法，以及灾害发展态势分析与预警技术、应急救援决策技术等。

6.6.3　地质灾害实时监测系统

中国地质环境监测院与清华大学合作，针对常见的地面沉降、滑坡等地质灾害，研制了应用于北京、长三角地区、三峡库区、四川等 13 个地区的基于北斗卫星的地质灾害实时监测系统，建立了能够满足地质灾害实时监测需求的、有效管理各类地质监测信息的综合监测管理系统，实现了监测数据的自动采集、实时传输与存储、快速分析与处理，同时能够管理各类地质灾害监测数据与信息。

系统分为三层：底层是野外地质灾害监测点，负责自动采集该地的地质灾害监测数据，并将数据通过北斗用户终端发送给所属的地区级地质灾害监测分中心；中间层是地区级地质灾害监测分中心；负责监测管辖范围内的地质灾害，并对数据进行分析和处理；顶层是国家级地质灾害监测总中心，利用北斗民用管理平台直接监控各分中心以及各监测点的运行状态，同时获取该系统内各监测点的数据。

1) 滑坡实时监测系统

中国地质环境监测院与清华大学共同研制的基于北斗卫星导航系统的滑坡实时监测系统，在四川雅安滑坡地区取得了很好的应用效果。该系统由野外信息采集监测站、数字化滑坡自动监测点、北斗卫星导航系统和地质灾害监测分析中心四大部分组成。滑坡实时监测系统的主要工作流程是：由野外监测站采集地下水

位、降雨量、水温、地表位移、深部变形等地质环境特征数据，根据需要定时操
控或由远程遥控，利用北斗卫星导航系统将数据直接发送至地质灾害监测分中心，
由监测分中心对数据进行分析处理，同时可通过北斗卫星导航系统向野外系统发
送反馈信息和控制指令。基于北斗卫星的滑坡实时监测系统是一套实时的、远程
控制的自动化监控系统，该系统可以在传统通信手段使用不便的地区，利用北斗
卫星导航系统及时、准确、方便地获取各个滑坡危险地区的实时监测数据，对今
后滑坡灾害的调查分析和预报具有重要意义。

　　2）地应力实时监测系统

　　中国地质科学院地质力学研究所与清华大学合作开发了基于北斗卫星导航系
统的青藏高原地应力实时监测系统。该系统由中心站控制处理单元、北斗卫星通
信单元和野外数据采集单元组成。系统的基本结构如图 6.4 所示。

图 6.4　基于北斗卫星的青藏高原地应力实时监测系统结构图(朱永辉等，2009)

6.6.4　北斗自动雨量站

　　山洪一般发生在山区中小流域的山地、谷沟或河道，多由短历时强降雨造成，
具有持续时间短、突发性强、能量集中及破坏性强等特点。山洪及其诱发的泥石
流和滑坡等次生灾害常造成人员伤亡、毁坏房屋田地、冲垮桥梁和道路，甚至可
能造成水坝溃口，严重危害国民经济和人民生命财产安全。近年来，山洪灾害频
繁发生，造成的危害及影响十分严重，有效预警山洪灾害以降低其威胁已成为国
内外关注的热点。造成洪灾的因素包括降雨和下垫面，其中降雨是导致山洪灾
害发生的直接、关键因素，在一定时段内流域面雨量达到或超过某一临界值时
才能造成灾害，因此致灾临界面雨量的确定是有效预警和规避山洪灾害的重要
前提。

　　近年来，山洪、暴雨、泥石流等地质灾害频发，国家气象信息中心基于北斗
卫星导航系统短报文通信功能，开发了北斗自动雨量站，如图 6.5 所示。项目一期
在 150 个偏远山区和 15 个省级建立北斗终端与平台，为灾害预警和发布提供了有
力的技术支撑。

图 6.5　北斗自动雨量站

6.6.5　泥石流监测预警系统

　　基于北斗短报文通信功能的泥石流监测预警系统将北斗终端的通信功能与泥石流监测仪器相结合，采用实时采集与发送数据的方法满足地质灾害监测预警的需要。该系统主要由传感器、采集传输仪和监控中心组成，结构如图 6.6 所示。传感器主要采集雨量、地声、泥水位三类分量；采集传输仪分为两个部分，即数据采集板和北斗终端，监控中心服务器控制软件采用客户机/服务器模式设计，用于显示、存储监测数据和下发控制命令，主要实现了针对不同类型地质灾害监测信息的采集与存储等重要功能(吴悦等，2014)。

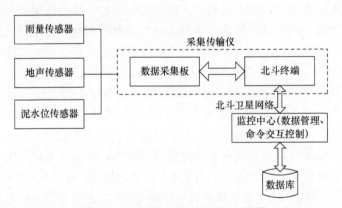

图 6.6　泥石流监测预警系统总体框图(吴悦等，2014)

6.7　在精准农业中的应用

精准农业是现代农业发展的新潮流、新模式，也是实现农业可持续发展的重要途径。其技术思想就是在农业生产过程中，充分获取农作物和环境信息，因地制宜地做出决策，并准确地付诸实施，以节约投入、增加产出、提高要素利用率、减少环境污染为目的，精准农业的特点是定点、定时、定量。在农业生产的每个环节中，如整地、播种、施肥、追肥、植保和收货，都渗透着精准农业技术(吴才聪等，2016)。

GNSS 定位技术是精准农业思想得以实践的必要技术条件，GNSS 能够提供实时、精密、连续的定位、导航与授时能力。自精准农业技术兴起以来，基于 GNSS 的伪距单点定位技术已发挥出不可替代的作用，基于载波相位信号的双频差分定位技术的应用也日益广泛，如农机自动驾驶导航系统。此外，随着 GNSS 地基增强技术和星基增强技术的不断发展，建设支撑精准农业发展的广域实时精密 GNSS 星地联合增强服务网络成为发展的主要方向。

北斗卫星导航系统在精准农业中的主要作用体现在以下几个方面：

(1) 为农机具的运行控制提供实时高精度定位和导航信息，有效提高了农机作业质量和作业效率。结合惯性导航和液压等技术，实现了农业机械的自动驾驶，有效提高了播种与农资施用精度，减少了作业重叠和遗漏，提高了土地利用率。使用农机自动驾驶导航系统，农民可以不受时间和气候的限制，不必日出而作、日落而息，在夜晚或能见度较差的情况下也可以作业。

(2) 为农田及农作物状态信息的获取提供位置信息，为精准农业实施变量作业提供必要条件。GNSS 与农田信息采集技术相结合，可以实现定点采集和分析农田及农作物状态信息，如农田中的肥、水、病、虫、草、害和产量的分布情况，生成农田及农作物状态分布图，进而农艺人员根据状态分布图，做出相应的决策并付诸实施。

(3) 为农机具提供实时位置信息，使得农机具可以调用处方图信息，实现行进间变量投入，从而实现按需投入水、种子、肥料和农药等生产要素，既满足了农作物的生长需求，又节约了投入成本和减轻了环境污染。

(4) 为农业生产提供远程管理手段，基于农机位置、工况等参数实时监控农机位置、统计作业进度、防范非计划性作业等，形成农机作业档案，实现农机作业的精细化管理。

据统计，利用卫星导航进行自动驾驶和播种，可节省聘请播种机手薪酬支出60%，增加机组经济收入 20%～30%，每亩增加收入 60～90 元，土地利用率至少提高 0.5%～1%，农作物产量提高 2%～3%。

BDS 的主要功能就是定位、导航、授时、短报文通信，农业对卫星导航定位技术的需求如表 6.2 所示。

表 6.2 农业对卫星导航定位技术的需求(吴才聪等，2016)

应用领域	定位精度	连续性	可靠性	备注
自动驾驶	±2.5cm	极高	极高	主要应用于播种环节
对行施肥	±2.5cm	极高	高	—
农田测绘	±5.0cm	一般	高	—
挖沟铺管	±2.5cm	极高	高	满足高程精度要求
卫星平底	±2.5cm	极高	高	满足高程精度要求
深耕测控	±3.0cm	高	一般	满足高程精度要求
产量监控	±1.0m	一般	一般	—
信息采集	±1.0m	一般	一般	—
土壤采样	±1.0m	一般	高	—
变量控制	±1.0m	极高	高	—
飞机导航	±1.0m	极高	一般	用于飞行导航与喷施控制
作业检测	±10m	高	一般	—
调度导航	±10m	一般	一般	—

6.7.1 基于北斗的农机信息化平台

农机信息化作业智能调度平台是基于卫星定位、网络地理信息系统、卫星遥感和移动通信等技术的农机移动监控与调度管理系统，由管理服务平台、信息资源平台及应用支撑平台组成，建立 C-P-T(计算机-移动指挥终端-移动定位终端)农机移动监控与指挥模式，旨在实现农机资源的合理配置和有效调度、管理，可满足不同规模机组、农机服务组织对农机监控与调度管理的需要。其中，移动定位终端获得自身位置信息，通过移动网络上报服务器。移动监控与指挥终端在上报自身位置信息的同时，还可以通过移动网络对移动定位终端进行位置监控，向指定农机发送调度命令、导航路径等。固定监控与指挥终端除了对终端进行监控指挥外，还可管理农机、农田、订单信息，并可对作业面积、里程等进行统计分析。

农机信息化作业智能调度系统一般包括农机综合信息平台、政务信息综合平台以及其他与农机服务相关的平台。根据需求，农机综合信息平台可包含农机位置信息管理、农机厂家用户信息管理、农机服务站点用户管理、农机油料服务计量管理、农机生产项目信息管理、农机车辆信息管理等方面。通过该模块，各级系统平台可以随时了解农机车辆的具体位置、行驶速度、行驶方向、行驶轨迹回放和报警车辆监控，可对用户使用的农机运行参数进行远程实时了解，为维修服务、改进和提高农机的产品质量提供信息数据。对进站农机车辆的维护、维修信息、农机销售信息、三包服务信息进行自动汇总，建立电子档案，为农机补贴管理提供准确数据信息。对农机的加油数量信息进行实时采集，掌握农机每亩机收耗油情况，为油料补贴管理提供准确的数据信息。

对农机作业面积的数据信息进行实时采集、自动统计和分析，为农机科学合理调度提供科学依据。可以查询农机车辆的全部信息，为农机维修、事故处理提供即时信息依据。通过使用农业信息化平台，管理人员能够了解和监控作业机械的位置和状态，实时指挥作业，同时防止违规操作；可以合理调配农机资源，使之发挥最大的效益；方便、准确地统计作业面积，合理分配作业时间；将统计结果直接记录在农业信息化平台上；方便统计机械化率，为决策提供依据。

6.7.2 农机自动驾驶精细耕种系统

基于卫星导航定位的自动驾驶导航技术直接驱动拖拉机的转向系统，除田间掉头外，在农机作业时可以代替人工操作方向盘(人工控制油门)，实现自动驾驶。

农机自动驾驶精细耕种系统一般包括农业机械精准控制系统、指示作业系统、北斗高精度定位系统三大部分。基于北斗的农机自动驾驶精细耕种系统依赖北斗卫星导航系统提供高精度的位置信息，保证农机高精度精细耕种作业。北斗高精度定位系统包括基准站和流动站，流动站安装在农机上为农机提供位置服务。

自动驾驶导航的基本工作原理是：在导航显示终端(机载田间计算机)中设定导航线，通过方向轮转角传感器、GNSS 接收机、惯性导航系统获取拖拉机的实时位置和姿态，计算拖拉机与预设导航线的偏离距离和航向，然后通过导航控制器驱动拖拉机的转向系统，及时修正拖拉机方向轮的行驶方向。自动驾驶导航系统在拖拉机的作业过程中，不断进行测量-控制动作，使得拖拉机的行走线无限接近于期望和预设的作业路径。拖拉机自动驾驶导航系统的基本组成包括差分信号源、GNSS 天线、GNSS 接收机、行车控制器、液压阀、角度传感器等。

6.7.3 谷物产量监控系统

目前，国外先进的谷物联合收割机已经普遍安装产量监控器，得到产量图后，农场主可以根据产量信息调整下一季度作物的管理措施。

　　在联合收割机上配置计算机、产量监视器和北斗接收机，就构成了谷物产量监控系统。对不同的农作物需要配备不同的监控器如监视玉米产量的监控器，当收割玉米时，监控器记录下玉米所接穗数和产量，同时北斗接收机记录下收割该株玉米的所处位置，通过计算机最终绘制出一幅关于每块土地产量的产量分布图。通过与土壤养分含量分布图的综合分析，可以找出影响农作物产量的相关因素，从而进行具体的田间施肥等管理工作，如图 6.7 所示。

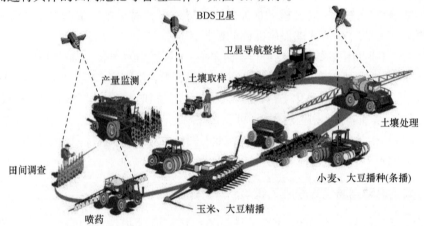

图 6.7　北斗在谷物产量监控中的应用

6.7.4　无人机喷药

　　农业病虫害已成为中国农业稳产高产的重大威胁，随着中国农业现代化进程的加快，农业新型经营主体快速发展，农村劳动力短缺现象日趋严重，用工成本急剧增加，现有的植保方式已难以适应大面积、突发性农业病虫草害防治的需求。与传统的人工喷药和地面机械喷药方法相比，农用无人机的作业成本低、效率高，尤其适用于大面积农田和农作物的信息获取和高秆农作物的药剂喷施，如图 6.8 所示。

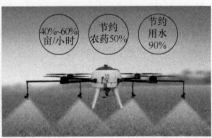

(a) 人工喷药　　　　　　　　(b) 无人机喷药

图 6.8　人工喷药与无人机喷药对比

无人机喷药的全过程可在飞行控制系统和喷雾系统等控制下自动完成，操作人员只需通过地面控制站发出指令来控制无人机的动作，操作不仅简便，而且不用担心飞行员中毒、伤亡等重大作业事故的发生。飞行控制系统主要包括 GNSS 接收机、惯性导航装置、磁力计、计算机、地面控制站等。

6.8　在林业资源管理中的应用

林业资源是我国资源的重要组成部分，不仅具有经济价值，而且在生态环境平衡中起到关键作用。林业是生态建设的主体，肩负着建设和保护森林生态系统、保护和恢复湿地生态系统、治理和改善荒漠生态系统以及维护生物多样性的重要职能。这"三大生态系统和一个多样性"土地总面积超过 90 亿亩(约占国土面积的 63%)，是生态产品生产的主要阵地、美丽中国构建的核心元素、生态文明建设的关键领域。加强林业资源管理在改善生态环境、缓解净化水资源、降低生态污染等方面有着极其重要的作用。

我国林业分布范围广泛，北斗应用能大大提升林业野外巡护、野外调查、采伐和造林作业设计、林权勘界、森林防火、病虫害防治、森林旅游等业务管理能力。由初步估算可知，林业主体业务对北斗终端的需求量在 300 万台以上。采用北斗卫星导航系统装备可为现代林业建设提供强大的科技支撑，对发展我国生态林业和民生林业、推进生态文明建设具有重要意义。

6.8.1　林业北斗应用示范框架

林业北斗示范建设充分借鉴"北斗+"和"互联网+"的思维，将北斗示范应用工程建设和林业行业现有的信息化建设的设施、数据、平台、应用系统相结合，遵循"资源整合、共享共建、技术推动，便于推广"的建设思路，集成卫星导航、云计算、移动互联网、大数据、物联网等先进技术，广泛利用各种资源，依照行政推动与市场运作相结合的机制，发挥各种优势，采用典型示范引路、以点带面、整体推进的建设策略，实现北斗在林业的规模化使用，提高林业资源的监管能力和信息化水平。

林业北斗应用示范主要包括林地年度更新系统、生态公益林巡护管理系统、林火巡护管理系统、林火应急指挥系统、保护区巡护管理系统 5 个业务。该业务按照应用模式可分为 3 类，分别是调查勘测类、巡护监管类、应急指挥类。北斗林业综合应用服务平台为北斗卫星导航系统在林业应用中提供基础地理数据与空间信息服务、数据采集与汇集、数据存储与展示、综合通信服务、数据共享与交换、应用服务管理等服务，如表 6.3 所示(刘鹏举，2016)。

表 6.3　林业终端型谱功能表(刘鹏举，2016)

林业终端型谱		主要功能特点	用途	与需求的对应关系
林业应急指挥型		具有管理普通型终端能力、北斗 RDSS 通信、移动通信、GIS 功能	林业灾害应急响应，包括森林防火扑救指挥、沙尘暴等灾害应急响应与指挥	涵盖了应急指挥任务对于终端的需求
林业手持型	3S+C 调查巡回型	具有 3S+C 功能(卫星导航、遥感、GIS、移动通信功能)北斗 RDSS 通信(可选)，对讲机通信(可选)	森林资源调查、动植物调查、林区野外巡护等业务	涵盖了野外调查、林火巡护、动植物调查等任务对手持终端的需求
	手机巡护型	与手机集成，具有移动通信功能	自然保护区与重点公益林巡护、森林旅游、野外人员监控等业务	
林业车载型		北斗 RDSS 通信(可选)、移动通信、GIS 功能	车辆导航、林区巡护、通信盲区的林火扑救车辆调度、车辆监控	涵盖了林火巡护等任务对车载终端的需求
林业勘界测量型		定位精度达亚米级，具有介入北斗地基增强网功能、GIS 功能	森林资源勘测、林地征占用调查	涵盖了高精度勘界测量对终端的需求
林业微型		高灵敏度北斗 RNSS 定位(兼容 GPS 定位功能)、低功耗(锂电池供电)、移动通信能力	野生动物资源调查、珍稀物种专项调查	涵盖了珍稀野生动物保护调查对终端的需求

注：3S+C，即遥感(RS)、地理信息系统(GIS)和全球定位技术(GNSS)以及卫星通信技术(communication)。

6.8.2　森林资源监测

1. 林业多专题野外调查系统

森林资源调查是森林资源管理的基础性工作，在世界各国都得到了重视。随着科技的发展，森林资源调查的手段不断提高。利用遥感、地理信息、北斗导航技术支撑森林资源连续清查(一类清查)、森林资源规划设计调查(二类调查)及年度更新调查。利用北斗终端在野外实现小班、样地、样木的导航、定位、勘界、测量及各种数据采集。

2. 森林防火监控与应急指挥

北斗应急指挥终端、车载终端、手持终端应用于森林防火监控及应急指挥，实现森林火灾动态监测与管理，提高森林防火装备水平，以信息化建设推动森林防火现代化，为减少森林火灾的发生和火灾损失提供了有力技术支撑。

6.8.3　野生动植物保护

建立基于遥感、北斗定位和地理信息技术的野生动植物保护信息系统，使国家能及时掌握野生动植物保护现状及动态变化情况，提升我国野生动植物调查、巡护、跟踪与定点监测、执法监管等能力。

　　用于野生动物保护的北斗卫星定位项圈已成功应用于藏羚羊、大熊猫等的监控和跟踪，项圈上装有天线、电池、北斗模块和单片微控制单元(microcontroller unit，MCU)，具备定位、导航和授时功能。北斗项圈采用低功耗、全芯片、双天线设计，大大提升了在密林环境下的定位成功率，工作时间长达 2 年，可远程设置定位频度，还可以设定定时脱落或者远程控制脱落。

6.9　在海洋渔业中的应用

　　海洋渔业的特点决定了其生产是高风险、高危事故高发的行业。海洋渔业生产缺乏有效的通信手段和救援手段，使得船只在出现险情时无法得到及时救助，以及渔船质量和管理水平相对落后，导致一系列的渔业生产安全问题。为有效保护渔业资源、保障渔民生命财产安全和渔民的利益，近年来，农业农村部积极开展渔业安全生产保障工作，提出将卫星定位技术应用于我国海洋渔业渔船管理，建立我国 50n mile 以外远海的海洋渔业渔船船位监测系统。

6.9.1　北斗卫星海洋渔业综合信息服务系统

　　北斗卫星导航系统具备定位、短报文通信等功能，可提供 24h 全天候服务，无通信盲区，具有安全、可靠、稳定等特点。北斗卫星海洋渔业综合信息服务系统具有遇险报警、搜救协调通信、救助现场通信、现场寻位、海上安全信息播放、常规公众业务通信、驾驶台对驾驶台通信等功能，已经在我国海洋渔业安全监管领域得到了快速发展。

　　在国家各相关部门和地方政府的支持下，浙江、江苏、上海、广西、海南、山东、福建、广东、辽宁等省(市)渔业部门相继开展了海洋渔业安全生产项目建设，切实保障了广大渔民的生命财产安全，促进了海洋渔业的和谐发展。

6.9.2　基于北斗的船联网

　　在各类船只统一标识的基础上，通过加装或利用已有的终端设备，采用 RFID、VHF、AIS、卫星通信、北斗等技术实现互联互通，在互联网、内网或专网的环境下，为各类船舶用户群提供船位监控、调度指挥、安全服务、电子商务、信息服务等的管、控、营一体化服务。促进了渔业生产方式的转变，提高了海上遇险的救护指挥能力，减少了外交争端，提高了渔政管理水平，降低了渔民海上作业风险。

6.10　在通信、电力、金融领域中的应用

高精度星载原子钟和地基高精度时间尺度是保障卫星导航系统定位精度和可靠稳定运行的基石，卫星导航信号的载波(频率和相位)、编码的帧信号(速率和帧的上升沿、下降沿)无不带有高精度的频率(源)和时间(时刻、相位)烙印，这些信号成为传递标准时间 UTC(包括 UTC 标准频率)的最佳手段和工具。随着现代科技的发展，通信、电力、金融等领域对时间的精度要求越来越高，尤其是需要远程网络授时，北斗双向授时精度可以满足其对精度的需求，下面分别介绍北斗在通信、电力及金融行业中的应用情况。

6.10.1　通信行业

随着现代通信行业科技的迅速发展，电信网络同步网和移动通信网络对频率同步、时间同步提出了更高的要求。我国电信的通信网已基本实现了数字化，为了保证整个网络的正常运行，提高网络服务质量和增强网络功能，必须依靠时间同步网提供高质量、高可靠的定时基准信号，同步网是通信网必不可少的重要组成部分。应用北斗卫星授时装备将国家标准时间引入通信系统，建立纳秒级的时间服务网络，为通信同步网内所有的节点提供分级授时服务，满足不同终端的时间同步需求，使全网任意节点之间的时间同步精度优于 30ns，并能通过中心节点或区域节点监控全网节点的时间同步性能，为 5G 通信提供时间同步综合解决方案。

目前，基于北斗的通信基站时间同步设备已成功应用于中国移动通信集团新疆有限公司、河南省电信公司的现网中；基于北斗的 5G 通信基站时间同步设备已在中国移动通信集团上海有限公司的现网中通过了入网测试，为其应用到 5G 同步网中拿到了入网通行证，并将伴随 5G 的正式商用进行规模化部署。下一步，建设深化标准时间纳秒级远程服务的应用深度和广度，为通信领域提供更高精度、更可靠的授时服务，助力我国时间频率"一张网"的形成。

移动通信网络是由多个基站组成的蜂窝覆盖系统，为了降低基站之间的干扰和保持基站之间的同步运行，必须使多个基站设备的参考时钟保持一致，需要精密的授时时钟同步。时钟同步包括频率同步和相位同步，表 6.4 列出了不同无线接入技术对时钟同步的要求。

表 6.4　不同无线接入技术对时钟同步的要求(江华，2016)

无线接入技术	频率稳定性/×10^{-6}	时间、相位精度/μs
GSM	±0.05	N/A
UMTS	±0.05	N/A

续表

无线接入技术	频率稳定性/$\times 10^{-6}$	时间、相位精度/μs
TD-SCDMA	±0.05	±1.5
CDMA2000	±0.05	±1.5
LTE FDD	±0.05	N/A
LTE TDD	±0.05	±1.5

注：GSM(global system for mobile communications，全球移动通信系统)；UMTS(universal mobile telecommunications system，通用移动通信系统)；TD-SCDMA(time division-synchronous code division multiple access，即时分同步的码分多址技术)；CDMA(code division multiple access，码分多址)；LTE(long-term evolution，长期演进)；FDD(frequency division duplex，频分双工)；TDD(time division duplex，时分双工)。

6.10.2　电力行业

北斗卫星导航系统在电力系统中的应用领域主要有：稳态分析、全网动态过程记录及事故分析、电力系统动态模型辨识及模型校正、暂态稳定预测及控制、频率稳定监视及控制、低频振荡分析及抑制、全局反馈控制、故障定位及线路参数测量等。

随着我国智能电网的发展，数字化、智能化装置的大量使用，电力系统中的发电厂、调度中心及变电站内部均有大量的计算机监控系统、远程终端单元(remote terminal unit，RTU)、安全自动装置、保护装置、故障录波器等自动化设备，这些装置的正常工作需要统一的全网时间基准，如何实现全网统一的时间基准是智能电网发展中的基础性问题之一。北斗卫星导航系统在高精度授时、短报文通信等方面具有独特的优势，其授时精度完全满足电力系统授时精度的要求。北斗短报文通信可在极端故障条件下传输重要信息，有助于极端故障恢复。

6.10.3　金融行业

随着电子信息技术和网络的迅猛发展，电子商务、电子政务、金融等高时间约束业务对整个社会的时间同步要求越来越严格，在这些活动中，计算机对信息的处理和传递起着至关重要的作用。一旦业务系统时间不同步对交易造成影响，有形和无形的资产损失都将会是非常巨大的，因此计算机网络的时间同步越来越重要。计算机网络的时间同步是指将网络上各个设备的时间信息基于 UTC 偏差限定在足够小的范围内(夏林元等，2016)。

现代金融行业，无论是银行还是证券交易所，其业务都离不开计算机和计算机联网服务，如银行业务往来发生时刻、金融交易的准确时刻、数据库处理时间、银联卡/账户的密码识别等，都涉及银行与联网计算机之间的时间同步和频率同步。类似情况同样出现在股票证券交易、套汇交易、期货交易、大宗商品交易等涉及金融流通的各种场所。这些业务涉及在不同市场、不同时刻会有不同的价格变化，频繁的短期价格变动，意味着每分、每秒甚至每个毫秒的及时与延后都有可能导致巨大的成功或损失。因此，为减少由时间误差引发的各种随机业务纠纷，我国各个金融交易所对本所、本系统交易时间的提供和认定特别重视(吴海涛等，2016)。

　　目前，世界上主要的网络授时协议有网络时间协议(network time protocol，NTP)、简化的网络时间协议(simple network time protocol，SNTP)及网络测量和控制系统的精密时钟同步协议(precision time protocol，PTP)。NTP 是用于互联网中时间同步的标准互联网协议，工作在网际互连协议(internet protocol，IP)和用户数据报协议(user datagram protocol，UDP)之上，该协议通过往返程思想来估计传递时间信息的报文在网络传输中花费的时间，继而估计出本地时钟和参考源时钟的时间偏移量，使客户端时钟获得当前时钟的估计值。

　　银行、证券交易所及相关金融系统的时钟系统，可以采用总线、自由拓扑、星型拓扑结构组网，为计算机网络系统、计分系统、安保系统、银行交易系统、公共广播系统等提供时间参考信号；时钟系统与银行、证券交易所的中控系统连接，通过系统主机实现对全系统的网络控制、时间设定、状态监控等。银行时钟系统以北斗/GNSS 双模母钟、NTP/PTP-1588 时间服务器、子钟显示部分为核心，一方面以 RS-485 总线直接给银行大楼提供时间，另一方面给银行计算机网络系统提供时间，通过网络给支行、储蓄所提供准确时间(吴海涛等，2016)。世界时子钟可以给跨行异地对接和跨境对接提供时间基准。

参 考 文 献

曹德胜. 2014. 基于北斗的中国海上搜救信息系统示范工程[J]. 数字通讯世界, 10: 59-60.

郭信平, 曹红杰. 2011. 卫星导航系统应用大全[M]. 北京: 电子工业出版社.

韩松陈. 2003. 新航行体统导论[M]. 南京: 南京航空航天大学出版社.

何玉童, 姜春生. 2014. 北斗高精度定位技术在建筑安全监测中的应用[J]. 测绘通报, (S1): 125-128.

郑红伟. 2005. GPS 水准测量应用探讨[J]. 测绘通报, (8): 28-31.

江华. 2016. 北斗在移动通信中的应用研究[J]. 移动通信, (4): 64-67.

李晶, 常守峰. 2013. 重点运输过程监控管理服务示范系统[J]. 国际太空, 4: 15-19.

刘建, 李晶, 刘法龙. 2019. 北斗卫星导航系统在交通运输行业的应用及展望[J].卫星应用, (3): 28-34.

刘鹏举. 2016. 北斗林业示范应用框架与技术[J]. 卫星应用, (2): 53-57.

马立新, 陈永兵. 2009. 北斗组合导航系统定位精度研究[J]. 海洋测绘, 29 (1): 76-78.

宁津生, 罗志才, 李建成. 2004. 我国省市级大地水准面精化的现状及技术模式[J]. 大地测量与地球动力学, 24(1): 4-8.

史学军, 周朝义, 曾宪胜, 等. 2002. GPS 水准测量在大型带状测区中的应用[J]. 北京测绘, (2):

26-28.

韦友源. 2009. 信标差分 RBN DGPS 技术在海洋测绘中的应用[J]. 沿海企业与科技, (9): 44-46.

魏武财. 2003. 北斗导航系统与 GPS 的比较[J]. 航海技术, (6) : 78-79.

吴才聪, 苑严伟, 韩云霞. 2016. 北斗在农业生产过程中的应用[M]. 北京: 电子工业出版社.

吴海涛, 李变, 武建锋, 等. 2016. 北斗授时技术及其应用[M]. 北京: 电子工业出版社.

吴悦, 任涛, 王璇. 2014. 基于北斗短报文的泥石流监测预警系统[J]. 自动化与仪表, (3): 19-23.

夏林元, 鲍志雄, 李成钢, 等. 2016. 北斗在高精度定位领域中的应用[M]. 北京: 电子工业
出版社.

肖飖纯. 2013. 北斗卫星导航技术在公路工程建设中的应用探究[J]. 城市建筑, (10): 242.

杨元喜. 2009. 2000 国家大地坐标系[J]. 科学通报, 54(16): 2271-2276.

于渊, 雷利军, 景泽涛, 等. 2014. 北斗卫星导航在国内智能交通等领域的应用分析[J]. 工程研
究-跨学科视野中的工程, 6(1): 86-91.

张凌, 李亦纲, 聂高众, 等. 2014. 北斗系统在地震灾情监测中的应用探讨[J]. 减灾技术与方法,
(1): 25-28.

朱永辉, 白征东, 罗腾, 等. 2009. 北斗一号导航卫星系统在青藏高原地应力监测中的应用[J].
工程勘察, 37 (5): 76-79.